# AI辅助编程 Python实战

## 基于GitHub Copilot和ChatGPT

LEARN AI-Assisted Python Programming

With GitHub Copilot and ChatGPT

[美] 利奥·波特（Leo Porter）
[加] 丹尼尔·津加罗（Daniel Zingaro） 著
CSS 魔法 译

人民邮电出版社
北京

图书在版编目（CIP）数据

AI辅助编程Python实战 : 基于GitHub Copilot和ChatGPT / (美) 利奥·波特 (Leo Porter), (加) 丹尼尔·津加罗 (Daniel Zingaro) 著 ; CSS魔法译. 北京 : 人民邮电出版社, 2025. -- ISBN 978-7-115-65926-2

Ⅰ. TP312.8

中国国家版本馆CIP数据核字第2025A56S26号

## 版权声明



◆ 著　　[美] 利奥·波特（Leo Porter）
　　　　[加] 丹尼尔·津加罗（Daniel Zingaro）
　译　　CSS魔法
　责任编辑　秦　健
　责任印制　焦志炜

◆ 人民邮电出版社出版发行　　北京市丰台区成寿寺路11号
　邮编　100164　　电子邮件　315@ptpress.com.cn
　网址　https://www.ptpress.com.cn
　涿州市京南印刷厂印刷

◆ 开本：800×1000　1/16
　印张：17.25　　　　2025年3月第1版
　字数：384千字　　　2025年3月河北第1次印刷

著作权合同登记号　图字：01-2024-0054号

定价：89.80元

**读者服务热线：(010)81055410　印装质量热线：(010)81055316**

**反盗版热线：(010)81055315**

# 内容提要

本书系统地介绍了如何利用AI助手Copilot和ChatGPT来提升Python编程的效率和质量。本书从AI助手的基础概念讲起，逐步深入到代码组织、阅读、测试、提示工程等关键技能，并引导读者通过实践掌握如何拆解复杂问题、查找和修复bug、自动化任务处理及开发计算机游戏。本书不仅提供了丰富的实例和练习，还探讨了AI助手的潜力和局限，以及未来的发展趋势，是希望在编程领域融入AI技术的读者的理想选择。

本书适合对编程感兴趣，希望借助AI技术提升编程能力的初学者和中级程序员阅读。

# 译者序

这是一本让我“一见倾心”的著作。机缘巧合下，我很荣幸地成为它的译者，将其推荐给国内的广大读者。

## 对读者说

多年前，驾驶汽车是一项只有少数人能够掌握的技能，而现在它已成为一项普及的技能。编程可能也会经历类似的转变。我们正处于人工智能（Artificial Intelligence，AI）技术的爆发期，AI 辅助编程工具的出现正在不可逆转地改变人们学习编程的方式及编程技能本身。

这本书就像一盏明灯。两位作者通过生动的案例和深刻的见解，向我们展示了全新的编程学习方式，以及 AI 时代程序员面临的机遇和挑战。因此，无论你是编程新手，还是探索 AI 辅助编程潜力的资深开发者，都能在这本书中获得丰富的知识和灵感。

## 致谢

感谢家人的支持和鼓励，你们始终是我坚强的后盾。

感谢出版社编辑团队的信任与帮助，以及为这本书所付出的努力。

感谢“CSS 魔法”公众号读者群的朋友们为我加油鼓劲。虽然我无法一一列举你们的名字，但你们始终在我身边。

## 小福利

为读者提供一些小福利，已经成为我的一种习惯。这次也不例外。

许多朋友在使用 AI 辅助编程工具时感到困惑，他们很好奇我的使用方法。为此，我特别录制了一套视频教程（包含 GitHub Copilot 的案例集锦和实用技巧），以帮助大家快速掌握。你可以通过搜索公众号“CSS 魔法”，在视频号版块找到这些资源。

同时，我也推荐你关注我的 GitHub 账号“@cssmagic”，那里汇集了一些有趣的开源项目和图书信息，以及我整理的 AI 资源列表，相信这些资源对你一定会有所帮助。

祝阅读愉快！

CSS 魔法

“CSS 魔法”公众号

## 译者简介

**CSS 魔法**

国内首批 LLM 应用开发者之一，AI 辅助编程和 GitHub Copilot 专家，全栈工程师和架构师。曾在 QCon 等技术大会担任讲师，在个人博客和“CSS 魔法”公众号撰写原创文章数百篇，深受听众和读者喜爱。著有《AI 辅助编程入门》，译有《CSS 揭秘》。现从事 AI 领域的产品设计、技术研发和咨询工作。

# 序言

学习编程的黄金时代已经到来。为什么这么说呢？请允许我通过一个类比来解释。

我喜欢在家烘焙面包。相较于手工揉面，使用立式搅拌机明显更加高效且可靠。你或许会认为这是在偷懒，但我想说的是，它减轻了我的负担，让我能够更纯粹地享受烘焙的乐趣。或许你也有类似的体验，当某样东西能够接管那些日常琐事，让你释放双手时，你的生活不仅会变得更轻松，而且你可以将更多精力投入更重要或更有趣的事情中。例如，你的汽车是否配备了自动侧方停车功能？我清楚地记得，当 Gmail 为非英语语言引入拼写和语法检查器时，我丈夫的德国亲戚们非常兴奋，因为他给亲戚们写的电子邮件篇幅明显变长——当那些不常用的德语细节不再成为负担之后，他可以将更多时间花费在邮件的内容上。

遗憾的是，在过去很长一段时间里，我们在学习编程方面并没有类似立式搅拌机或语法检查器这样的辅助工具。而且，当你刚开始学习编程时，需要学习和记忆大量烦琐的东西。

好消息来了！ 2023 年春天，我们终于见证了一种全新且（我们认为）有效的辅助工具的诞生。如果你打算踏上编程学习之旅，那么陪伴你的将是一种令人兴奋的辅助工具——AI（Artificial Intelligence，人工智能）。具体而言，本书将帮助你掌握一款名为 GitHub Copilot 的工具，它将帮助你提升 Python 编程技能，进而更轻松、更快速地利用计算机程序解决实际问题。Copilot 是一款基于大语言模型（Large Language Model，LLM）技术的编程辅助工具，它能从大量现有的程序代码中“获取帮助”。一旦你学会了如何驾驭 Copilot（虽然这比熟练操作立式搅拌器要复杂得多），你编写程序和解决问题的效率和成功率就会显著提升。

不过，你可能会问，是否真的应该使用 Copilot？使用它之后，真的还是在学习编程吗？初步的研究结果看起来是积极的——那些借助 Copilot 学习的学生，在脱离 Copilot 辅助的情况下，当面对编程任务时，表现得比那些从未借助 Copilot 学习的学生更为出色（后者同样在脱离 Copilot 辅助的情况下面对相同任务）[1]。尽管如此，相较于我们以往在编程入门课程中的教学内容，使用 Copilot 编程时，你需要特别关注一些不同的技能，尤其是问题拆解和调试（如果你对这些术语还不熟悉，那也无妨）。要知道，即便是经验丰富的程序员，也同样需要掌握这些技能。但在过去，我们很难在入门课程中明确提出并有效讲解这些“高级技能”，因为当学生们专注于编程语言的拼写和语法等细节时，往往已经没有精力去学习这些技能了。

这本书的两位作者均为资深的计算机教育专家和研究者，他们在这本书中所制定的教学策略体现了对编程教育的深刻理解。我对此感到非常兴奋，因为通过这本书，他们正在向我们展示编程教育的未来趋势。

所以，恭喜你！无论你是编程新手，还是尝试过但遭遇挫折的人……我相信，借助 Copilot 学习编程将是你不容错过的一次机会。它将使你的大脑在编程过程中发挥更重要的作用，让你享受到“指点江山”般的编程体验。

Beth Simon 博士

# 前言

软件在当今社会中扮演着至关重要的角色。很难找到一个不受软件影响或不因软件而改变的行业。制造业依靠软件来监控生产线和物流系统，更别提那些日益增多、执行具体操作的机器人了。在广告、健身等多个领域，大数据无处不在，而这些行业正是通过软件来分析和理解这些数据的。电子游戏和电影的制作同样离不开软件的应用。这些示例数不胜数，足以说明软件的重要性。

这一现象催生了一个显著的趋势：越来越多的人渴望学习编程。这不仅包括那些在大学中主修计算机科学、计算机工程和数据科学的学生，这些专业在过去十年中一直非常热门，也包括那些需要编写软件来评估自己的数据的科学家，希望将日常烦琐的数据任务自动化的办公室工作者，以及那些出于爱好，想要为朋友制作有趣电子游戏的业余爱好者。

尽管人们有着强烈的学习编程的愿望，但我们在计算机教育领域的长期研究揭示了学习编程面临的众多难题。即便你已经掌握了解决问题的方法，也仍需要向机器传达如何使用一种规则严格且不容有误的编程语言来实现目标。虽然使用 Python 这样的语言编写程序相较于使用打孔卡的机器代码，其难度已大大降低，但学习之路依然充满挑战。我们之所以深知这一点，是因为我们亲眼见证了许多充满动力和智慧的学生在初级计算机科学课程中屡遭挫折，他们往往需要经历多次尝试，才能获得成功。更糟糕的是，不少人选择放弃。

想象一下，如果我们能够与计算机进行更自然的对话，而不必了解那些常常让初学者感到困惑的烦琐语法规则，那该多好。这一愿景已经随着像 Copilot 这样的 AI 助手的出现而逐步实现，它们能够提供智能的代码建议；同样，ChatGPT 也能够在接收到提示时撰写出合理的文本。本书专为那些希望在 AI 助手时代掌握编程技能的人士设计，我们很激动能与你一同开启这段学习之旅。

## AI 助手正在改变编程方式

在第 1 章中，我们将详细展示 AI 助手 Copilot，但在此之前，先做一个简要的介绍。如果你关注过新闻记者或软件工程专家对 Copilot 和 ChatGPT 的评论，你会发现他们的意见分歧很大。一些人认为 AI 助手将导致编程工作消失，而另一些人则认为 AI 助手存在缺陷，没有它们反而更好。这些极端观点都容易受到质疑。AI 助手通过学习现有代码来提供帮助，因此，在新技术或工具出现时，人类程序员仍需要编写大部分初始代码。正如近期的一篇文章所指出的，由于量子计算机仍处于初期阶段，目前还没有大量的相关代码[1]。这意味着人类程序员在可预见的未来仍将扮演重要角色。然而，基于我们多年使用 Copilot 的经验，我们发现它非常强大。我们两人都有长达数十年的软件开发经验，Copilot 常常能迅速输出比我们自己写的还要准确的代码。忽视这样一款强大的工具，就像一个木匠拒绝使用高效的电动工具一样不明智。

作为教育工作者，我们深知帮助人们学习编程的重要性。学生为何要在从头编写代码时，花费大量时间与语法规则较劲，尤其是当 AI 助手几乎总能提出语法正确的代码建议时？既然 AI 助手在解释代码方面表现出色，特别是对于初学者的问题，学生为何还需要求助于教师、朋友或互联网论坛？而且，鉴于 AI 助手在解决常见编程问题时，能够通过学习过往的大量代码来编写出正确的代码，学生为什么不利用这一工具来辅助他们的编程学习呢？

请注意，这并不意味着编程现在就变得容易了，或者说可以完全将编程工作交给人工智能去做。相反，编写优秀软件的技能正在发生变化。像问题分解、代码规范、代码阅读和代码测试这样的技能，比过去变得更加重要；而了解库的语义和语法等技能则相对没那么重要。本书将传授给你面向未来的重要技能。无论你是偶然涉足编程，还是开始软件工程领域的职业生涯，这些技能都非常有价值。

## 本书读者对象

本书的目标读者主要分为两类。第一类目标读者包括那些考虑通过编写软件来改善生活的人，尤其是那些尝试过但尚未成功的人。例如，会计师可能因为现有软件无法满足他们的特定需求而不得不手工解决问题；科学家可能需要快速分析数据，却发现现有工具不够强大。我们还能想到那些认为电子表格软件功能有限、渴望更深入洞察数据的办公室经理。同时，还有小公司的高管们，他们希望在社交媒体上获得关于公司讨论的通知，但又无力承担软件工程团队的成本。此外，还有那些出于兴趣编程的业余爱好者，无论是为自己制作小型电子游戏，为孩子创作故事绘本，还是为家庭设计有趣的照片墙，他们都希望通过编程来提升自己的工作效率或得到生活乐趣。

第二类目标读者包括那些有意进入软件工程或编程领域学习的学生，他们渴望学习编程技能。他们希望掌握编程的基础知识，并着手创造富有吸引力的软件产品，同时又不想禁锢于传统计算机课程的条条框框。诚然，他们在通往专业程序员的职业道路上可能还需要阅读更多的图书和学习更多的课程，但本书无疑将成为他们旅程中既愉快又有益的第一步。

## 我们对你的期望

本书不要求读者具有编程基础。无论你是学习过编程但已逐渐遗忘，还是初次尝试却未能成功，我们都相信这里将是你重新开始的理想之地。

本书确实要求你具备基本的计算机操作技能。这包括能够轻松地在计算机上安装软件、在文件夹之间复制文件以及打开文件。如果你尚未掌握这些技能，你仍然可以阅读本书，不过，在某些情况下，你可能需要借助外部资源（例如，通过视频网站来学习文件复制等操作）。

你还需要一台有权限安装软件的计算机，以便跟随本书教程并实践所学。无论是台式机还是笔记本电脑，只要安装了 macOS、Windows 或 Linux 操作系统，都可以。

## 读完本书后你能做到的事情

本书旨在指导你如何利用 Copilot 编写 Python 代码。我们不仅教你如何判断代码是否满足个人需求，还会告诉你当代码未能达到预期时应该如何应对。此外，你还将学到足够的 Python 知识，从而理解代码的基本功能，并能判断代码是否在合理地运行。

虽然本书不包括完全从零开始的 Python 编程教学，但阅读完本书后，你将具备坚实的基础，可以利用其他资源继续学习，如果你也有此意愿的话——正如本书所展示的那样，对于许多实际任务，从头学起可能并非必要。

我们还不确定，在 AI 助手的影响下，专业程序员或软件工程师的角色将会如何变化。随着人工智能技术的持续进步，这一角色的定义也会不断演变。目前，可以肯定的是，要成为一名专业的程序员或软件工程师，本书所提供的知识将是一个良好的起点，但还远远不够。你需要对 Python 及计算机科学的其他关键领域有更深入的了解和掌握。

值得庆幸的是，通过 Copilot 学习编程，你将能编写出满足常规需求的基础软件，这些软件的复杂性超过我们在大学编程入门课程中所教授的内容。你将能够轻松编写这些实用程序，而不需要在语法问题上苦苦挣扎，也不必在学习 Python 这件事上花费数月的时间。如果你有意继续探索更专业的软件开发知识，这将是你在精通之路上迈出的坚实第一步。

通过本书的学习，你将能够编写出自己所需的基本软件，这些软件可以应用于数据分析、自动化执行重复性任务，甚至开发小游戏等多种场景。

## 与 AI 助手协作的挑战

我们期待你已经准备好投身于这个快速发展且不断成熟的技术领域。你在 Copilot 中实际获得的结果可能与本书中的描述存在差异。Copilot 每天都在更新和变化，我们无法实时跟进这样一个不断变化的目标。更为关键的是，Copilot 的行为具有不确定性，也就是说，当你多次要求它解决同一个任务时，它每次提供的代码可能都是不同的。有时，你可能会获得正确的代码，但再次询问时，得到的代码可能就是错误的。即便你使用了与我们完全相同的提示词，你所得到的代码响应也可能与我们的不同。本书的许多章节都着重讲解了如何判断 Copilot 提供的答案是否正确，以及在答案不正确时如何修正。简而言之，我们希望你已经准备好在技术发展的前沿进行学习。

## 撰写本书的初衷

我们俩担任教授已超过十年，而作为程序员的年数更是这个数字的两倍。我们深切关心学生的成功，因此投身于教育研究，专注于探索学生如何学习计算机科学，以及如何提升他们的学习成效。我们合作发表了近百篇学术论文，深入探讨了教学方法、学习动机和评估策略，旨在不断丰富和提升学生的学习体验。

在工作期间，我们遇到了大量在学习编程上碰到困难的学生，尽管这些学生聪明且富有学习热情，并且我们已经采用了目前所知的计算机教育最佳实践，但他们在学习编程的某个阶段仍然遇到了障碍。编程是一个包含多个步骤的复杂过程，首先需要理解问题，其次构思解决方案，最后将这一解决方案传达给计算机。因此，当我们开始使用 AI 助手，尤其是 Copilot 时，我们立刻意识到它可能成为学生学习过程中的转折点，特别是在将问题的解决方案传达给计算机这一关键环节上。我们希望我们的学生能够成功，同样也希望你能够成功。我们相信 AI 助手能够在这一过程中提供极大的帮助。

## 警告：谨防精英主义陷阱

在我们的大学课堂上，我们看到的最令人悲哀的现象之一是学生们相互施加心理压力。在 Python 入门课程中，我们听到部分学生夸耀自己学过某种编程语言，这种行为对其他同学产生了不小的影响。我们也尝试温和地引导这些学生去选择更合适他们的课程，但我们发现，那些自夸的学生往往在期末考试时并不轻松，他们在学期初高估了自己的能力。这种装腔作势的行为，显然是自卑感的一种体现。

除了选择这些入门课程的学生以外，我们还注意到不同程序员群体及其对相关领域的态度。例如，人机交互（Human-Computer Interaction，HCI）的专业人士专注于研究如何提升软件设计，使其更贴合人类用户的行为和习惯。这听起来相当重要，对吧？但遗憾的是，这个领域曾长期被一些计算机科学家贬低为“应用心理学”。随后，一些大型企业意识到，如果你真正关心自己的软件产品的用户，这些用户不仅会更加欣赏你的产品，而且可能更愿意为之付费。因此，HCI 迅速在计算机科学领域占据了主流地位。这种自大和傲慢并不局限于特定领域，甚至在不同编程语言的程序员之间也存在。例如，我们听到 C++ 程序员说过一些像“JavaScript 编程不是真正的编程”这样的傻话。（JavaScript 编程绝对是真正的编程，不管“真正的编程”到底指的是什么！）

我们认为，这种行为不仅毫无意义，而且令人遗憾，它将人们排斥在这个领域之外。我们都很欣赏一部名为*XKCD*的漫画，它在“真正的程序员”这一集中巧妙地揭示了这种姿态的荒谬性。在这部漫画中，程序员们就哪款文本编辑器最适合编程展开了争论。你会在第2章中了解到，程序员们需要使用文本编辑器来编写代码。关于最佳文本编辑器的争论已经持续了很长一段时间，但大多数情况下这种争论并不严肃。这部漫画以一种极具智慧的方式，寥寥几笔就凸显了这种争论毫无意义。

我们之所以讨论这个令人遗憾的行业现象，是因为我们估计肯定有人会对“使用Copilot学习编程”指手画脚。他们可能会声称，要掌握软件开发，就必须以完全手写代码的方式学习编程。对于有志成为专业软件工程师的人，我们确实认为在职业生涯的某个阶段，应该掌握从零开始编写代码的技能。但是，对于大多数普通人及那些刚开始学习软件工程的学生，我们真心认为，将完全手写代码作为入门方法已经不再合适。因此，如果有人因为你做了一些使你自己、你的生活或这个世界变得更好的事情而批评你，那我们建议你采纳Taylor Swift的不朽箴言——“甩掉它”就好。

## 本书结构导览：一份路线图

本书共分为11章。我们建议你按顺序阅读全书，而不是随意跳读，因为每个章节介绍的技能都是后续章节的基础。

第1章介绍了AI助手是什么、它们如何工作，以及为什么它们正在不可逆转地改变编程的方式。这一章还探讨了在使用AI助手时需要考虑的问题。

第2章将帮助你设置计算机，以便你使用Copilot（你的AI助手）和Python（我们将使用的编程语言）进行编程。计算机设置完成后，我们将通过Copilot完成首个编程实践：对公开可用的体育赛事数据进行分析。

第3章深入讲解了函数的概念，函数不仅能帮助你更好地组织代码，还能让Copilot更有效地生成代码。这一章通过多个实例展示了与Copilot高效协作的常规流程。

第4章讲解如何阅读Python代码的第一部分。没错，尽管Copilot会帮你编写代码，但你还是需要具备读懂代码的能力，从而判断代码是否符合预期。请放心，Copilot在此过程中也能提供帮助！

第5章讲解如何阅读Python代码的第二部分。

第6章初步介绍了在使用AI助手时必须掌握的两项关键技能——测试和提示工程。测试用于检查代码是否正确运行，而提示工程则可以优化我们与AI助手的沟通方式。

第7章专注于探讨如何将复杂问题拆解为Copilot更易处理的小问题，这种方法称为自顶向下设计。在这一章中，我们将使用这种方法来设计一个完整的程序，用来识别神秘图书的作者。

第8章深入探讨了bug（也就是代码中的错误），包括如何找到它们，以及如何修复它们。

我们将学习如何逐行检查代码，准确找出问题所在，并学会要求 Copilot 来帮助修复 bug。

第 9 章展示了如何使用 Copilot 来自动化处理烦琐任务。你将看到 3 个示例——清理被多次转发的电子邮件、为数百个 PDF 文件添加封面以及删除重复的图片，而且你还可以将学到的方法应用到自己的特定任务中。

第 10 章展示了如何使用 Copilot 来开发计算机游戏。你将运用书中学到的技能来开发两款游戏——一款类似于 *Wordle* 的逻辑游戏和一款双人对抗的桌面游戏。

第 11 章深入探讨了“提示模式”这一新兴领域，这些工具旨在帮助你更充分地利用 AI 助手的潜力。同时，这一章也对 AI 助手的现有局限进行总结，并对未来的发展趋势进行展望。

## 软件与硬件需求

你需要一台安装了 macOS、Windows 或 Linux 操作系统的计算机，并且具备在计算机上安装软件的权限。在第 2 章中，我们将更详细地讨论需要安装的 Python 环境、Visual Studio Code 程序及一些必要的插件。此外，你还需要注册一个 GitHub Copilot 账户。

Leo Porter
Daniel Zingaro

# 关于作者

Leo Porter 博士是加州大学圣地亚哥分校计算机科学与工程系的教学教授。他因研究计算机课程中“同伴指导”的效果、利用点答器数据预测学生成绩，以及设计基本数据结构的概念清单而闻名。他与人合教了广受好评的 Coursera 专项课程“面向对象的 Java 编程：数据结构及其超越”，吸引了超过 30 万名学员注册学习；同时，他还在 edX MicroMasters 平台上开设了数据科学专业的第一门课程“ Python for Data Science”，吸引了超过 20 万名学员注册学习。他曾获得 6 项最佳论文奖、SIGCSE 50 周年纪念十大研讨会论文奖、沃伦学院杰出教学奖及加州大学圣地亚哥分校学术参议院杰出教学奖。他是 ACM 的杰出会员，并且曾在 ACM SIGCSE 董事会任职。

Daniel Zingaro 博士是多伦多大学的副教授。在过去的 15 年中，他向数千名学生讲授了 Python 编程入门课程，并编写了目前这门课程使用的教科书。他还撰写了数十篇关于如何教授和学习计算机科学入门课程的教育研究文章。Daniel 与 No Starch Press 合作创作了两本书——上述的 Python 教科书和一本关于算法的图书——这两本书均被翻译成多种语言。Daniel 获得了多个著名的教学和研究奖项，包括一个 50 年时间考验奖和多个最佳论文奖。

# 关于技术编辑

Peter Morgan 是位于伦敦的人工智能咨询公司 Deep Learning Partnership 的创始人。他拥有物理学学位及 MBA 学位。在过去的十年中，他一直在人工智能领域工作。在此之前，他曾在 Cisco Systems 和 IBM 等公司担任解决方案架构师长达十年之久。他撰写了多篇关于人工智能、物理学和量子计算的报告及论文。他还为初创公司和大型企业提供 LLMOps 和量子计算领域的咨询服务。

# 关于封面插图

本书的封面人物是 Prussien de Silésie——来自西里西亚的普鲁士人。这幅插图选自 Jacques Grasset de Saint-Sauveur 创作于 1788 年的作品集。该作品集中的每幅画作都是手工精心描绘和上色的。

在那个年代，通过人们的服饰可以轻易识别出他们的居住地及职业或社会地位。Manning 出版社通过这些充满艺术气息的封面，向计算机行业的创新精神和进取精神致敬。这些画作反映了几个世纪前地域文化的丰富多样性，而流传下来的作品集也令这些文化焕发出新的生机。

# 致谢

撰写一本关于不断演进的技术的图书对我们来说是一个全新的挑战。在写作过程中，我们每天的开始都是阅读关于 LLM 的最新文章、观点和能力介绍。早期的写作计划不得不推翻重来。当我们写完本书前半部分并接触到最新的 LLM 特性之后，后半部分的写作思路才逐渐清晰。我们对 Manning 出版社在这个过程中所展现的灵活性和支持表示衷心的感谢。

特别要感谢的是本书的策划编辑 Rebecca Johnson 女士，感谢她深厚的专业知识、睿智的洞察力及坚定的支持。

Rebecca 以其敏锐的洞察力、建设性的批评和富有创造力的建议，极大地提升了本书的品质与清晰度。她的支持与鼓励，以及在写作进度和日程管理方面的协助，对我们至关重要。衷心感谢 Rebecca，她的贡献远远超出了我们的期望。

我们还要感谢本书的技术编辑 Peter Morgan 和技术校对 Mark Thomas。他们对本书的质量保障作出了重要贡献。

感谢所有的审稿人：Aishvarya Verma、Andrew Freed、Andy Wiesendanger、Beth Simon、Brent Honadel、Cairo Cananea、Frank Thomas-Hockey、Ganesh Falak、Ganesh Swaminathan、Georgerobert Freeman、Hariskumar Panakmal、Hendrica van Emde Boas、Ildar Akhmetov、Jean-Baptiste Bang Nteme、Kalai C. E. Nathan、Max Fowler、Maya Lea-Langton、Mikael Dautrey、Monica Popa、Natasha Chong、Ozren Harlovic、Pedro Antonio Ibarra Facio、Radhakrishna Anil、Snehal Bobade、Srihari Sridharan、Tan Wee、Tony Holdroyd、Wei Luo 和 Wondi Wolde。感谢他们的宝贵建议，使本书更加完善。

衷心感谢同事们对我们写作的大力支持，并慷慨分享了他们对于本书的设想。他们的想法极大地丰富了我们的思路，并为我们努力重新塑造编程入门课程提供了宝贵的经验。我们要特别感谢 Brett Becker、Michelle Craig、Paul Denny、Bill Griswold、Philip Guo 及 Gerald Soosai Raj，他们的贡献非常重要。

# 资源与支持

## 资源获取

本书提供如下资源：

- 资源包；
- 本书思维导图；
- 异步社区 7 天 VIP 会员。

要获得以上资源，您可以扫描下方二维码，根据指引领取。

## 提交勘误信息

作者和编辑尽最大努力来确保书中内容的准确性，但难免会存在疏漏。欢迎您将发现的问题反馈给我们，帮助我们提升图书的质量。

当您发现错误时，请登录异步社区（https://www.epubit.com），按书名搜索，进入本书页面，点击“发表勘误”，输入勘误信息，点击“提交勘误”按钮即可（见下页图）。本书的作者和编辑会对您提交的勘误信息进行审核，确认并接受后，您将获赠异步社区的 100 积分。积分可用于在异步社区兑换优惠券、样书或奖品。

图书勘误 发表勘误

页码：1 页内位置（行数）：1 勘误印次：1

图书类型：纸书 电子书

添加勘误图片（最多可上传4张图片）

+

提交勘误

## 与我们联系

我们的联系邮箱是 contact@epubit.com.cn。

如果您对本书有任何疑问或建议，请您发邮件给我们，并在邮件标题中注明本书书名，以便我们更高效地做出反馈。

如果您有兴趣出版图书、录制教学视频，或者参与图书翻译、技术审校等工作，可以发邮件给我们。

如果您所在的学校、培训机构或企业，想批量购买本书或异步社区出版的其他图书，也可以发邮件给我们。

如果您在网上发现有针对异步社区出品图书的各种形式的盗版行为，包括对图书全部或部分内容的非授权传播，请您将怀疑有侵权行为的链接通过邮件发送给我们。您的这一举动是对作者权益的保护，也是我们持续为您提供有价值的内容的动力之源。

## 关于异步社区和异步图书

“**异步社区**”是由人民邮电出版社创办的 IT 专业图书社区，于 2015 年 8 月上线运营，致力于优质内容的出版和分享，为读者提供高品质的学习内容，为作译者提供专业的出版服务，实现作者与读者在线交流互动，以及传统出版与数字出版的融合发展。

“**异步图书**”是异步社区策划出版的精品 IT 图书的品牌，依托于人民邮电出版社在计算机图书领域四十余年的发展与积淀。异步图书面向各行业的信息技术用户。

# 目录

# 第 1 章　走近 AI 辅助编程

本章内容概要

- AI 助手如何改变新手程序员学习编程的方式
- 为什么编程方式将发生永久性的变革
- 像 Copilot 这样的 AI 助手是如何工作的
- Copilot 如何解决编程入门的难题
- AI 辅助编程可能带来的风险

在本章中，我们将探讨人类如何与计算机进行交流。我们将向读者介绍“AI 助手”——GitHub Copilot（简称 Copilot），一款利用人工智能（Artificial Intelligence，AI）帮助人们编写软件的神奇工具。更重要的是，我们将展示 Copilot 如何帮助你学习编程。阅读本书并不要求你具备编程经验。不过，即便你对编程已经有一定的了解，也请不要跳过本章。每名程序员都应当意识到，在 AI 助手如 ChatGPT 和 Copilot 的辅助下，编写程序的方式已经发生了变革，并且我们所需的编程技能也随之发生了转变。我们还需要保持警惕，因为这些工具在某些情况下可能会提供不准确的信息。

## 1.1　我们如何与计算机对话

如果我们一上来就要求你读懂下面这段代码，你能接受吗？

```
section .text
global _start
_start:
    mov ecx, 10
    mov eax, '0'
    l1:
    mov [num], eax
    mov eax, 4
```

```
    mov ebx, 1
    push ecx
    mov ecx, num
    mov edx, 1
    int 0x80
    mov eax, [num]
    inc eax
    pop ecx
    loop l1
    mov eax, 1
    int 0x80
section .bss
    num resb 1
```

这段“天书”会打印 0 ~ 9 的数字。它是用一种低级编程语言——汇编语言编写的。如你所见，低级编程语言与人们日常读写的语言相去甚远。它们主要是为计算机而设计的，并非面向人类。

没人愿意编写这种程序，但在早期，这也是不得已而为之。程序员通过这种手段细致地定义他们希望计算机执行的具体操作，细致到每一条指令。为了从性能不足的计算机中尽可能地榨取性能，这种精细的控制是必需的。20 世纪 90 年代那些对速度要求极高的计算机游戏，例如《毁灭战士》(*Doom*) 和《雷神之锤》(*Quake*)，都是采用上面那种汇编语言编写的。如果不这样做，这些游戏根本开发不出来。

## 1.1.1 让难度降低一点儿

好的，汇编到此为止。我们继续。对于以下这段代码，感觉如何？

```
for num in range(0, 9):
    print(num)
```

这段代码是用 Python 编写的，目前许多程序员都在使用。不同于汇编语言这样的低级编程语言，Python 被视为高级编程语言，因为它与自然语言的距离更近。即便你对 Python 代码尚不了解，或许也能猜出这段代码的目的。第一行似乎在处理 0 ~ 9 的数字范围。第二行进行打印操作。不难理解，这段代码的目的与上面那段汇编语言“天书”是一样的，都是想打印 0 ~ 9 的数字（不过很可惜，它实际上打印的是 0 ~ 8）。

尽管这种代码更接近英语，但它并非英语。它仍然是一种编程语言，就像汇编语言一样，有着特定的规则。正如上面的代码所示，误解这些规则的细节可能会导致程序错误。

与计算机沟通的终极目标是能够使用诸如英语这样的自然语言进行交互。在过去 70 年里，我们之所以使用各种编程语言与计算机对话，并非出于个人喜好，而是迫于无奈。计算机的计算能力不足以应对英语等自然语言的复杂性和特异性。我们的编程语言虽然一直在演进（例如，从天书一般的汇编语言发展到 Python），但它们依旧是计算机语言，并非自然语言。不过，这种情况正在发生变化。

### 1.1.2 让难度降低一大截

有了 AI 助手，我们现在可以用英语提出自己的需求，并让计算机生成相应的代码。如果希望得到一段正确的打印 0 ~ 9 的数字的 Python 代码，可以用英语向 AI 助手（Copilot）发出指令。

```
# Output the numbers from 0 to 9
```

对此，Copilot 可能会根据这一指令生成如下代码。

```
for i in range(10):
    print(i)
```

不同于 1.1.1 节的示例，这段 Python 代码能够正常运行。

AI 助手能够帮助人们编写代码。在本书中，我们将探索如何利用 Copilot 来编写代码。我们只须用英语描述需求，便能收到用 Python 编写的代码作为回应。

更重要的是，我们将能够把 Copilot 无缝集成到工作流程中。在没有 Copilot 这类工具的情况下，程序员通常需要同时打开两个窗口：一个用于编写代码，另一个用于在 Google 上查询编程方法。在第二个窗口中，可能充斥着 Google 搜索结果、Python 文件或程序员论坛上讨论如何解决特定编程问题的帖子。他们经常需要从这些结果中复制代码到自己的项目中，随后进行适当的调整以符合自己的应用场景，尝试不同的解决方案等。这已经成为程序员生活的一部分，但你可以想象这种工作方式的效率有多低。据估计，程序员可能有多达 35% 的时间花在搜索代码上 [1]，而且找到的代码并不是立即可用的。有了 Copilot 的协助，我们编写代码的困难将得到显著改善。

## 1.2 本书涉及的技术

在本书中，我们将主要用到两种技术——Python 和 GitHub Copilot。

Python 是一种编程语言，用于与计算机进行交流。人们使用它编写各种程序来完成有用的事情，例如，开发游戏和交互式网站、数据可视化、文件管理应用及自动化常规任务等。

编程语言还有很多种，包括 Java、C++、Rust 等。Copilot 也支持这些编程语言，但截至目前，它对 Python 的支持最为出色。相对于其他许多语言（尤其是与汇编语言相比），Python 代码写起来要简单得多。更为重要的是，Python 更易于**阅读**。毕竟，编写 Python 代码的将不是我们，而是我们的 AI 助手。

实际上，计算机并不能直接读取或执行 Python 代码。它们唯一能够理解的是所谓的“机器码”，这种代码比汇编语言代码还要难以理解，因为它是汇编语言代码的二进制形式——没错，就是一连串的 `0` 和 `1`。在幕后，计算机将接收人们提供的任何 Python 代码，并在执行之前把它转换成机器码，正如图 1.1 展示的那样。

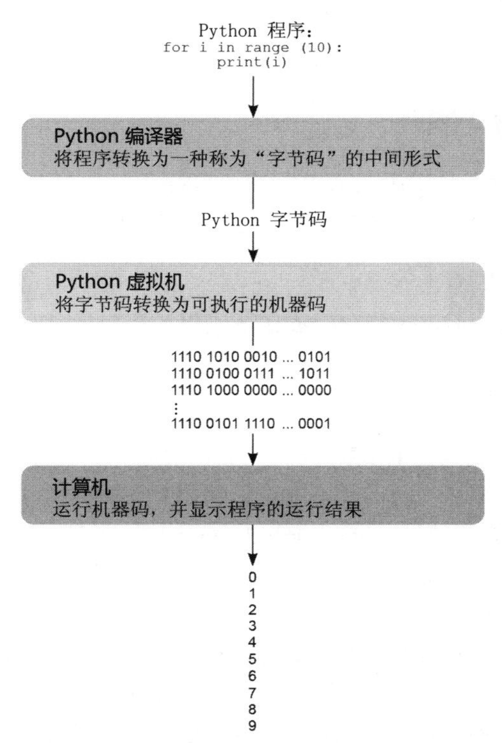


图 1.1 在屏幕上看到输出之前，Python 程序需要经历的几个步骤

## 1.2.1 Copilot，你的 AI 助手

什么是 AI 助手？ AI 助手是一种人工智能代理（AI Agent），它帮助你完成任务。你可能在家里使用 Amazon 的 Alexa 设备，或拥有一台集成了 Siri 的 iPhone——这些都属于 AI 助手。这类助手能帮你订购生鲜、查询天气或确认那位在《哈利 · 波特》电影中饰演 Bellatrix 的女演员是否也参演了《搏击俱乐部》电影。AI 助手只不过是响应人类语音和文本输入的计算机程序，并以类人的方式给出答案。

Copilot 是一款能执行特定任务的 AI 助手：它能将英语转换成程序代码（我们很快就会看到，它还能做更多的事情）。与 Copilot 功能类似的 AI 助手还有不少，例如 CodeWhisperer、Tabnine 和 Ghostwriter 等。我们选择 Copilot 作为本书主角的原因，是基于它生成代码的质量、稳定性（它从未发生过崩溃）及我们个人的偏好。我们也鼓励你在合适的时候探索其他工具。

## 1.2.2 一分钟搞懂 Copilot 的背后原理

你可以把 Copilot 想象成你与正在编写的程序之间的一个中介层。你不必直接编写 Python 代码，只须用文字描述你想要的程序功能（这些文字称作“提示词”），Copilot 便能生成相应的程序代码。

Copilot 的智能引擎是一种精妙的计算机程序，名为大语言模型（Large Language Model，LLM）。这种模型掌握了单词与单词之间的内在联系，包括识别特定语境中最合适的词汇搭配，并基于这些信息预测出一段提示词后面最匹配的单词顺序是什么。

想象一下，我们请你预测这个句子中的下一个单词可能是什么：“The person opened the ________.”你可以想到很多选项，例如 door、box 或 conversation 等，但有些单词如 the、it 或 open 则显然不合适。LLM 会综合考虑当前上下文来生成下一个合适的单词，并持续不断地进行这一过程，直至任务完成。

请注意，我们并没有说 Copilot 明白它正在做的事情。它仅仅是依靠当前的上下文来持续生成代码。在你今后的编程之路上，要始终铭记：只有我们自己能判断生成的代码是否真正实现了自己的意图。虽然大多数情况下它能够做到，但你仍然应该时刻保持适度的怀疑精神。图 1.2 描绘了 Copilot 根据提示词生成程序的过程。

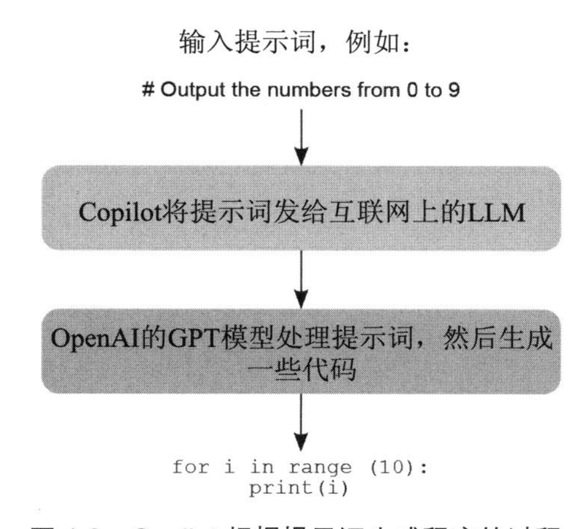


图 1.2 Copilot 根据提示词生成程序的过程

你或许会好奇，为什么 Copilot 为我们编写的是 Python 代码，而不是直接生成机器码。这样的话，Python 不就是一个可有可无的中间环节吗？其实不然，我们让 Copilot 编写 Python 代码的原因在于它可能会出错。一旦它出错，我们就需要对这些错误进行修正，相比于机器码，处理 Python 代码无疑要简单得多。

另外，几乎没有必要检查由 Python 代码转换的机器码是否准确。这在一定程度上归功于 Python 语言规范的确定性。我们可以畅想，或许未来 Copilot 已经精准到无须检查它生成的 Python 代码，但目前我们距离这一目标还有很长的路要走。

## 1.3 Copilot 如何改变我们学习编程的方式

为了阐明 AI 将如何改变学习编程的方式，我们将展示 Copilot 在解决编程任务方面的强大能力，而这些任务正是选自编程教材中分派给学生的题目。

在以往的编程学习过程中，学习者们往往将大部分时间投入程序的语法和基础结构中。能做到从零开始逐行手写一段完整的程序（例如，下面即将展示的这个示例），通常就是他们学习编程的最终目标了。然而，在深入探讨具体的编程题目之前，必须指出的是，尽管大多数编程教育者和图书作者都认为新手程序员应该能解决此类题目，但实际上许多初学者根本做不到这一点。下面列出的就是这类题目的一个代表[4]。

编写一段程序来读取每天的降雨量。若降雨量为负值，则认为这是不合法且不可接受的，应予以排除。该程序应输出以下信息：有效记录的天数、下雨的天数、整个时间段内的总降雨量及任何单日的最大降雨量。程序以 9999 作为结束输入的警戒值。

如果你以前尝试过学习编程，那么对于这种类型的题目应该并不陌生，而且你可能在解决此类问题时头疼不已。但现在，如果我们将这段明确的提示词交给 Copilot，将立即得到一段 Python 代码，如代码清单 1.1 所示。（我们在前言中提到，Copilot 的行为具有不确定性，所以，如果我们再次提问，可能会得到不一样的代码。）

**代码清单 1.1 Copilot 生成的解决经典降雨问题的代码**

```python
rainfall = 0
total_rainfall = 0
num_rainy_days = 0
num_valid_days = 0
max_rainfall = 0
rainfall = int(input("Enter the amount of rainfall for the day: "))
while rainfall != 9999:
    if rainfall < 0:
        print("Invalid rainfall amount. Please try again.")
        rainfall = int(input("Enter the amount of rainfall for the day: "))
    else:
        num_valid_days += 1
        total_rainfall += rainfall
        if rainfall > 0:
            num_rainy_days += 1
        if rainfall > max_rainfall:
            max_rainfall = rainfall
        rainfall = int(input("Enter the amount of rainfall for the day: "))
print("Number of valid days:", num_valid_days)
print("Number of rainy days:", num_rainy_days)
print("Total rainfall over the period:", total_rainfall)
print("Maximum amount of rain that fell on any one day:", max_rainfall)
```

我们并不指望你立马就能从直觉上判断出这段代码的优劣。事实上，这段代码相当不错。作为计算机科学专业的教授，我们会给这段代码打高分。

以前学习编程的人们可能需要花费几周甚至几个月的时间才能写出这种水准的代码。而如今，Copilot 能够瞬间生成这样的代码。后续的章节会一直强调，我们仍然需要验证这些代码的正确性，因为 Copilot 有可能犯错。但我们再也不需要从零开始手写代码了。我们相信，与 Copilot 的这次成功互动，预示我们过去教授编程和学习编程的方式已然终结。

作为一个有志于学习编程的人，你不必再像以往那样在语法、控制流程等众多 Python 概念上苦苦挣扎。诚然，我们会在本书中讲解这些概念，但目的不是让你通过从零开始手写代码来证明你已理解，因为 Copilot 已经能够轻松生成这些代码。我们学习这些概念，仅仅是因为它们有助于我们解决实际问题，并与 Copilot 进行更富有成效的互动。**正是由于 AI 助手从根本上改变了学习编程所需的技能，你才能更快地学会如何编写规模更庞大、意义更深远的软件。**

## 1.4　Copilot 还可以做什么

正如我们所见，Copilot 能够根据我们用英语描述的需求来编写 Python 代码。编程领域的“语法”是指在当前编程语言中合法的符号和词汇。因此，我们可以这样说：Copilot 接收符合英语语法的描述，生成符合 Python 语法的代码。这无疑是一大福音，因为学习编程语法历来是新手程序员的头号难关。这里应该使用哪种括号——是使用方括号、圆括号还是花括号？这里需要缩进吗？这些东西的顺序应该怎么排：是先 x 后 y，还是先 y 后 x？

这样的问题层出不穷，坦白地说，这些事情确实有些枯燥无味。如果我们的目标仅仅是通过编写程序来实现某些功能，那这些细节又有谁会在意呢？ Copilot 能够将我们从烦琐枯燥的语法中解放出来。我们把这视为帮助更多人掌握编程的关键一步，并期待未来有一天，这种人为设定的障碍能够彻底消除。目前，我们依然需要学习 Python 语法，但有了 Copilot 的协助，我们不再是一个人在战斗。

但 Copilot 能做的远不止这些。以下这些与编程紧密相关且同样至关重要的任务，Copilot 也能够帮助我们实现。

- **解释代码**。当 Copilot 生成 Python 代码时，我们需要判断这些代码是否符合预期。正如之前所述，Copilot 可能会犯错。我们不打算深入讲述 Python 的每个细节（那属于过时的编程方式）。我们**必须**教会你如何阅读 Python 代码，以便全面理解其功能。同时，我们还将利用 Copilot 的代码解释功能，用自然语言为你讲解代码。阅读完本书之后，你仍然可以依靠 Copilot 来帮助自己理解它生成的复杂代码。
- **让代码更易理解**。完成一个任务的编程方法往往不止一种，其中某些方法可能比其他方法更容易理解。Copilot 提供了一款工具，可以重组你的代码，让它更加易于使用。例如，易于阅读的代码通常在需要扩展或修正时也更加易于处理。
- **修复 bug**。所谓 bug，是指在编写程序时引入的错误，这些错误会导致程序执行不符合预期的操作。它可能导致 Python 代码不能完全正常运行，也可能导致代码在大多数情况下正常，但在特定场景下出问题。如果你曾听过程序员聊天，或许会听到这样一种普遍的遭遇：某位程序员花费数小时进行排查，结果发现导致程序挂掉（fail）的只是一个多余的等号。这种经历苦不堪言。以后再遇到这类问题，你可以使用 Copilot 的这项功能，它能够自动帮助定位并修复程序中的 bug。

## 1.5 使用 Copilot 的风险和挑战

现在我们都对 Copilot 帮助编写代码感到兴奋，但我们还需要讨论一下使用 Copilot 时所面临的潜在风险。有关这些问题的更多阐述，请参阅参考文献 [2]。

- **版权问题**。Copilot 是通过学习人类编写的代码来掌握编程技能的。在讨论 Copilot 等 AI 工具时，人们常会使用“训练”一词，这里指的是“学习”。具体来说，它采用 GitHub 上数百万个开源的代码仓库进行训练。人们担心 Copilot 可能会“盗用”这些代码并提供给他人。然而，根据我们的观察，Copilot 很少推荐使用他人代码的大块内容，尽管这种可能性确实存在。即便 Copilot 提供的代码是多段他人代码的融合与转化，也可能引发版权问题。例如，Copilot 生成的代码的版权归属尚未有明确共识。为了解决这一问题，Copilot 团队正在引入新功能，例如，能够检测其生成的代码是否与现有代码相似，及相关代码的许可证情况。尽管我们鼓励你将这些代码用于个人的学习和实验，但如果你计划用于家庭之外的场合，还请务必谨慎对待这一问题。这里的表述有意保持了一定的模糊性，这是因为法律适应这种新技术可能需要一段时间。在社会就这些议题进行充分讨论之前，保持谨慎是明智之举。
- **教育**。作为编程入门课程的讲师，我们亲眼见证了 Copilot 在编程作业这种任务类型上的卓越表现。在一项研究 [3] 中，Copilot 面对 166 个常见的初级编程任务，它的表现如何？在第一次尝试中，它就解决了将近 50% 的问题；一旦提供更多信息，这一比例甚至可提升至 80%。相信你已经目睹了 Copilot 在解决标准入门级编程问题时所表现出的能力。教育领域需要考虑到 Copilot 这类工具的出现并进行变革，目前教师们也在积极探讨这种变革的具体形式。学生们是否可以使用 Copilot？如果可以，他们将以何种方式使用？ Copilot 又将如何辅助学生学习？未来的编程作业又将呈现出何种新的面貌？
- **代码质量**。我们必须保持警惕，不能盲目信任 Copilot，尤其是在处理敏感代码或需要保障安全的代码时。例如，为医疗设备编写的代码，或者处理用户敏感数据的代码，我们必须理解透彻。人们在面对 Copilot 的神奇表现时很容易麻痹大意，从而在未经仔细审核的情况下接受它生成的代码，但那些代码可能完全是错误的。在本书中，我们处理的代码并不会大规模部署，因此，虽然我们会专注于获取正确的代码，但不会过多考虑这些代码在更大范围使用时会产生何种影响。我们将致力于帮助你建立必要的基础，以便独立判断代码的正确性。
- **代码安全**。与代码质量一样，从 Copilot 获得的代码无法保证安全性。例如，在处理用户数据时，把 Copilot 提供的代码拿来就用是远远不够的。我们需要执行安全审计，并且通过专业知识来判断代码的安全性。当然，我们不会在现实场景中使用 Copilot 提供的代码，因此，也不会将重点放在安全问题上。

- **不是专家**。专家的一个显著特征是对自己的所知与所不知有清晰的认识。他们还能准确表达对自己答案的信心程度，如果信心不足，他们会持续学习，直到确信自己掌握了知识。Copilot 及更广泛的 LLM 并不具备这种能力。你向它们提问时，它们只是直接给出回答而已；必要时，它们还会编造答案：将真实片段与垃圾信息混合，形成看似合理但总体上没有意义的回答。例如，我们观察到 LLM 有时会为尚在人世的人虚构讣告，尽管这不合逻辑，但这些“讣告”中包含了关于这些人生活的真实信息。当被问及算盘为何能在运算速度上超越计算机时，LLM 有时会给出一些站不住脚的解释，例如，算盘因为是机械的，所以必然速度更快。目前，LLM 正在努力改进，以便能够在不知道答案时明确表示“对不起，我不知道”，但这一目标尚未实现。它们不知道自己不知道什么，这意味着它们需要监督。
- **偏见**。LLM 会重现其训练数据中存在的偏见。例如，当请求 Copilot 生成一份姓名清单时，它通常会生成一些英文名；当要求它绘制图时，得到的图可能没有充分考虑到人类之间的视觉感知差异；而要求它编写代码时，它输出的代码风格很可能反映了主流群体的编码习惯（毕竟主流群体编写了世界上的大部分代码，而 Copilot 正是基于这些代码进行训练的）。长期以来，计算机科学和软件工程领域一直面临多样性不足的问题。我们不能允许多样性进一步受损，更应努力扭转这一趋势。因此，我们需要让更多的人参与进来，让他们能以自己的方式自由表达。如何面对 Copilot 这类工具所带来的挑战，目前正在积极探索中，这对编程的未来极为关键。尽管如此，我们依然相信 Copilot 有希望通过降低行业门槛来促进多样性的提升。

## 1.6 我们所需的技能

如果 Copilot 能够编写代码、解释代码并修复里面的 bug，那么我们是不是可以高枕无忧？是不是只须向 Copilot 下达指令，然后就可以庆祝自己的杰出成就了？

不，并非如此。虽然一些原本必备的编程技能（例如，编写正确的语法）重要性确实会减弱，但其他技能仍然非常关键。例如，你不能简单地把一个庞大任务丢给 Copilot，类似“创建一款电子游戏，并确保它好玩”这种要求，Copilot 将难以满足。相反，我们需要将这一庞大任务分解成 Copilot 能帮上忙的小任务。那么，我们怎样才能做到这一点呢？事实证明，这并非易事。这是人们在与 Copilot 这类工具互动时必须培养的关键技能，也是本书将要教授的主要内容。

信不信由你，有些技能在使用 Copilot 时会变得更为重要。测试代码一直是编写可靠代码的关键任务。我们对测试人类编写的代码有很多了解，因为我们知道该在哪里寻找常见问题。我们知道，人们在处理值的边界条件时经常会出错。例如，如果编写一个程序来处理两数相乘，通常在绝大多数情况下都能处理得很好，但当其中一个值为 0 时可能会出错。那么，对于 AI 编写的代码呢？我们可能根本猜不到在 20 行完美无缺的代码中竟然隐藏着一行荒唐的代码。我们对处理这种情况没有经验，因此需要比以前更加仔细地进行测试。

最后，还有一些技能是全新的。其中最关键的一项称为“提示工程”，这涉及如何准确告诉 Copilot 需要它做什么。当要求 Copilot 编写代码时，我们通过一段“提示词”来提出这一请求。虽然我们可以用自然语言来编写提示词并表达需求，但仅仅这样做是不足够的。如果我们希望 Copilot 尽可能正确地执行任务，就需要极为精确地表达需求。即使表达已经足够精确，Copilot 还是有可能犯错。在这种情况下，我们首先需要确认 Copilot 确实出现了错误，然后调整自己的描述，希望能将其引导至正确的方向。根据我们的经验，即使是看似微不足道的提示词变动，也可能会对 Copilot 生成的结果产生极大的影响。

在本书中，我们将传授所有这些必备技能。

## 1.7 大众对于 AI 助手的担忧

如今，社会各界对于 Copilot 等 AI 助手的态度还有些摇摆不定。我们将在本节提出一些常见问题，并附上我们的观点。这些问题可能也正是你心中所疑惑的。虽然我们的回答可能随着时间的推移逐渐显得荒谬，但这些回答确实反映了眼下我们两位作为长期投身于编程教育领域的教授和研究者的真实观点。

**问：**现在有了 Copilot，技术和编程岗位会减少吗？

**答：**应该不会。不过我们预计这些岗位的性质将会发生变化。例如，我们知道 Copilot 能辅助处理许多与初级编程岗位相关的任务。这并不意味着初级编程岗位将直接消失，只不过随着程序员能够借助越来越先进的工具完成更多任务，这些岗位的性质将发生改变。

**问：**Copilot 会扼杀人类的创造性吗？它会不会只是在不断地回收利用人类已经编写的代码，从而限制新观点的引入？

**答：**我们认为不会。Copilot 使我们能够在更高层面上进行工作，远离了底层机器码、汇编语言或 Python 代码。计算机科学家用“抽象”这一术语来描述人们与计算机底层细节脱离的程度。抽象自计算机科学诞生之初就在进行，但人们并没有因此遭受损失。相反，它让人们能够忽略那些已经解决的问题，专注于解决越来越广泛的问题。事实上，正是更高级编程语言的出现，推动了更高质量软件的开发——那些驱动 Google 搜索、亚马逊购物车和 macOS 的软件，并非在仅有汇编语言时编写的（可能靠汇编语言也根本写不出来）！

**问：**我一直听人在说 ChatGPT，它是什么？它和 Copilot 是一回事吗？

**答：**ChatGPT 和 Copilot 并不相同，但它们是基于同一种技术构建的。与专注于编程的 Copilot 不同，ChatGPT 适用于更广泛的知识领域。这使它能够胜任更多样的任务，例如，回答问题、撰写文章，甚至在沃顿商学院的 MBA 考试中取得优异成绩。这意味着教育也需要随之变革：我们总不能让人们靠 ChatGPT 就获得 MBA 吧。同样，我们花费时间的方式也需要转变。人类还会继续写书吗？以什么方式来写？当人们知道图书可能部分或完全由 AI 编写时，他们还会愿意读书吗？这将对金融、医疗保健、出版等行业产生深远影响。与此同时，这种技术也被过度炒作，这也让人们一时难以辨别传言的真假。如果拉长时间跨度，这些问题会愈发难以回答，没有人能预测未来到底会发生什么。实际上，Roy Amara 的一句老话（阿玛拉定律）指出："人们倾向于高估一种技术的短期影响，而低估其长期影响。"因此，我们需要密切关注这一领域的讨论，以便及时适应变化。

在第 2 章中，我们将引导你在自己的计算机上启动并使用 Copilot，让你能够迅速开始编程。

## 本章小结

- Copilot 是一个 AI 助手，这是一个能够帮助人们完成工作的人工智能代理。
- Copilot 重新定义了人与计算机的交互方式及编写程序的方法。
- Copilot 改变了人们提升技能的焦点（减少对语法的关注，增加对提示工程和测试的重视）。
- Copilot 具有不确定性，它有时能够生成正确的代码，有时却不能。我们需要时刻保持警惕。
- 针对代码版权、教育与职业培训问题及 Copilot 生成结果中的偏见问题，仍需要寻找解决方案。

# 第 2 章　快速上手 Copilot

**本章内容概要**

- 在你的系统中安装 Python、VS Code 及 Copilot
- Copilot 设计流程介绍
- Copilot 在基础数据处理任务中的应用价值

本章将指导你如何在自己的设备上使用 Copilot，并讲授如何与它互动。一旦你成功配置 Copilot，建议你跟随书中的示例进行实践。毕竟，实践出真知。我们坚信，在本书的后续章节里，你能够跟着我们一起学习进步。

一旦配置完毕 Copilot，我们将带你体验一个既有趣又能体现 Copilot 解决标准任务能力的示例。你将掌握如何与 Copilot 进行互动，并学习如何在不直接编写任何实际代码的前提下进行软件开发。

## 2.1　为接下来的学习做好准备工作

在学习编程的过程中，你需要亲自动手，而不是仅仅通过阅读来理解。如果这是一本教授如何弹吉他的书，你肯定不会在碰都不碰吉他的情况下就一直往下读，对吧？我们认为你不会。仅仅是阅读而不亲身实践，就像观看马拉松选手冲过终点，然后误认为自己也已经准备好参加马拉松比赛一样。我们不再用类比来说明了，但请你认真对待：在我们进一步深入学习之前，需要先安装并运行所需的软件。

眼下就是我们最担心的时间点，因为这是很多新手（甚至是那些最渴望学习编程的新手）最容易失败的阶段，我们真心希望你能跨过这道坎儿。或许你会惊讶地想："真的吗？我们才刚开始啊。"确实，这正是关键所在。以 Leo 在 Coursera 平台上广受欢迎的 Java 编程课程为例，你能猜到大多数新手是在哪个阶段放弃的吗？是在课程末尾那个要求实时在地球仪上标记地震的高难度任务吗？不是。实际上，是在课程的起步阶段——学习者需要配置自己的编程环境时。因此，我们理解这对你来说可能是一个障碍。我们期望通过这种直白的鼓励，帮助你达成购买本书时所设想的所有目标。一切都始于安装软件。

## 2.1.1 编程环境与软件概览

为了更好地设置和使用 Copilot，我们将会安装一些无论是初学者还是专业工程师都会用到的软件编辑工具。这些工具包括 GitHub Copilot、Python 及 Visual Studio Code。当然，如果你已经安装了所有这些工具，也可以直接跳转到 2.5 节。

### 1. GitHub Copilot

GitHub 在开发、维护和存储软件代码领域已是“行业标准”级别的工具。不过我们在本书中并不会用到 GitHub。注册 GitHub 的唯一原因是你需要一个可以访问 Copilot 的账号。虽然注册 GitHub 账号是免费的，但在撰写本书时，Copilot 还是一项收费服务。如果你是学生，可以免除这笔费用。如果你不是学生，截至撰写本书时，你可以享受 30 天的免费试用。

你可能会质疑为什么需要为这项服务支付费用，其实答案也很合理。训练 GPT-3 模型的成本极高（想象一下，需要成千上万台计算机运行一年时间才能训练出这个模型），并且模型在提供推理服务时也会产生成本（大量服务器接收用户的输入，运行模型来处理这些输入，并且生成用户所需的结果）。如果你对于是否要长期使用 Copilot 还有些犹豫，那不妨在试用期开始后的 25 天左右设一个日历提醒，如果到时仍没有使用 Copilot，取消订阅就好。反之，如果你已经利用 Copilot 成功学会编程，并且它正在提升你的工作效率或成为你的一个爱好，就继续使用它。

### 2. Python

事实上，本书适用于任何一种编程语言，但我们选择了 Python，因为它是全球最流行的编程语言之一，并且是我们在大学的编程入门课程中所要学习的语言。如第 1 章所述，与其他语言相比，Python 更加易于阅读、理解和编写。本书中，生成代码的任务主要由 Copilot 来完成，而不是你。尽管如此，你仍然需要阅读和理解 Copilot 生成的代码，而 Python 在这方面尤其合适。

### 3. Visual Studio Code

你可以使用任何文本编辑器来编程。但如果你正在寻找一个舒适的编程环境——既能写代码，又能轻松获得 Copilot 的建议，还可以运行代码，那么 Visual Studio Code（简称 VS Code）是首选。VS Code 不仅受到软件开发新手的欢迎，也经常获得学生群体的青睐 [1]。它同样被世界各地的专业软件工程师所使用，这意味着你在完成本书的学习之后，可以继续使用这一环境进行工作或进一步学习。

为了配合本书的使用，你需要安装几个插件（extension，亦称扩展程序），以便让 VS Code 支持 Python 编程，并启用 Copilot。值得一提的是，VS Code 的插件机制非常强大，安装这些插件也非常简单。

## 2.2 设置系统

这个过程包含 4 个步骤。为了让本节内容更加流畅，下面只列出了这个过程的主要步骤。不过，你可以通过以下方式找到更为详尽的指南。

- 访问 Copilot 的 GitHub 官方文档。
- 在 Manning 出版社的网站上搜索“ Learn AI-Assisted Python Programming With GitHub Copilot and ChatGPT”，得到的相关页面上有针对个人计算机的详细设置指导。

我们需要完成的主要步骤如下。

（1）创建一个 GitHub 账户，然后启用 Copilot。

a）在 GitHub 网站上注册一个账户。

b）在 GitHub 的设置中启用 Copilot。

（2）安装 Python。

a）访问 Python 官方网站的下载页面。

b）下载并安装 Python 的最新版本（本书撰写时最新版本为 3.11.1）。

（3）安装 VS Code。

a）访问 Visual Studio Code 官方网站的下载页面，根据所用操作系统选择对应的安装包（例如 Windows 版或 Mac 版）。

b）下载并安装 VS Code 的最新版本。

（4）在 VS Code 中安装以下插件（具体安装方法请参考 Visual Studio Code 官方网站的 Docs 中 USER GUIDE 的 Extension Marketplace 部分）。

a）Python（由 Microsoft 提供）。请参考 Visual Studio Code 官方网站的 Docs 中 LANGUAGES 的 Python 部分，正确配置 Python 插件（特别注意选择正确的解释器）。

b）GitHub Copilot（由 GitHub 提供）。

c）GitHub Copilot Labs（由 GitHub 提供）。请留意，由于本书绝大部分内容不涉及使用 Copilot Labs 插件，即便该项服务在本书出版之后有所变更[①]，也无须感到沮丧。与 GitHub Copilot Labs 的交互也可以通过 ChatGPT 或 GitHub Copilot Chat 来实现。

d）GitHub Copilot Chat（由 GitHub 提供）。在撰写本书时，GitHub Copilot Chat 功能尚未对所有用户开放[②]。我们在后续章节中会用到这项功能，如果到时候仍无法使用它，可以用 ChatGPT 来代替。等后续章节用到该功能时，我们会对其进行详细讲解。

我们知道上述步骤的描述比较简洁。如果你在操作过程中遇到任何困难，建议查阅本节开头提到的参考资料，以便获取更详细的设置指南。

---

① 目前，此插件已下架。它的部分功能已经整合到 GitHub Copilot Chat 插件中。——译者注

② 目前，此插件已经完全开放。—— 译者注

## 2.3　在 VS Code 中使用 Copilot

现在系统已经设置完毕，下面熟悉一下图 2.1 所示的 VS Code 界面。

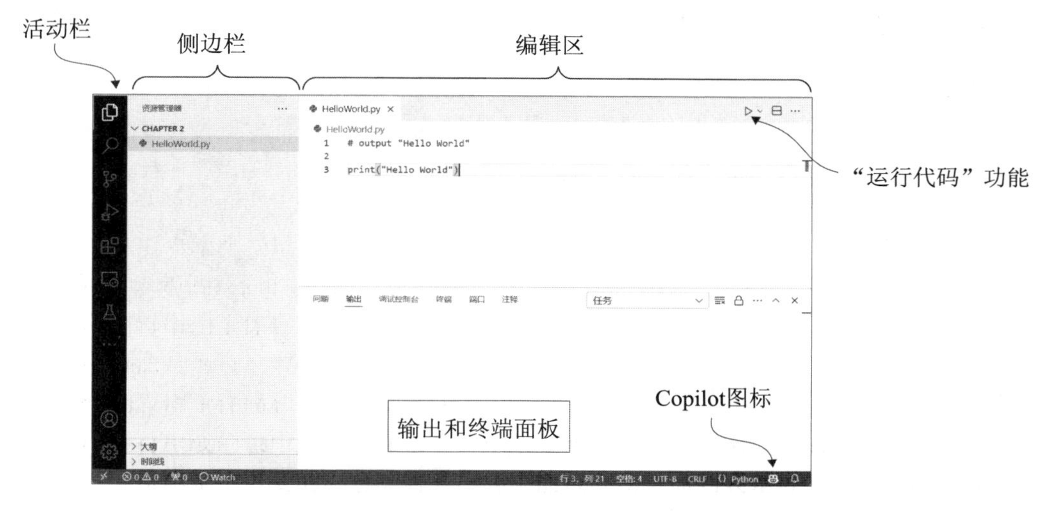


图 2.1　VS Code 界面

图 2.1 展示了如下区域。

- **活动栏**。VS Code 界面的最左侧是活动栏，在此可以打开文件夹（也称目录）或安装插件（就像在 2.2 节中安装 GitHub Copilot 插件那样）。
- **侧边栏**。侧边栏显示了活动栏中当前打开的内容。在图 2.1 中，由于活动栏选择了"资源管理器"，因此侧边栏展示的是当前文件夹中的内容。
- **编辑区**。这里主要用来编写软件。编辑区的编辑功能与其他文本编辑器相似，允许在此进行文本的撰写、编辑、复制和粘贴等操作。不过它的特别之处在于它对代码编辑做了充分优化。正如接下来的示例所示，我们主要在这个窗口中向 Copilot 发出指令来生成代码，随后对这些代码进行测试。
- **输出和终端面板**。这是 VS Code 界面上用于展示代码执行结果或捕捉错误信息的区域。它配备了"问题""输出""调试控制台"和"终端"等多个标签页。在日常工作中，"问题"标签页是我们最常访问的地方，因为它能够展示代码中可能出现的问题；而"终端"标签页则允许我们与 Python 进行交互，并实时查看代码的执行结果。

在图 2.1 的右下角，我们特别标出了 Copilot 图标。如果你在 2.2 节中正确配置了 Copilot，那么你应该会看到这个图标（或类似的标志）。

### 2.3.1　配置工作目录

在 VS Code 界面最左侧的活动栏中，可以看到"资源管理器"图标，其位于活动栏顶端。

当点击“资源管理器”图标后，应该会显示“尚未打开文件夹”。接下来点击“打开文件夹”按钮，然后在计算机中选择一个文件夹（或创建一个新文件夹——我们倾向于将文件夹命名为 fun_with_Copilot）。一旦你选中这个文件夹，它就会成为工作目录。也就是说，你的代码和所有数据文件（如本章稍后会用到的文件）都应该存放在这个文件夹中。

**文件未找到或文件缺失错误**

当你遇到一个提示“缺少文件”的错误时，不必沮丧：这是编程过程中每个人都可能遇到的问题。这类错误虽然令人烦恼，但通常很容易解决。有时，这仅仅是因为你忘记将文件放入工作目录。解决这个问题的方法很简单，只须将文件复制或移动到正确的文件夹。不过有时即使文件明明在文件夹中，当在 VS Code 中执行代码时，Python 似乎也无法识别。在我们撰写本书的过程中也发生过这种情况。如果遇到这种情况，请确保你已经通过 VS Code 的“资源管理器”功能打开了包含代码和所需文件的文件夹。

## 2.3.2 验证配置是否运行正常

下面检查一下所有配置是否已正确生效，以及 Copilot 是否正常运行。首先，创建一个新文件，用于存放我们的程序。你可以通过点击“文件”→“新建文件”菜单项（参见图 2.2），随后选择相应的 Python 文件（参见图 2.3）来完成这一操作。

图 2.2 在 VS Code 中创建新文件

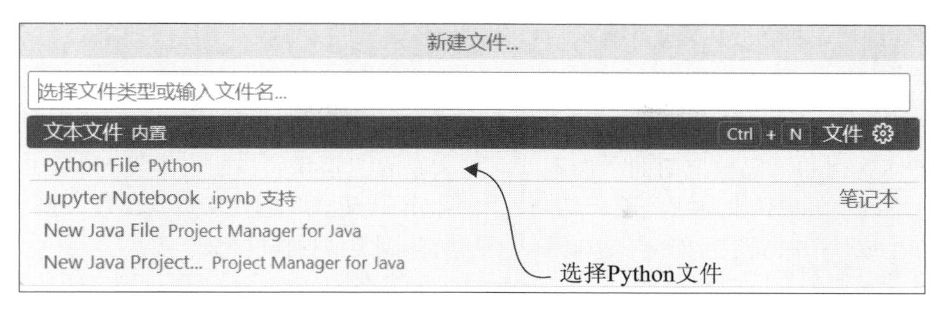


图 2.3　选择创建一个新的 Python 文件

创建文件后，建议立即进行保存。点击“文件”→“另存为”菜单项，并将文件命名为 first_Copilot_program.py。

接下来，在编辑区输入以下内容。

```
# output "Hello Copilot" to the screen
```

在本书中，我们编写的提示词和代码将以加粗字体呈现，以便区分我们自己编写的内容与 Copilot 给出的代码和注释。输入时请务必包含开头的 # 符号，以表示所写内容是一行注释（根据 VS Code 配色方案的不同，注释的颜色将与随后生成的代码有所区别）。注释**并不是**代码：计算机会执行代码，但不会执行注释。注释是程序员用来描述代码功能的总结性文字，它应该写得简洁易懂，以便其他软件工程师快速理解代码。如今，注释的作用进一步扩展，它还能触发 Copilot 提供建议。你可以将其理解为一种更为先进的自动完成功能，类似于在搜索引擎中输入“New York T”，随即自动补全为“New York Times”。

要触发 Copilot 为我们生成代码（或更多的注释），只须在行尾按 Enter 键，便能移至新行的起始位置。稍作等待，建议的内容将显现出来。在未被采纳前，Copilot 的建议将以浅灰色斜体字呈现。如果尚未收到任何建议，可能需要再次按 Enter 键来激发 Copilot 给出代码建议。以下是我们实际操作时的情况。

```
# output "Hello Copilot" to the screen
print("Hello Copilot")
```

如果你仍然没有看到来自 Copilot 的建议，可以尝试按 Ctrl+Enter 组合键（按住 Ctrl 键的同时按 Enter 键）。当按下这组快捷键时，屏幕右侧应该会出现一个新的面板。这个面板将位于编辑区的右侧，名为 GitHub Copilot[1]。如果这个面板没有出现，可能是你的设置出现了问题。建议你按照 2.2 节的操作步骤，再次确认自己正确操作了所有步骤，或者在互联网上寻求进一步的帮助。

如果你看到了 Copilot 的建议，那么按 Tab 键表示采纳该建议。一旦采纳，原本以浅灰色

① 相对于编辑区中的代码建议功能，这个面板是一个“加强版”。Copilot 会在这个面板中提供不止一条代码补全建议，可以逐条浏览并选择最理想的那一条。——译者注

斜体字呈现的建议将转变成常规字体。

```
# output "Hello Copilot" to the screen  ← 我们编写的提示词
print("Hello Copilot")  ← Copilot 生成的代码
```

如果你看到的代码与上面的示例不同，那么原因正是我们在前言中提到的：Copilot 的行为具有不确定性，因此你可能会得到与我们不同的代码。我们之所以指出这一点，是因为 Copilot 在生成代码时偶尔可能会有小疏漏，导致你得到类似这样的代码。

```
print "Hello Copilot"
```

你或许认为这种小差别（"Hello Copilot" 的外部少了一层括号）无关紧要，然而，实际上它至关重要。在 Python 3 问世之前，打印语句的正确写法是不加括号的。但随着 Python 3 的推出，语法规则改为必须使用括号。既然使用的是 Python 3，那么在代码中必须包含括号才能正常运行。你可能会好奇，为什么 Copilot 会犯这样的错误：这是因为 Copilot 在训练过程中接触过一些老旧的 Python 代码。如果你对此感到困扰，我们完全理解。但这也是新手程序员在没有 Copilot 帮忙时同样要经历的磨难。虽然 Copilot 提供的大多数建议在语法上是正确的，但是，如果代码中缺少了括号或在某个地方漏掉了冒号，可能会让初学者浪费不少时间进行调试。

还好我们得到的代码是正确的。

```
# output "Hello Copilot" to the screen
print("Hello Copilot")
```

你可能已经猜到，这行代码将在屏幕上打印“Hello Copilot”，下面试试看。首先，我们需要点击“文件”→“保存”菜单项来确保文件已经保存。

**在执行程序前，请务必确保文件已经保存**。我们不得不尴尬地承认，我们曾花费大量时间试图解决那些原本无误却因为没有保存而出现的代码问题。

如果要运行程序，请将鼠标光标移至编辑区的右上角，并点击“运行”图标。点击该图标后，在界面底部的“终端”区域，你应该会看到类似于下面的内容。

```
> & C:/Users/YOURNAME/AppData/Local/Programs/Python/Python311/Python.exe c:/Users/
YOURNAME/Copilot-book/first_Copilot_program.py

Hello Copilot
```

顶部以 > 开始的那一行是计算机运行代码的命令，意思是使用 Python 来执行 first_Copilot_program.py 文件。紧随其后的第二行是执行该命令后的输出结果，它打印“Hello Copilot”，这正是我们预期的结果。

恭喜你！你已经写出了自己的第一个程序。现在，编程环境已确认配置无误，接下来迈向第一个编程任务。不过，在开始之前，我们想跟你分享一些与 Copilot 协作时可能遇到的常见问题及应对技巧，让你在进行下一个案例时更加得心应手。

## 2.4 应对常见的 Copilot 难题

你刚开始接触 Copilot，现在就讨论 Copilot 的常见难题似乎为时过早。但你在编写第一个程序时可能已经碰到了这些问题，在接下来的示例和第 3 章中肯定还会遇到，因此我们想提前给你一些建议。

在使用 Copilot 的过程中，我们遇到了一些常见的挑战。虽然随着 Copilot 的持续完善，这些挑战可能会逐渐减少，但在撰写本书时，这些问题仍然存在。表 2.1 或许无法囊括你未来可能遇到的所有问题，但我们希望这些应对方法能帮助你迅速开展工作。

表 2.1 Copilot 使用过程中的常见问题

| 问题 | 描述 | 应对方法 |
| --- | --- | --- |
| 仅得到注释 | 如果你使用注释符号（#）给 Copilot 提供提示词，当你换行时，它可能会生成更多的注释而不是生成代码。例如：<br>**# output "Hello Copilot" to the screen**<br># print "Hello world" to the screen<br>我们见过 Copilot 生成一行又一行的注释，有时候还会重复！当发生这种情况时，第 3 条建议（使用文档字符串）往往是最有效的 | 1. 在编写的注释和 Copilot 的建议之间添加一个空行（通过按 Enter 键实现），可以帮助它从注释切换到代码<br>2. 如果新行不起作用，可以输入一两个代码字母（不使用注释符号）。以代码关键字的前几个字母作为提示词通常可以奏效。例如：<br>**# output "Hello Copilot" to the screen**<br>pr<br>3. 通常，输入关键字的前几个字母后，Copilot 会给出代码建议<br>把 # 注释换成文档字符串注释，类似这样：<br>"""<br>output "Hello Copilot" to the screen<br>"""<br>4. 按 Ctrl+Enter 组合键来看看 Copilot 是否可以给出代码而非注释的建议 |
| 错误的代码 | 有时 Copilot 一开始就给出了明显错误的代码（在本书中，你将学习如何识别错误的代码）<br>此外，有时 Copilot 似乎会陷入错误的路径。例如，它可能会试图解决一个与所要求解决的问题不同的问题（特别是第 3 条建议，可以帮助 Copilot 走上新的路径） | 本书的很多内容都是关于如何解决这个问题的，不过这里先给出一些能够让 Copilot 恢复正常的快捷技巧<br>1. 试图改变你的提示词，看看能否更好地描述需求<br>2. 尝试使用 Ctrl+Enter 组合键找到 Copilot 的正确代码建议<br>3. 关闭 VS Code 程序，稍等一会儿，然后重启它。这可以帮助清除 Copilot 缓存，从而获取新的建议<br>4. 尝试将问题分解成更小的实现步骤（详见第 7 章）<br>5. 调试代码（详见第 8 章）<br>6. 尝试向 ChatGPT 请求代码，并将其建议复制到 VS Code 中。当一个 LLM 陷入僵局时，换一个 LLM 往往有助于摆脱困境 |

续表

| 问题 | 描述 | 应对方法 |
| --- | --- | --- |
| Copilot 给出：<br># YOUR CODE HERE | 有时 Copilot 会在一段提示词后生成下面的注释（或类似的文本）来让我们自己写代码：<br># YOUR CODE HERE | 我们认为，当我们让 Copilot 解决过去教师给学生布置的问题时，这种情况就会发生。为什么呢？因为当我们为学生布置作业时，我们（作为教师）经常会写出开头的代码，然后通过 # YOUR CODE HERE 来告诉学生该在哪里写出他们的代码。学生们往往会在他们的解决方案代码中保留这行注释，这意味着 Copilot 在训练时会认为这个注释是解决方案的重要部分（实际上不是）。通常，可以通过按 Ctrl+Enter 组合键来解决这个问题，因为在 Copilot 的多条建议中通常可以找到合理的解决方案。但如果这种方法不起作用，请参见本表中“错误的代码”那一行的解决方案 |
| 缺少模块 | Copilot 给出了代码，但由于缺少模块而无法运行（模块是可以添加到 Python 中的额外代码块，它可以提供预先构建好的特定功能） | 请参阅 2.5 节中的“Python 模块”内容，了解如何在你的机器上安装新模块 |

## 2.5 我们的第一个编程练习

本节主要有两个目标：（1）展现与 Copilot 交互的整个工作流程；（2）通过观察 Copilot 如何轻松解决一个相当复杂的任务，让你感受 Copilot 强大的功能。

在第 3 章中，我们将更深入地探讨与 Copilot 协作的工作流。一般来说，当你借助 Copilot 编写代码时，大体遵循以下几个步骤。

（1）通过注释（#）或文档字符串（"""）向 Copilot 提供提示词。

（2）让 Copilot 生成代码。

（3）通过阅读和测试代码来确认其是否正确。

a）如果代码运行正常，则可以移至步骤（1），继续进行下一个任务。

b）如果代码运行不正常，则需要删除 Copilot 生成的代码，返回步骤（1）并修改提示词（参见表 2.1 中的建议）。

由于你刚开始尝试 Copilot，我们对于展示一个这么大的示例还是比较谨慎的。但我们认为，让你见证 Copilot 强大的功能，特别是在你亲手安装它之后，将极具价值。因此，我们希望你尽可能地跟着操作，以便获得最真实的 Copilot 使用体验。但如果你在途中卡住了，也可以继续往下读，把实践操作留到第 3 章也没什么问题。后续章节会对 Copilot 的协作过程进行更深入的讲解。另外，在本节中，Copilot 将生成许多代码，我们并不要求你在完成后面几章的学习之前立刻理解这些代码。我们提供这些代码，仅仅是为了让你感受 Copilot 生成的内容，但你**并不需要**在本章就理解这些代码。

练习开始之前，我们需要创建一个新文件。如果你现在还没有进入 VS Code，请先启动它，然后创建一个新的 Python 文件，并将其命名为 nfl_stats.py。

## 2.5.1 展现 Copilot 在数据处理方面的能力

我们决定从一些基础的数据处理任务开始，这可能是许多人在生活或工作中经常遇到的事务。在寻找合适的数据素材时，我们用到了一个名为 Kaggle 的优秀网站，该网站免费提供了丰富的数据集。这些数据集涵盖了众多领域，例如，不同国家的健康统计数据或疾病传播的追踪信息等。不过我们没有选用这类数据，因为我们希望我们的第一个编程任务更加轻松有趣。由于我们两位作者都是橄榄球运动的忠实粉丝，因此我们决定选择美国橄榄球联盟（National Football League，NFL）的赛事统计数据来展开数据处理实践。

为了下载数据集，你需要注册一个 Kaggle 账户。如果你不想注册账户，那么在本节里只看不练也是可以的。注册后，在 Kaggle 网站的搜索框中搜索“nfl-offensive-stats-2019-2022”，然后点击 Datasets，进入下载页面即可下载数据集。数据集下载完成后，可能还需要使用计算机自带的解压缩工具来解压 ZIP 文件。把 ZIP 文件解压得到的数据集文件复制到 VS Code 工作目录中，也就是你在资源管理器中打开的那个包含自己代码的文件夹。如果你是 Mac 用户，并且下载解压得到的文件是 numbers 格式，那么可能还需要点击“文件”→“导出”菜单项，将其转换为 csv 格式。该数据集含有 2019—2022 年的 NFL 信息（如图 2.4 所示）。

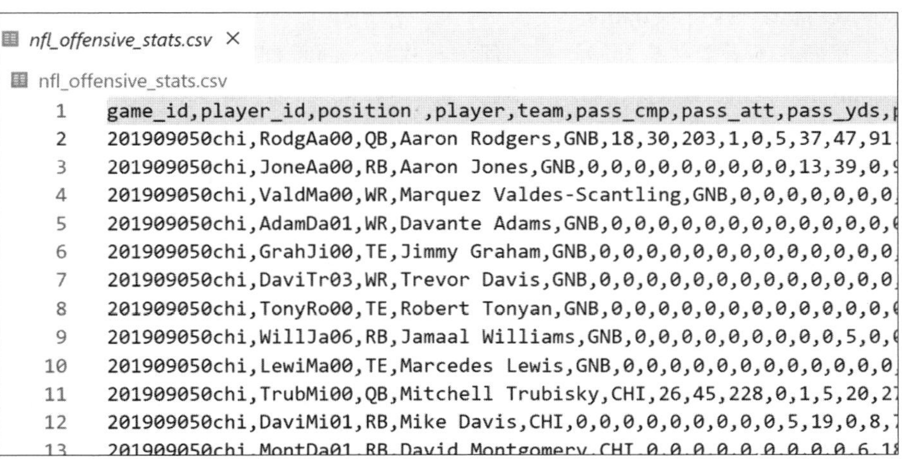


图 2.4 nfl_offensive_stats.csv 数据集的数据示例

这个 nfl_offensive_stats.csv 文件采用了一种名为“逗号分隔值”的文本文件格式（图 2.4 展示了部分示例）。这是一种用于存储数据的标准格式。它的结构类似表格，最顶部是标题行，解释每一列数据的含义；而每一列的边界则是通过各个值之间的逗号来划分的；此外，表格的每一行都放置在独立的文本行中。好消息是，Python 有一大堆工具可以读取 CSV 文件。

**第 1 步：2019—2022 年，Aaron Rodgers 总共投掷了多少传球码数**

我们先来探索一下这个文件包含了哪些数据。为了预览文件内容，既可以在 Kaggle 网页上查看这些统计数据的“详细信息”，也可以在 VS Code 中打开它，还可以在 Microsoft Excel 等电子表格软件中查看（如果使用 Excel 查看，请务必不要保存文件，因为我们需要维持文件的 csv 格式）。无论你采用何种方式打开它，都可以看到最顶部的标题行是这样的（与在图 2.4 中看到的相同）。

```
game_id,player_id,position ,player,team,pass_cmp,pass_att,pass_yds,…
```

除了这里展示的这几列以外，数据表后面还有很多列，但前几列信息就足够我们完成首个任务了。我们现在知道，表中有一列记录的是球员姓名，还有一列记录的是传球码数。Aaron Rodgers 是一名出色的球员，他在每场比赛中都能够贡献传球码数。2019—2022 年，他总共贡献了多少传球码数呢？仅靠肉眼浏览文件就给出这个问题的答案基本不太可能。因此，我们需要计算机来帮助完成这个不可能的任务。

我们希望找到数据表中球员姓名（player）标记为 Aaron Rodgers 的所有行，并将对应的传球码数（pass_yds）累加。也就是说，我们目前设定的问题就是统计他在整张数据表中的传球码数总和（这个统计结果涵盖了多个赛季，似乎没有什么实际意义，不过我们随时可以对统计范围进行调整）。如果把这个题目放在标准大学水平的编程入门课程中，那至少应该是第四周的水平了，但别忘了我们有 Copilot。

因此，我们并不需要从头开始学习如何编写代码，而是直接让 Copilot 帮助生成代码。为了确保 Copilot 理解我们的意图，需要在提出要求时极其明确。具体来说，我们会要求它每次只完成一小部分工作，然后再次提示它进行下一步操作。我们稍后会详细探讨如何撰写有效的提示词，但目前，你只须跟着做，将以下文本填入到新文件的开头。

```
"""
open the csv file called "nfl_offensive_stats.csv" and read in
the csv data from the file
"""
```

顶部和底部由 """ 符号围绕的内容称作“文档字符串”（docstring）。文档字符串是另一种书写注释的方式（前面已经用过以 # 开头的单行注释）。它们常常用于描述函数的功能（关于函数，详见第 3 章），但在本示例中，使用这种注释方式是为了避免 Copilot 持续生成注释的问题（参见表 2.1 中的“仅得到注释”问题）。在给出这样的提示词之后，Copilot 应该可以生成代码了。它生成的代码可能如下。

```
import csv
with open('nfl_offensive_stats.csv', 'r') as f: ◄──── 请注意这里的文件名
```

```
    reader = csv.reader(f)
    nfl_data = list(reader)
```

首先，为了便于阅读本书，需要注意的是，提示词的展示形式与 Copilot 生成的内容有所不同。这是故意为之的，以便清楚地区分所编写的内容（也就是你应编写的内容）及 Copilot 所生成的内容。

其次，Copilot 生成的代码相当合理。我们并不期望你在这个阶段就能完全理解代码，但你可能已经在代码中看到我们想要打开的文件名，以及一些有关打开和读取文件的操作。在本书的后续章节中，我们将引导你学习如何阅读这些代码。现阶段，你只须跟着做就行。

现在我们已经从文件里提取出了数据，下一步将给出一段新的提示词，用于计算数据表中 Aaron Rodgers 的传球码数总和。鉴于计算机既不了解橄榄球这项运动，也不了解 Aaron Rodgers 是一名四分卫这样的具体信息，我们的提示词需要极为明确。在本书的学习过程中，我们将引导你学会如何撰写这样的提示词。以下是新一轮的提示词。

```
"""
In the data we just read in, the fourth column is the player
and the 8th column is the passing yards. Get the sum of
yards from column 8 where the 4th column value is
"Aaron Rodgers"
"""
```

请留意这里是如何告诉计算机哪一列是球员名称、哪一列是传球码数的。这样做是为了让计算机知道如何对数据进行解析。此外，请注意这里特别强调只在球员名为 Aaron Rodgers 的情况下对码数进行累加。再次提醒，我们会在这本书的后续章节讲解如何撰写这类提示词。根据这段提示词，Copilot 生成了如下代码。

```
passing_yards = 0
for row in nfl_data:
   if row[3] == 'Aaron Rodgers':
       passing_yards += int(row[7])
print(passing_yards)
```

**提醒：Copilot 具有不确定性**

第 1 章提到过，Copilot 具有不确定性，这意味着你从 Copilot 那里得到的结果可能与我们的不一致。这将是贯穿本书的一大挑战：如果我们获得正确结果而你得到错误结果时，该怎么办？虽然我们充分相信 Copilot 在这里能向你输出正确结果，但**如果你从 Copilot 那里得到错误结果，请直接阅读本节的剩余内容，而不是停在原地继续尝试**。我们会确保你拥有修正 Copilot 错误代码所需的所有技能，但这些技能会在本书的后续部分陆续讲解，因此我们不希望你卡在这儿。

如果运行这段代码（回想一下图 2.1 中标注的“运行代码”），最终得到的结果将是 13852。这个答案是正确的（我们再三确认了这个答案，但如果你对橄榄球略知一二，应该可以通过估算判断这个数值是否合理。四分卫每赛季的传球码数一般在 3000 到 5500 之间，而这是 3 个赛季的数据，因此，对于一名表现卓越的四分卫，13852 码似乎是在合理范围内）。尤其有趣的是，我们原计划给 Copilot 提出第三轮提示词，要求打印结果，但 Copilot 似乎已经猜到了我们的意图并自行完成了这一步。

我们希望你能从这个示例（及本章的其余内容）中学到以下几点。

**Copilot 是一款功能强大的工具**。我们没有亲手编写过任何代码，却能够利用 Copilot 生成代码来完成基础的数据分析工作。对于那些有使用电子表格经验的读者，可能会考虑通过 Excel 等电子表格工具来做这件事，但很可能不会像上面那样编写代码来得简单。即便你以前没有使用过电子表格，也应该会承认，仅仅撰写一些平实的、易于人类阅读的提示词，就能够产出正确的代码和输出，这确实令人赞叹。

**将问题分解成小任务很重要**。在撰写这个示例的过程中，我们曾尝试使用一段较大的单一提示词（未展示）来编写这段代码，或者将其分解成两个较小的任务。较大的提示词与两个较小提示词的内容几乎一致。我们发现，使用较大的提示词时，Copilot 通常可以给出正确的答案，但有时会犯错。这在将要展示的下一个示例中尤其明显。然而，将问题分解成较小的任务显著增加了 Copilot 生成正确代码的可能性。在本书的剩余部分，我们将了解如何将较大的问题分解成小任务，因为这是你将需要掌握的最重要的技能之一。实际上，从第 3 章开始，你将会逐渐理解哪些任务是适合交给 Copilot 的。

**我们仍然需要在一定程度上理解代码**。这背后有两个原因。第一，要写出好的提示词，你需要对计算机知道什么和不知道什么有一个基本的理解。不能只给 Copilot 一个提示："给我 Aaron Rodgers 的传球码数"。Copilot 可能根本不知道数据存储在哪里，数据格式如何，球员和传球码数是哪两列，或者不明白 Aaron Rodgers 是一名球员。必须明确指出这些信息，Copilot 才能成功执行。第二，判断 Copilot 生成的代码是否合理。当我们两位作者阅读 Copilot 输出的结果时，由于我们能够读懂代码，因此可以判断出 Copilot 生成的代码是否合理。你也需要具备这种判断能力，这也是第 4 章和第 5 章专门讲解如何阅读代码的原因。

**测试极为重要**。当程序员提到测试时，他们指的是一种确保代码即便在各种非常规情况下也能正确运行的工作过程。我们在这一部分并没有花太多时间，仅通过对单一数据集进行估算来判断 Copilot 的答案是否合理，但总体而言，我们需要在测试上投入更多的精力，因为这是编码过程中至关重要的一环。可能不用说你也明白，但我们还是想强调，代码错误的后果可能超出想象，有时只是出个糗（例如，向你的一名痴迷 NFL 的朋友谈及错误的球员传球码数），有时则相当危险（例如，汽车软件反应失常），还有可能代价高昂（例如，企业基于错误的分析结果来做决策）。即使你已经学会如何阅读代码，我们仍要基于自身的经验教训提醒你——就算代码看似正确，也可能暗藏错误。因此，我们必须对 Copilot 生成的每行代码进行测试，以确保它们按照预期工作。在后续章节中，我们将学习如何对 Copilot 生成的代码进行严格的测试。

为了充分展现 Copilot 的能力，我们将继续拓展这个示例。你可以选择跟随我们一起编写提示词并在 Copilot 中运行代码，或者只是进行阅读。

**第 2 步：在这段时间里所有四分卫的整体表现如何**

了解 Aaron Rodgers 的表现固然有趣，但接下来更有意义的任务是将其统计数据与同期的其他四分卫进行比较。我们只须与其他四分卫进行比较，因为这个位置就是负责传球的。当然，一个跑卫在一个赛季里可能会传一次球，而且当他们这么做时通常也很有趣，但这并不是他们的本职工作。为了筛选出那些四分卫，我们需要重新查看一下数据。第三列是“位置”（position），而 QB 就代表四分卫。因此，删除 Copilot 提供的所有代码（即最顶部注释之后的所有内容）并重新开始。我们不会像上面那样详细展示每个步骤，而是将与 Copilot 互动的整个结果一次性列出（详见代码清单 2.1），其中我们编写的提示词会加粗显示，以便与 Copilot 给出的代码进行区分。

**代码清单 2.1　Copilot 分析顶级四分卫的代码**

```
"""
open the csv file called "nfl_offensive_stats.csv" and
read in the csv data from the file
"""

# import the csv module
import csv

# open the csv file
with open('nfl_offensive_stats.csv', 'r') as f:
    # read the csv data
    data = list(csv.reader(f))

"""
the 3rd column in data is player position, the fourth column
is the player, and the 8th column is the passing yards.
For each player whose position in column 3 is "QB",
determine the sum of yards from column 8
"""

# create a dictionary to hold the player name and passing yards
passing_yards = {}

# loop through the data
for row in data:
    # check if the player is a quarterback
    if row[2] == 'QB':
        # check if the player is already in the dictionary
        if row[3] in passing_yards:
            # add the passing yards to the existing value
            passing_yards[row[3]] += int(row[7])
```

我们的第一段提示词，用于读入数据

Copilot 的输出有时会包含注释。我们从 Copilot 那里得到的注释不会加粗显示，只有我们自己写的提示词会加粗显示

我们的第二段提示词，用于分析数据

```
        else:
            # add the player to the dictionary
            passing_yards[row[3]] = int(row[7])
"""
print the sum of the passing yards sorted by sum
of passing yards in descending order
"""
for player in sorted(passing_yards, key=passing_yards.get, reverse=True):
    print(player, passing_yards[player])
```

我们的第三段提示词，用于打印结果

请注意，我们向 Copilot 提供了 3 段提示词：第一段提示词针对输入数据进行处理；第二段提示词涉及数据的加工处理；第三段提示词则旨在输出结果。这种“输入数据→加工数据→输出结果”的流程在编程任务里非常典型。

观察 Copilot 的输出结果，我们必须指出，身为拥有多年编程经验的教育者，这段代码确实令人赞叹。在我们执教的大学课程里，我们可能会在期末考试上布置类似的题目，但估计只有不到半数的学生能够正确完成。Copilot 选择了使用字典（这里说的字典不是类似英语字典那种的普通字典，而是一种在 Python 中用于存储数据的方式）来存储数据，这是个明智的选择，而且它还巧妙地采用了排序方法来提升数据的展示效果。

我们看看结果。如果运行上述代码，输出结果的前 5 行如下。

```
Patrick Mahomes 16132
Tom Brady 15876
Aaron Rodgers 13852
Josh Allen 13758
Derek Carr 13271
```

如果你是橄榄球迷，你对这个结果应该不感到意外。为了试探 Copilot 对我们需求的适应能力到底有多好，我们尝试进行修改。考虑到 Tom Brady 已经是公认的有史以来最优秀的四分卫之一，你或许打算在这次比较中忽略他。

为实现这个调整，我们只须修改最后一段提示词。请找到代码中以下位置。

```
"""
print the sum of the passing yards sorted by sum
of passing yards in descending order
"""
for player in sorted(passing_yards, key=passing_yards.get, reverse=True):
    print(player, passing_yards[player])
```

删除代码，仅保留注释，然后在文档字符串中添加下面这行代码。

```
"""
print the sum of the passing yards sorted by sum
of passing yards in descending order
Do not include Tom Brady because he wins too much
```

```
"""
```

随后，Copilot 给出如下建议。

```
for player in sorted(passing_yards, key=passing_yards.get, reverse=True):
    if player != "Tom Brady":          ◄── 这行代码排除了所有关于
        print(player, passing_yards[player])    Tom Brady 的数据
```

这正是我们想在代码中进行的更改。代码在输出结果的环节排除了所有关于 Tom Brady 的数据。现在我们保存并重新运行文件，输出结果的前 5 行如下。

```
Patrick Mahomes 16132
Aaron Rodgers 13852
Josh Allen 13758
Derek Carr 13271
Matt Ryan 13015
```

**第 3 步：绘制这些数据的统计图，以便更好地进行对比**

我们要求 Copilot 完成的这一系列任务，进一步突显了我们的核心论点：Copilot 是一款强大的工具。通常，打印所有四分卫的统计数据可能是一份很有意义的分析工作。而且，如果能采用可视化图形来展示这些信息，那将锦上添花。我们可以要求 Copilot 绘制图吗？假设我们仅对顶尖的四分卫感兴趣，因此决定设定一个门槛，即四分卫们在这段时间内获得的传球码数要达到 4000 以上，才有机会在分析图中展示。确实，要求 Copilot 绘制数据图可能会带来一些新的挑战，因为这超越了常规的文本操作，但我们可以尝试一下。

在刚刚写完的代码末尾添加以下注释。

```
"""
plot the players by their number of passing yards only for
players with more than 4000 passing yards
"""
```

当我们向 Copilot 提出这段提示词之后，它给出的代码如代码清单 2.2 所示。

**代码清单 2.2 Copilot 提供的绘制四分卫数据的代码**

```
import matplotlib.pyplot as plt
import numpy as np
# create a list of players
players = []
# create a list of passing yards
yards = []
# for each player in the dictionary
for player in passing_yards:
    # if the player has more than 4000 passing yards
    if passing_yards[player] > 4000:
        # add the player to the list of players
```

```
            players.append(player)
            # add the passing yards to the list of passing yards
            yards.append(passing_yards[player])
    # create a numpy array of the passing yards
    yards = np.array(yards)
    # create a numpy array of the players
    players = np.array(players)
    # sort the players by the passing yards
    print(np.argsort(yards))
    players = players[np.argsort(yards)]
    # sort the passing yards
    yards = np.sort(yards)
    # create a figure
    plt.figure()
    # create a bar chart of the players and their passing yards
    plt.bar(players, yards)
    # rotate the x axis labels
    plt.xticks(rotation=90)
    # show the plot
    plt.show()
```

我们曾多次向 Copilot 提供这段提示词，它每次都能产生一个合理的图形，但是代码和图形每次都有所不同。这只是其中一个具有代表性的结果，在这个结果中，代码比本章前面展示的代码要复杂得多。事实上，我们需要更深层次地理解代码才能详细地分析它，因此，在眼下这个阶段，我们暂且跳过对这段代码的阅读和解释。我们可以提纲挈领地告诉你，它正确导入了一个用于绘图的 Python 模块（名为 matplotlib），然后在代码中段利用名为 numpy 的 Python 模块进行了一些相当巧妙的数据操作，并且它甚至还考虑到将球员名字旋转，使其能够作为 x 轴标签清晰地打印出来。

然而，当你尝试执行这段代码时，可能会遇到问题。因为 Copilot 完全根据 GitHub 上的代码进行训练，它无法得知你的计算机中安装了哪些 Python 模块。Copilot 在训练时所用到的原始代码在编写时可能安装了 matplotlib，而且 matplotlib 在这个场景下确实是正确的选择，但是 matplotlib 并不是 Python 默认安装的模块。如果你尚未安装它，那么在运行这段代码时，将遇到一个错误，提示无法找到 matplotlib 模块。

**Python 模块**

模块扩展了 Python 这门编程语言的功能范畴。Python 拥有大量模块，它们能帮助你完成各种各样的任务，包括数据分析、网站创建和电子游戏开发等。看到代码中的 import 语句，你就知道代码需要使用 Python 模块了。Python 并不会自动安装所有模块，因为其中的大部分你可能根本用不到。因此，当你希望使用某个模块时，需要自行安装包含该模块的“包”(package)。

修复这个错误，你需要手动安装 matplotlib。好消息是，现在 Python 安装新包已经非常简单了。只须在 VS Code 右下角的“终端”面板里输入如下命令。

```
pip install matplotlib
```

**请注意**

对于某些操作系统，你可能需要使用 pip3 而不是 pip。在 Windows 设备上，如果你是按照我们的安装步骤进行操作的，那么建议使用 pip。而在 Mac 或 Linux 设备上，建议使用 pip3。

运行这个命令后，你会看到安装了大量模块，其中就包括 numpy（它正是前面代码需要用到的另一个模块）。注意，由于 matplotlib 也依赖其他 Python 模块，因此，除了 matplotlib 本身以外，这个命令还会安装运行 matplotlib 所需的其他模块。当我们尝试再次运行代码时，将会得到类似图 2.5 的图。

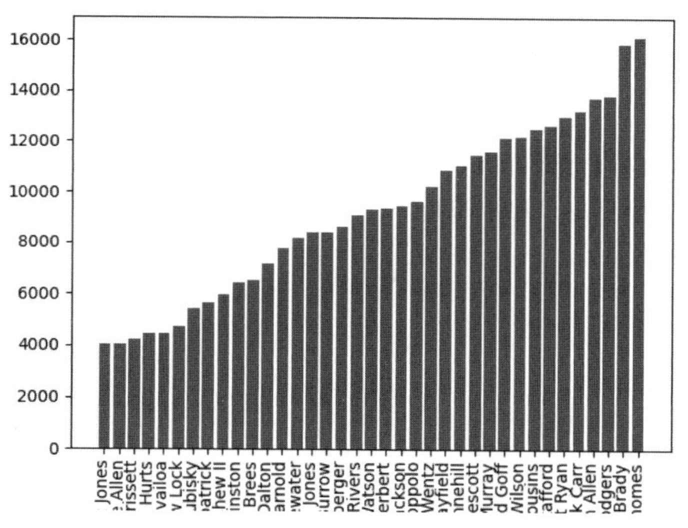


图 2.5　代码清单 2.2 所生成的图

在图 2.2 所示的柱状图中，y 轴是传球码数，x 轴是球员的名字。球员按照传球码数从最少（至少要达到 4000）到最多进行排序。诚然，这幅图并不完美，因为它缺少 y 轴标签，而 x 轴上的名字在底部被截断了，但考虑到我们向 Copilot 提供的提示词非常简短，这已经相当令人赞叹了。虽然可以继续添加提示词，看看能否更好地设置图的格式，但目前已经完成了本节的主要目标，即向你展示 Copilot 在编写代码方面的强大辅助能力，并让你找到与 Copilot 互动的感觉。

不得不说，我们在这一章取得了很大进展。**如果你已经完成编程环境的设置，并跟随示例进行操作，你应该感到自豪。你已经在编写软件的道路上迈出了重要的一步。**不仅仅是完成了琐碎的环境配置，我们还写出了一段代码并完成了第一个练习。此外，还观察到使用 Copilot 编写软件的过程——在这个过程中，先由我们撰写良好的提示词，然后由 Copilot 生成需要的代码。在本章的示例中，Copilot 直接给出了我们想要的代码，而我们无须调整提示词，也无须调试代码来排查代码出错的原因。这个示例虽然很好地展示了 AI 助手的强大能力，但你往往还是会发现自己需要测试代码、更改提示词，有时还需要尝试理解代码为何出错。在接下来的章节里，我们会更真切地体会到这种与 AI 助手的协作过程。

## 本章小结

- 你完成了 Python 和 VS Code 的安装，并且配置好 Copilot，现在可以跟着本书开始自己动手编程了。
- VS Code 界面中包括的文件管理、代码编辑和代码运行等功能区域将贯穿整本书。
- 提示词是我们要求 Copilot 生成代码的手段，如果提示词足够细致，它可以成为创造软件的一种极为有效的途径。
- 数据分析是一种常见的编程任务，而 csv 则是存储数据并交由计算机处理的一种常见格式。
- Copilot 生成的代码可能需要你额外安装一些 Python 模块。
- Copilot 是一款强大的工具，其生成的代码在复杂度方面能与学完编程入门课的大学生所编写的代码相匹敌，甚至更胜一筹。

# 第 3 章　设计函数

**本章内容概要**

- 函数在软件设计中的作用
- 适合交给 Copilot 解决的任务
- 与 Copilot 交互的标准工作流程
- 利用 Copilot 编写优秀函数的案例

对于编程初学者，识别出哪些任务适合交给 Copilot 并让它提出有效的解决方案，是一个巨大的挑战。如果交给 Copilot 的任务过于庞大，它往往会失败得很夸张，而且这类失败往往也非常难以修正。那么，什么样的任务才算是合理的呢？

这个问题不仅对于使用 Copilot 的方式至关重要，对于我们自身的编程之路同样意义深远。因为程序复杂度同样也是人类程序员头疼不已的问题。即使是经验丰富的软件工程师，如果试图一口气搞定一个复杂的大问题，而不是将其分解为更小、更易于解决的子问题，往往也会陷入困境。人类程序员最终找到“函数”作为解决方案，函数的职责就是完成一个特定任务。虽然有许多关于如何编写合理函数的经验法则，例如，代码不能超过多少行之类，但总的来说，这些规则的根本目的是要确保所写的内容仅执行一个单一任务，并且其复杂度不至于难以正确完成。

对于那些未接触 Copilot、仅通过传统方式学习编程的学生，我们通常会留出一个月的时间，让他们充分感受 5 ~ 10 行长度的代码逻辑所带来的挑战和折磨，然后才会向他们介绍函数。在经历这个过程之后，再向他们强调不要在单个函数中放入超过他们测试和排错能力上限的代码，往往就顺理成章了。鉴于你正学习如何驾驭 Copilot 而不是直接处理语法，本章的使命是向你介绍有关函数的知识，并且说清楚在单个函数中要求 Copilot 解决哪些任务是合理的，哪些是不合理的。

为了加深你对函数的理解，我们将在本章提供若干示例。在这些示例中，你将体验到与 Copilot 互动的核心流程——具体来说，就是编写提示词、从 Copilot 接收代码、测试代码是否正确的循环过程。通过 Copilot 创建的函数，你将初步了解像循环、条件语句和列表这样的核心编程工具，这些内容将在后面两章进一步探讨。

## 3.1 初识函数

在探讨编写函数的具体细节之前，首先需要深入理解它们在软件开发中的重要性。函数就像是一系列小任务，它们串联起来共同完成更加宏大的任务，进而解决更为复杂的问题。你或许已经具备将复杂任务拆解为简单子任务的直觉，这将在下面的案例中派上用场。

假设某天你发现报纸上有一道单词搜索谜题，正打算挑战一番（图 3.1 展示了一个示例）。在这类谜题中，你的任务是找出单词列表中的每一个单词。这些单词可能横向从左至右、从右至左，或者纵向从上至下、从下至上地隐藏着。

| R | M | E | L | L | L | D | I | L | A | Z | K |
|---|---|---|---|---|---|---|---|---|---|---|---|
| B | F | W | H | F | M | O | Z | G | L | Z | C |
| B | D | T | U | C | N | G | S | L | S | H | A |
| Y | Y | O | F | U | N | C | T | I | O | N | T |
| F | A | H | S | I | L | T | A | S | K | O | C |
| H | N | H | J | O | H | E | L | L | O | C | A |
| Y | F | M | P | I | P | W | L | B | T | R | J |
| L | N | S | J | N | E | Z | Y | Z | Z | I | T |

在拼图中找到以下隐藏词：

CAT FUNCTION TASK
DOG HELLO

图 3.1 单词搜索谜题的示例

在更宏观的层面，你的任务是“在单词搜索谜题中找出所有单词”。然而，这样的任务描述实际上并不具备指导性。它无法告知应该如何具体操作来解决这一问题。

我们现在就尝试花几分钟来处理这个问题。你以前是从哪里着手的呢？你以前是如何将整个任务分解，从而让它更容易完成的呢？

你可能会这样想：“好吧，找出所有单词确实是个庞大的任务，但首先找出第一个单词 CAT 则简单多了。我先从这个开始吧！”这是将庞大任务拆解为小任务的一个实际示例。为了完成整道谜题，后面只须对每个需要寻找的单词重复这个简化后的小任务。

那么，我们该如何找出一个特定的单词，例如“CAT”？其实，这个任务同样可以进一步拆解，以便我们更容易地完成。例如，我们可以将其细化为 4 个子任务：从左至右查找，从右至左查找，从上至下查找，以及从下至上查找。这样做，不仅使任务变得简单，而且也让工作变得更有条理。更为关键的是，正如在本章里会不断看到的那样，这些简化后的任务将交给 Copilot 来编写代码并实现对应的功能，最终组合成完整的程序。

将一个复杂问题拆分成若干小任务，这个过程称为“问题分解”，它是软件设计中极其关键的技能之一。我们将在后续章节里详细探讨这一主题。目前，你最需要了解的是，哪些任务对 Copilot 来说过于庞大了。譬如，要求它开发一款全新的、将 *Wordscapes* 和 *Wordle* 融合在一起的电子游戏是完全行不通的。但是，你可以要求 Copilot 编写一些重要的函数来解决更大的问题。例如，你可以设计一个函数，用来验证玩家输入的单词是否包含在有效单词的列表中。

Copilot 可以很好地写出这个函数，而且这个函数在后面还能帮到 Copilot，为解决最终的大问题贡献力量。

## 3.1.1 函数的组成部分

函数（function）这一术语源自数学，是一种基于输入定义输出的数学概念。例如，$f(x) = x^2$ 表示，当 $x$ 等于 6 时，$f(x)$ 的结果为 36。同样，在编程中，函数也是根据给定的输入来产生预期的输出，因此“函数”这一称呼在编程领域同样适用。

作为软件工程师，我们倾向于将函数视作一种承诺或契约。假设存在一个名为 larger 的函数，它接收两个数字并返回其中较大的一个。我们确信，当向这个函数提供数字 2 和 5 时，它会返回 5 作为结果。我们在使用这个函数时，并不必要了解其内部工作原理，这与人们使用汽车刹车踏板而无须了解汽车机械构造是同样的道理。踩下刹车踏板，汽车便会减速。向函数传递两个数字，它便会返回较大的那一个。

在 Python 中，每个函数都拥有一个“函数头”，亦称为“函数签名”，它构成了函数代码的第一行。鉴于函数头无处不在，我们自然需要学会如何阅读和书写它们。函数头详细描述了函数的名称和所需的输入。而在其他一些编程语言中，函数头有时还会包含输出结果的相关信息，但在 Python 中，这些信息需要在代码的其他部分寻找。

在第 2 章里，我们曾通过 # 注释来告诉 Copilot 该做什么。如果我们期望 Copilot 帮助生成函数，这种方法仍然适用。例如，我们可以在注释中要求 Copilot 编写一个函数，用来比较两个数字并找出较大的那个。

```
# write a function that returns the larger of two numbers
# input is two numbers
# output is the larger of the two numbers
def larger(num1, num2):    ← 这一行就是函数头
    if num1 > num2:
        return num1
    else:
        return num2
```

与第 2 章的代码类似，我们刚才写下的注释是为了引导 Copilot 为我们生成代码。函数头包含 3 个核心部分：一个关键字，用来告诉 Python 这是一个函数；函数的名称；函数所需的输入。请注意函数头的结尾还有一个冒号——我们可不能漏掉它，否则这段代码就不是合法的

Python函数了。def是创建（定义）函数的关键字。def后面紧跟的是函数的名称，这个名称应该尽可能准确地描述函数的功能。例如，本例中的函数名叫larger。之所以你在给函数起名时感到困难，往往是因为函数执行多个不同的操作，这也意味着这个任务对单个函数来说太复杂了，我们稍后会进一步讨论这个问题。

函数头在括号内放置的内容称作“参数”(parameter)。参数是我们向函数传递信息的途径，这些信息是函数运行时所需要的。一个函数可以声明任意数量的参数，某些函数也可能不需要任何参数。本例中的函数声明了两个参数，分别命名为num1和num2；之所以有两个参数，是因为函数需要知道它进行比较的两个数值分别是什么。

函数只能输出一个结果。要判断函数将会返回什么内容，关键是要找到return关键字。return后面的部分即函数的输出结果。在本例的函数中，返回值可能是num1，也可能是num2。函数并不一定要返回结果（例如，一个打印列表到屏幕的函数无须返回任何内容），因此，即使没有看到return语句，也并不说明代码一定有问题，函数很可能在执行其他操作（例如与用户交互）。但在设计函数时必须明确一点：函数要么总是有返回，要么总是不返回，不能在有些条件下有返回而在另一些条件下不返回。

尽管我们通过#注释让Copilot生成函数的做法成功了，但这个过程对Copilot来说还是有些繁重。它首先得精确地编写出函数头，包括确定所需的参数数量；然后，它还得确保生成的函数代码正确无误。

还有另外一种方式可以引导Copilot编写函数代码，这种方式不仅能帮助它更精确地生成代码，还能让我们更清楚地理解函数所要实现的功能。这种方法就是编写文档字符串，我们将在本书中广泛使用文档字符串定义函数。

**用文档字符串解释函数的行为**

文档字符串是程序员描述Python函数行为的一种方法。它们紧跟在函数头之后，用3个引号来标记开头和结尾。

编写函数头和文档字符串，能让Copilot更精准地编写代码。在函数头中，我们需要确定函数的名称，并指定希望函数使用的各个参数的名称。紧随函数头之后，还需要编写一段文档字符串来向Copilot阐述函数的功能。之后，Copilot就会像之前一样生成函数的代码。由于我们已经给出了函数头，Copilot能够基于它进行学习，从而减少出错的概率。

下面展示如何通过另一种方式编写想要的larger函数。

```
def larger(num1, num2):
    """
    num1 and num2 are two numbers.

    Return the larger of the two numbers.
    """
    if num1 > num2:
```

函数内的文档字符串

```
        return num1
    else:
        return num2
```

请注意，我们不仅编写了函数头，还给出了文档字符串，而 Copilot 负责生成函数的具体内容。

### 3.1.2 使用函数

创建函数之后，我们应该如何使用它呢？回想一下之前提到的 $f(x) = x^2$ 这个示例，我们如何设定 $x$ 的值为 6，以便函数返回 36 呢？下面看看如何通过代码的方式使用刚刚编写的 larger 函数。

使用一个函数的过程称作“调用”。所谓调用，就是向函数的参数传入特定值来执行函数。这些传入的参数值称作“实参”（argument）。在 Python 中，每个值都具有特定的“类型”，我们必须确保传递的参数具有正确的类型。例如，我们之前编写的 larger 函数需要两个数字作为输入；如果我们传入非数字的值，它可能不会按预期执行。函数在调用时，会执行其内部代码并返回结果。为了稍后能够使用这个结果，必须将其捕获，否则结果就会丢失。要捕获函数返回的结果，需要用到“变量”，变量本质上是一个指向值的标识。

接下来，我们要求 Copilot 调用函数，将结果保存到一个变量中，然后打印结果。

```
# call the larger function with the values 3 and 5
# store the result in a variable called result
# then print result
result = larger(3, 5)
print(result)
```

调用 larger 函数，将 3 和 5 作为参数传入，并将结果保存到变量中

这段代码正确地调用了 larger 函数。请注意，进行比较的两个数字需要放在一对圆括号的内部。当函数执行完毕后，它会返回一个值，我们将其赋给 result，然后打印结果。如果你运行这段代码，会看到输出结果是 5，这是因为在我们询问的两个值中，5 是较大的那个。

如果你对这些细节还不太熟悉，也没关系，但我们希望你至少能够辨识出哪行代码是在调用一个函数，例如下面这个函数。

```
larger(3, 5)
```

函数调用的一般格式如下。

```
function_name(argument1, argument2, argument3, ... )
```

因此，当你看到某个名称后面紧跟着圆括号时，应该能反应过来，这正在进行函数调用。类似上面代码所展示的函数调用，对于与 Copilot 的协作流程极为重要，尤其是在对函数进行测试、验证它们是否按预期工作时。此外，为了完成工作，还需要调用函数，因为函数在被调用之前是不会执行任何操作的。

## 3.2 函数的益处

我们之前提到，函数在进行问题拆解方面发挥着关键作用。其实，函数在软件开发中之所以宝贵，还源于如下原因。

- **减轻认知负荷**。你可能听说过“认知负荷”这个概念[1]。它指的是大脑在同一时间内所能有效处理的信息总量。例如，让一个人记住 4 个随机单词，可能没问题，但如果是 20 个单词，大多数人会感到难以一次性记住。同样，在家庭自驾游中，当试图同时考虑旅程总时间、孩子们的休息点、午餐、如厕、加油及酒店位置等种种因素时，人们多半会感到难以应对。这就是人们的认知负荷达到极限的时刻。程序员在编程时也会遇到同样的问题。如果他们试图一次完成太多任务或解决过于复杂的问题，很容易出错。因此，函数的出现就是为了帮助程序员避免一次性承担过多工作。
- **避免重复**。程序员（我们认为，一般人也是如此）并不喜欢一遍又一遍地解决同一个问题。如果我编写了一个函数，它能正确计算圆的面积，那么我再也不需要重复编写那段代码了。这意味着，如果我的代码中有两处需要计算圆的面积，我会编写一个计算圆面积的函数，然后在这两处分别调用这个函数。
- **提升测试效率**。相较于测试单一功能的代码，测试一段同时执行多个任务的代码要复杂得多。程序员们会运用多种测试手段，但其中最关键的一种手段称为“单元测试”。一个函数通常接收一些输入并产生一些输出。例如，对一个计算圆形面积的函数来说，其输入就是圆的半径，输出则是面积。单元测试向函数提供输入，然后将这些输入产生的输出与预期结果进行比较。对于计算圆面积的函数，可以给它多种输入（例如一些小的正数、一些大的正数和 0），并将其结果与已知的正确值进行对比。如果函数的输出与预期相匹配，我们对代码正确性的信心就更高了。如果代码出现错误，我们也不用检查太多代码来定位和修正。但如果一个函数执行多个任务，这将使测试过程变得复杂，因为我们需要测试每个任务及其之间的交互。
- **提升可靠性**。作为资深的软件工程师，我们在编写代码时难免犯错。Copilot 同样不是完美无缺的。设想你是一名杰出的程序员，你写的每行代码都有 95% 的正确率，那么你觉得你能连续写多少行代码而不产生一个错误？答案是只有 14 行。即便是对于经验丰富的程序员，每行代码 95% 的正确率也已经是极高的标准了；而对于 Copilot，这个标准可能更难达到。通过限制任务的规模，用 12 至 20 行代码解决问题，就能降低出错的概率。结合上面提到的有效测试，我们对代码正确性的信心将更加充足。最后，最糟糕的情况莫过于代码中存在多个相互影响的错误，而且代码量越大，出错的概率也随之增加。我们作者二人都曾因为代码中存在多个错误而陷入长时间的调试困境。有了这样的教训之后，我们终于学会对小块代码进行频繁测试了。
- **增强代码可读性**。本书运用 Copilot 的主要方式都是从零开始编写代码，但这并非 Copilot 唯一的使用场景。当你和同事们共同编辑和维护一个大型软件项目时，Copilot 也能助你一臂之力。理解代码对每个人都至关重要，无论是人类写的代码还是 Copilot

写的代码。有了这样的基础，我们就能更轻松地发现并修复 bug，确定在何处开始调整代码来添加新功能，并能在宏观层面上理解哪种方式更有把握实现程序的整体设计了。将任务划分为函数，有助于理解代码的各个部分各自承担的职责，从而更好地理解它们是如何协同作用的。这也有助于人们分配工作和责任，确保代码的正确性。

这些益处对程序员来说极为重要。编程语言并不是从一开始就内置了函数功能。但在函数功能出现之前，程序员们想尽办法使用其他特性来模拟函数的效果。那些替代方案往往显得笨拙（如果你感兴趣，不妨在互联网上搜索一下“goto 语句”），而现在有了真正的函数，所有程序员都为之庆幸。

你可能会好奇，“我理解这些好处对人类极为重要，但它们对 Copilot 有何影响？”总体而言，我们相信，所有适用于人类的原则也同样适用于 Copilot，尽管背后的原理可能有所不同。Copilot 固然没有认知负荷，但当我们要求它处理人类解决过的类似问题时，它的表现往往会更加出色。既然人类通过编写函数来完成任务，那么 Copilot 也会很自然地仿效这一做法。一旦编写并测试了一个函数，无论是手写还是让 Copilot 来写，我们不希望再写一遍。要学会验证程序是否运行正常，不论是人类编写的代码还是 Copilot 生成的代码，这一点至关重要。Copilot 在生成代码时同样可能犯错，因此我们希望能够迅速发现并修正这些错误，就像我们对待人类编写的代码那样。如果你只是在独立编写和维护自己的代码，从未让他人阅读过，有必要关心可读性吗？作为曾不得不回顾和修改多年前自己编写的代码的程序员，我们想告诉你，保持代码的可读性非常重要，哪怕你是唯一的读者。

## 3.3 函数的角色

函数在编程领域内承担着多种多样的角色。简而言之，程序本质上由一系列函数组成，这些函数通常会调用其他函数。关键的一点是，所有的程序（包括 Python 程序）都是从一个基本的函数启动的（在 Java、C 或 C++ 等语言中，这个基本函数称为 main 函数）。在 Python 中，main 函数实际上就是代码中不属于任何函数的第一行。但是，假如每个程序都是从这样一个函数启动，而刚才又提到用单个函数来解决复杂问题是错误的，这又该如何理解呢？其实，main 函数会调用其他函数，而这些被调用的函数又会继续调用更多的函数，以此类推。函数内部的代码（大体上）都是顺序执行的，因此，虽然程序的执行可能始于 main 函数，但之后就会转移到其他函数，然后不断转移。

来看一个示例，我们会用到代码清单 3.1。这段代码出自我们之手，并非由 Copilot 生成。除非用于教学，否则没人会对编写这样的代码感兴趣。它唯一目的是展示函数调用的工作机制。

**代码清单 3.1　一段代码演示 Python 如何处理函数调用**

```
def funct1():
    print("there")
    funct2()
    print("friend")
```

```
    funct3()
    print("")

def funct2():
    print("my")

def funct3():
    print(".")

def funct4():
    print("well")

print("Hi")
funct1()
print("I'm")
funct4()
funct3()
print("")
print("Bye.")
```

这是程序运行的起点。我们将其称为 main，以便与其他语言中的 main 函数相对应

假如我们执行这段代码，它会输出如下结果（具体原因稍后解释）。

```
Hi
there
my
friend
.

I'm
well
.

Bye.
```

在图 3.2 中，我们通过一幅图解释计算机如何处理代码清单 3.1 中的代码。我们有意选用一个包含众多函数调用的示例，目的是巩固刚刚学到的知识。请记住，这段代码**并没有**实际的应用价值，它仅供教学之用。现在，我们一步步跟踪代码的执行过程。在分析这段代码的过程中，你或许会觉得参考图 3.2 比直接阅读代码清单 3.1 更直观一些，但两种方式都没有问题。

程序执行将从 Python 代码中首个非函数语句（print("Hi")）开始。Python 并没有严格定义 main 函数，但为了讲解方便，我们将这段代码中位于函数定义后的第一个代码块称为 main。代码按顺序执行，除非遇到需要执行别处代码的命令。执行 print("Hi") 后，程序将执行 funct1 函数。funct1 函数被调用后，执行点转移到该函数的起始语句 print("there")。接着，funct1 函数调用 funct2 函数，程序便执行 funct2 函数的第一行 print("my")。当 funct2 函数执行完毕后，有趣的事情来了：由于没有更多代码要执行了，执行点会自动回到 funct1 函数中调用 funct2

函数的下一行（若函数调用位于某个语句的中间，那么调用结束后，该语句的剩余部分将继续执行。不过，在本例中，每个函数调用都独占一行）。你可能会问，为什么执行点是跳转到 funct2 函数调用之后的语句，而不是回到 funct2 函数被调用的位置。这是因为，如果执行点返回到调用 funct2 函数的位置，程序就会陷入调用 funct2 函数的无限循环。因此，函数在调用完成后，总是返回到紧接着它的下一段待执行代码（在本例中是紧随其后的下一行）。

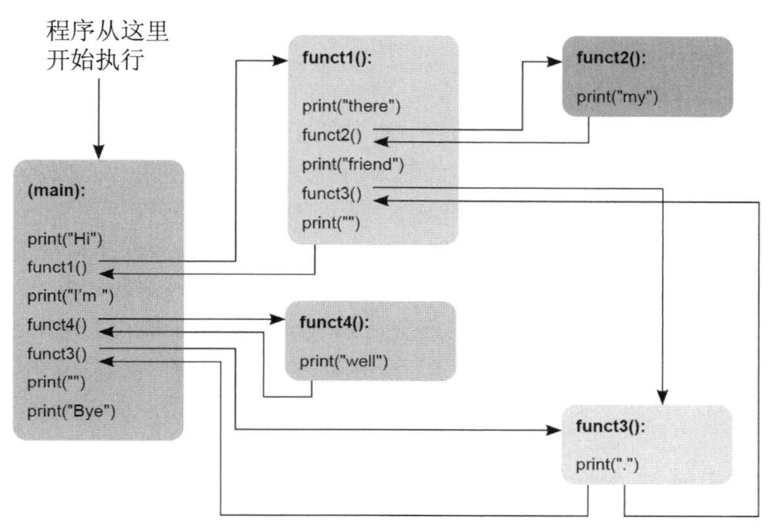


图 3.2 代码清单 3.1 中函数调用顺序的流程图

继续往下看。接下来执行的代码行将是打印 friend 的那一行。紧接着，代码调用了 funct3 函数，输出了一个句点（.），然后返回到调用它的函数。

这样，我们又回到了 funct1 函数中的 print("") 这一句。输出一个空字符串将会创建一个新行。现在 funct1 函数已经执行结束，接下来它会将执行权交还给 main 的下一行代码。我们推测你现在应该已经理解了这个过程，因此让我们更快地继续。

- main 函数接着打印“I'm”，然后调用 funct4 函数。
- funct4 打印“well”，然后返回到 main，接下来 main 的下一行代码调用 funct3 函数。
- funct3 打印一个句点（.），接着回到 main。值得注意的是，funct1 和 main 函数都调用了 funct3 函数，这并无不妥，因为函数总是知道如何返回到最初调用它的函数。事实上，一个函数被多个其他函数调用，正说明了这个函数设计得好，因为它具有很好的可复用性。
- 当 funct3 返回 main 之后，会打印一个空字符串，这将创建一个新行，最后打印“Bye.”。

这个示例占用了挺长的篇幅。在这里展示它，是为了帮助你更好地理解函数的执行方式，以及程序是如何通过定义和调用函数来构成的。当你使用任何软件时，想想它所执行的具体任务：程序员可能为每个任务编写了一个或多个函数。例如，在文本编辑器中将文字加粗，很可能是通过调用一个函数来实现的。这个函数可能会改变编辑器内部对这段文字的表达方式（编辑器存储的文本格式可能与你看到的不同），之后这个函数可能还会调用另一个函数来刷新界面上的文字样式。

我们不妨借助本节的这个示例来探讨函数扮演的各种角色。所谓的“辅助”（helper）函数，是指那些旨在简化其他函数工作的函数。实际上，除了主函数 main 以外，其他的函数都可以视为辅助函数。

某些函数只是单纯地调用一堆其他函数，自身却不执行任何特定任务。我们的示例并未包含这类函数。不过，如果删除 funct1 函数中的 3 条打印语句，该函数就会转变为这种协调性质的函数。还有一些函数可能会先调用一些辅助函数，然后自己执行一些任务。funct1 函数就是一个典型的示例，它既调用了其他函数，也完成了自己的工作。

还有一些函数是独立的，不依赖于其他函数（除非是 Python 内置的函数）提供帮助——这类函数称作“叶子”函数。为何称为叶子？把函数调用想象成一棵枝繁叶茂的大树，这些函数就像是树的叶子，它们不会产生更多的分支。funct2 函数、funct3 函数和 funct4 函数在本例中便是典型的叶子函数。本章将主要专注于叶子函数的探讨，但在后续章节中，你将看到更多类型函数的身影。

## 3.4 交给函数的合理任务应该是什么样的

优秀的函数并没有固定的标准，但我们能提供一些直观的建议和指导。需要明确的是，辨别优秀的函数是一项需要时间积累和实践锻炼的能力。在本节中，我们会简要介绍我们的建议，并给出一些好的与坏的示例，以帮助你培养这种直觉。在 3.6 节中，我们还会提供一系列编写优秀函数的示例。

### 3.4.1 优秀函数的特征

如下这些指导原则有助于你理解怎样设计一个优秀的函数。

- **执行一个明确的任务**。以叶子函数为例，明确的任务可能是“计算一个球体的体积”“在列表中找出最大的数字”或“检查一个列表是否包含某个特定值”。对于非叶子函数，它们可能承担着更为广泛的任务，例如“刷新游戏画面”或“接收并净化用户输入”。尽管非叶子函数也有着明确的目标，但其在设计之初就已经考虑到可能会调用其他函数来实现自身的目标。
- **行为定义明确**。例如，“在列表中找出最大的数字”这个任务就定义得很明确。假如给出一组数字，要求找出其中最大的那个，我们知道该如何下手。反观“在列表中找出最佳单词”这个任务，就表述得过于模糊。我们需要更多的信息才能开工——什么样的单词算是“最佳”？是最长的，还是使用元音字母最少的，或与 Leo 和 Dan 没有任何相同字母的单词？相信你应该明白问题所在了——主观性的任务对计算机来说并不合适。相反，我们可以编写一个函数，其作用是“在列表中找到拥有最多字符的单词”，这样的预期行为就定义得十分明确。通常，程序员无法仅通过函数名就交代清楚函数的所有细节，于是他们会在文档字符串中补充详细信息，以便阐明函数的具体用途。如果你发现自己需要写上好几句话才能描述一个函数的行为，那么这个任务可能对单个函数来说过于复杂。

- **代码行数尽量简短**。多年来，我们听说过，不同公司的风格指南对于函数长度有着不同的规定。我们听到，单个 Python 函数的最大行数限制从 12 到 20 行不等。在这些规则中，行数被用作代码复杂度的一个参考指标，而这作为一项经验准则确实不错。作为程序员，我们作者二人在编写代码时也会遵循类似的准则，以确保复杂度不会失控。使用 Copilot 时，同样可以参考这一准则。如果要求 Copilot 生成一个函数，而它返回了 50 行代码，这可能意味函数命名或任务描述并不合理，而且，正如之前所讨论的，这么多行代码很可能会包含错误。
- **追求通用性而非定制化**。设计一个函数，如果它仅能返回列表中大于 1 的元素数量，这可能只是满足了某个程序的某个具体需求。然而，我们可以让它变得更好：重构该函数，使其能够返回列表中大于某个给定参数的元素数量。这样的新函数不仅能够适应原有场景（只须给第二个参数传入 1），还能适应 1 以外的其他数值。我们的目标是让函数在保持简洁的同时，发挥最大的功效。
- **清晰的输入与输出**。通常，人们并不希望函数有太多的参数。这并不是说不能接收大量的输入数据。例如，一个参数可以是一个由多个成员组成的列表（稍后会详细讨论列表）。这样做的目的是尽量减少输入的数量。虽然函数只能返回一个结果，但由于可以返回列表，所以人们实际上并不像看起来那样受限。但是，如果发现自己编写的函数有时返回列表，有时返回单个值，有时则不返回任何内容，那么这个函数很可能设计得不够合理。

### 3.4.2 一些正面示例和反面示例

以下是关于叶子函数的一些正面示例。

- “计算球体体积”：提供球的半径，便能得出其体积。
- “找出列表中的最大数”：给定一个列表，返回其中的最大值。
- “检查列表中是否存在某个值”：提供一个列表和一个特定的值，若列表中包含该值，则函数返回 true；若不包含，则返回 false。
- “打印跳棋游戏的状态”：用一个二维列表代表游戏棋盘，在屏幕上以文本形式输出棋盘状态。
- “在列表中插入一个值”：给定一个列表、一个新值及其在列表中的位置，返回一个新的列表，新列表的内容相当于旧列表在指定位置插入新值后的样子。

以下是一些反面示例，同时我们解释了它们不好的原因。

- “请求用户的税务信息并返回他们今年应缴的税款”：或许在某些国家，这个场景尚可接受，但如果是在美国或加拿大，考虑到税收制度的复杂性，人们很难将其设想为一个单独的函数。
- “识别列表中的最大值并将其从列表中删除”：这种做法乍一看似乎没什么不妥，但其实它同时完成了两个任务。第一个任务是寻找列表中的最大数值；第二个任务是将该数值从列表中剔除。建议将这个任务拆分为两个简单的叶子函数：一个负责查找最大值，另一个负责删除指定值。当然，如果程序需要频繁进行这一操作，那么再准备一个非叶子函数也是一个不错的选择。
- （请回想第2章提到的数据集）“列出传球码数超过4000的四分卫姓名”：此函数过于定制化。数字4000无疑应该设置为一个参数。不过，更优的做法是构建一个函数，它将接收诸如位置（四分卫、跑卫）、统计数据（传球码数、比赛次数）及人们所关注的阈值（4000、8000）等参数。这样的新函数将大大扩展应用范围，用户不仅可以利用它来查询那些传球码数超过4000的四分卫，还能找出超过12次冲球达阵的跑卫。
- “选出史上最佳影片”：这个任务描述过于宽泛。最佳影片是根据什么标准来评定的呢？需要考虑哪些电影作品？一个更佳的方案是设计一个函数，它能够在满足最低评分人数的前提下，找出平均评分最高的电影。这个函数可能是某个更庞大程序的组成部分，其输入数据来自电影资料库（例如IMDb）及评分人数的最小阈值。输出结果则是达到规定评分人数且评分最高的那一部。
- “玩《使命召唤》”：这可能是《使命召唤》游戏的大型代码库中的main函数，但它肯定不是一个叶子函数。

## 3.5 与Copilot协作设计函数的流程

当借助Copilot设计函数时，需要遵循图3.3所示的循环流程。

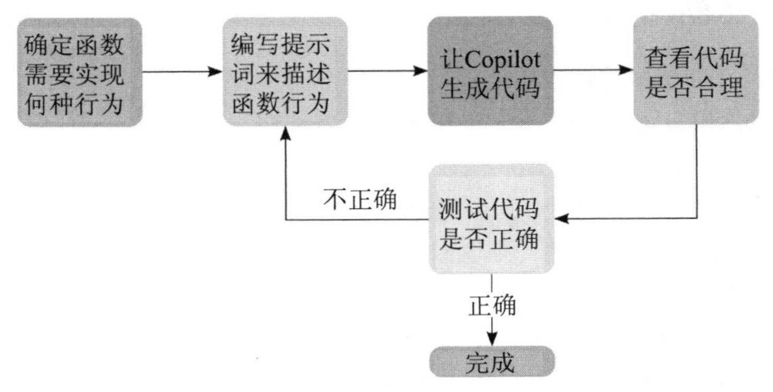


图3.3 与Copilot协作设计函数的基本流程（前提是所定义的函数是合理的）

尽管直到第 4 章才会学习如何执行第 4 步，但我们相信你现在已经能够识别出明显的代码错误了。例如，Copilot 可能只用了注释来填充函数的主体。注释本身不执行任何操作——它们并非代码。因此，只有一系列注释而无其他代码显然不是正确的结果。它也可能仅仅生成一行“return –1”。抑或人们特别喜欢用的“YOUR CODE HERE”。Copilot 是从我们这些教授这里学到这种表达方式的，当我们向学生提供部分代码并要求他们完成剩余部分时，我们会说“YOUR CODE HERE”。或许你现在只能辨别出这些比较明显的错误，但在第 4 章中，我们将会讲解如何阅读代码。这样当更复杂的代码包含错误时，你就能更快地发觉。更重要的是，你还能发现错在哪里以及如何修复这些错误。在后续章节中，我们将持续扩展这一循环，加入有效的调试技巧，并且持续练习如何改进提示词。

## 3.6 借助 Copilot 创建优秀函数的几个示例

在本节中，我们将借助 Copilot 编写一系列函数。我们会全程利用 Copilot 进行编程，以便你更好地理解在 3.5 节中提到的函数设计循环流程。尽管本章的目标并不是立刻教会你阅读代码，但我们还是会在解决方案中看到各种编程特性（有时也称作“编程结构”），这些特性在代码中相当常见（如 if 语句、循环），因此，我们会在看到它们时特别指出。在第 4 章中，我们将更详细地讲解如何读懂这些代码。

我们接下来要编写的函数大多数是彼此不相关的。例如，我们会先编写一个关于股票价格的函数，接着是关于密码强度的函数。通常，你不会把这些风马牛不相及的代码放在同一个 Python 文件中。不过，既然当下只是在探索如何编写优秀函数的各种示例，那么可以随意把所有的函数都放在一个 Python 文件中，并命名为 function_practice.py 或 ch3.py。

### 3.6.1 Dan 的股票收益

Dan 投资了一只名为 AAAPL 的股票。他曾以每股 15 美元（1 美元约 7.24 元人民币）的价格购入 10 股。如今，这些股票的每股价值已经上升到 17 美元。Dan 渴望了解他在这项投资中究竟获利多少。

要记住，我们希望函数具有尽可能广泛的通用性。倘若函数仅适用于计算 AAAPL 此刻的涨跌情况，它的实用性就会大打折扣。诚然，这在当下对 Dan 有所帮助，但如果 AAAPL 的股价再次波动，或者 Dan 开始关注其他股票，该怎么办？

一个实用的通用函数应当接收 3 个参数，这 3 个参数均为数值类型。首个参数代表购买的股票数量，第 2 个参数代表购买时的股价，而第 3 个参数则是当前的股价。我们将这个函数命名为 money_made，因为它的作用是计算我们在股票投资上的盈亏。在命名函数时，通常会选用一个动词或短语来描述函数的功能。我们可以撰写如下的函数声明部分。

```
def money_made(num_shares, purchase_share_price, current_share_price):
```

接下来，我们将撰写一段文档字符串。在文档字符串中，我们需要为每个参数写一句话来解释其作用，并在其中提及参数的名称。同时，还需要把整个参数的功能描述清楚。

在添加文档字符串之后，我们向 Copilot 提供的完整提示词如下。

```
def money_made(num_shares, purchase_share_price, current_share_price):
    """
    num_shares is the number of shares of a stock that we purchased.
    purchase_share_price is the price of each of those shares.
    current_share_price is the current share price.

    Return the amount of money we have earned on the stock.
    """
```

输入这段提示词后，按 Enter 键进入下一行，然后按 Tab 键缩进[①]。Copilot 会自动填充函数的代码。你可能已注意到，Copilot 生成的代码是缩进的——函数内部的代码是需要缩进的，如果没有正确缩进，那将是一个错误。

以下是 Copilot 生成的代码。

```
    return num_shares * (current_share_price - purchase_share_price)
```

这行代码看起来合情合理。它利用括号计算出当前股价与购买时股价的差价（使用 - 表示减法），再将这个差价乘以所持有的股票数量（使用 * 表示乘法）。细致地检查此类代码可以锻炼我们的编程能力，我们将在接下来的章节中对此展开深入探讨。同时，对函数进行测试也是一项重要的技能。

要测试这个函数，可以采用不同的输入来调用它，并观察各种情况下的输出结果。我们可以要求 Copilot 按照这个思路来生成测试代码，然后运行整个程序，正如我们之前测试 larger 函数那样。之后，我们可以请 Copilot 改变输入参数来重新调用函数，并再次运行程序，这样的测试过程可以根据需要重复多次。此外，我们还可以通过交互式窗口手动调用函数，这种测试方式更加轻松便捷。

通过这种方式，我们可以任意调用函数，完全不需要借助 Copilot 来生成代码，也避免了在程序中填满冗余的测试代码。要尝试这种交互方式，选中 / 高亮函数的所有代码，然后按 Shift+Enter 组合键（此外，选中代码后右击并在弹出菜单中选择“运行 Python”→“在 Python 终端中运行选择 / 行”命令，也能进入这种交互式会话，但此处建议使用 Shift+Enter 组合键）。图 3.4 展示了选中函数代码并按 Shift+Enter 组合键后的样子。

① 在 VS Code 中，如果当前行是缩进状态，在按 Enter 键换行后，新行会自动缩进，并不需要手动按 Tab 键缩进。原文疑似笔误。——译者注

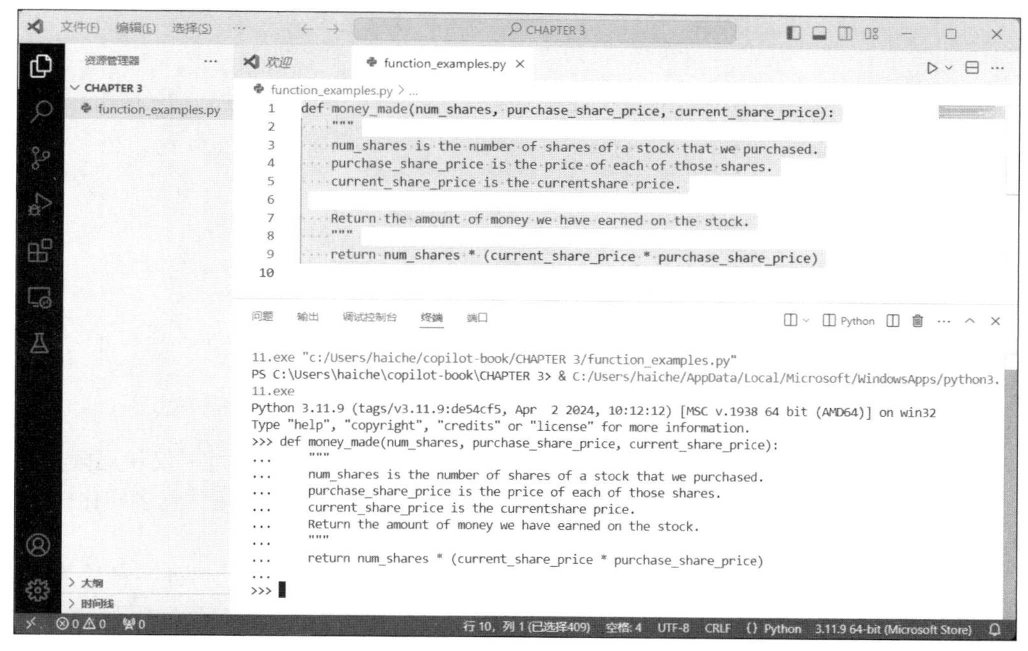


图 3.4 在 VS Code 终端中运行 Python 交互式会话。请注意终端底部的 >>> 提示符

在终端底部可以看到 3 个大于号（>>>）。它称为“提示符”，可以直接在此编写 Python 代码并运行（注意，这个提示符和我们驾驭 Copilot 时所用的提示词是两码事）。它会立刻展示输入代码的执行结果，非常方便和迅速。

要调用 money_made 函数，需要提供 3 个值，它们将按顺序分别传递给函数的参数。我们给出的第一个数值将赋值给 num_shares，第二个数值将赋值给 purchase_share_price，而第三个数值将赋值给 current_share_price。

来试试吧！在提示符处输入如下内容，然后按 Enter 键（或按 Shift+Enter 组合键）。无须输入“ >>>”，它已经显示在那里了，在全书中我们都会保留这个标记，以便清晰指示输入点。图 3.5 展示了在终端的 Python 提示符下运行函数的实际效果。

```
>>> money_made(10, 15, 17)
```

我们将看到如下输出结果。

```
20
```

20 这个答案正确吗？嗯，我们买了 10 股，每股涨了 2 美元（从 15 美元涨到 17 美元），所以我们确实赚了 20 美元。看起来不错。

```
问题    输出    调试控制台    终端    端口

Type "help", "copyright", "credits" or "license" for more information.
>>> def money_made(num_shares, purchase_share_price, current_share_price):
...     """
...     num_shares is the number of shares of a stock that we purchased.
...     purchase_share_price is the price of each of those shares.
...     current_share_price is the current share price.
...     Return the amount of money we have earned on the stock.
...     """
...     return num_shares * (current_share_price - purchase_share_price)
...
>>> money_made(10, 15, 17)
20
>>> 
```

图 3.5 在 VS Code 终端的 Python 提示符下调用 money_made 函数

但测试工作尚未结束。对函数进行测试时，应该采用多种方法，而不仅仅局限于一次。单一的测试用例仅能说明函数在给出的特定输入值下有效。进行的测试用例越多样化——每种用例都从不同角度检验函数，我们对该函数正确性的把握就越大。

那么，怎样才能用另一种方法来测试这个函数呢？我们希望找到的另外一种输入，应该是另一种不同“类别”的数据。例如，把刚才股价从 15 美元涨到 17 美元的情况，换作从 15 美元涨到 18 美元，就不算是一个太好的测试用例。这样的测试用例和之前的十分相似，函数很可能同样能够很好地处理。

测试一下股票实际发生**亏损**的情形是个不错的主意。我们预期在这种情况下会得到一个负收益。结果表明，我们的函数对这种类别的测试也能够很好地应对。以下是我们进行的函数调用及其返回结果。

```
>>> money_made(10, 17, 15)
-20
```

我们还能做些什么其他的测试吗？例如，有时候股票的价格可能完全没有变化。在这种情况下，我们预期收益应该是 0。下面验证这一点。

```
>>> money_made(10, 15, 15)
0
```

看起来完全正确。

测试既是一门科学，也是一门艺术。我们究竟需要测试哪些种类的问题？后面这两次函数调用真的代表了两个截然不同的测试类别吗？我们是否遗漏了某些类别？通过不断实践，你的测试技巧将得到提升，而且在第 6 章中，我们将全面探讨有关测试的话题。就目前而言，我们的 money_made 函数看起来可以有效地履行其职责。

函数在其内部代码中可以使用变量（而不仅仅是它自己的参数），我们现在就展示一个示例，以便将来遇到 Copilot 这样做时你能够应付自如。

这里展示了另一种实现 money_made 函数的等效方式。

```
price_difference = current_share_price - purchase_share_price
return num_shares * price_difference
```

这种表达方式或许更加清晰：先计算出每股的差价，再将其与持股数量相乘。建议同样对这个版本进行测试，以确保它是正确的。

### 3.6.2 小李子的密码

小李子正在一个名为 ProgrammerBook 的新兴社交网站上注册账号，他希望自己的密码足够安全。

小李子一开始对“强密码”的定义颇为低调：他觉得只要密码不是 password 或 qwerty，就算是一个强密码。这两个密码的安全性无疑是极差的。实际上，若真想确保密码安全，需要做到比这好得多的水平。这里需要一个实用的函数，它能够接收一个拟定的密码，并判断其强度是否达标。

不同于本章前面介绍的函数，本次处理的不是数字，而是文本类型的密码。同时，返回值用于表示一个肯定或否定的结果。这将涉及新的数据类型。

在 Python 中，文本是通过一个名为“字符串”的数据类型来表示的。字符串的表达能力几乎是无穷无尽的，可以用它来保存任何想要的文本内容。对于表示“是”或“否”的结果，Python 使用了一个特殊的数据类型，我们称之为“布尔值”（Boolean 或 bool）。布尔值只包含两种状态——True 和 False。

好了，现在可以给 Copilot 写提示词了。通常，对于返回布尔值（True/False）的函数，我们会采用 has_x、is_x 这样的命名方式，或者使用其他能够隐含真 / 假结果的动词。

```
def is_strong_password(password):
    """
    A strong password is not the word 'password'
    and is not the word 'qwerty'.

    Return True if the password is a strong password, False if not.
    """
```

作为回应，以下是 Copilot 为我们生成的代码。

```
    return password != 'password' and password != 'qwerty'
```

我们来仔细查看这段代码。!= 是“不等于”操作符，每个不符合强密码标准的字符串都用单引号括起来。我们在处理字符串值时，每次都需要加上引号。关于代码阅读的更多细节，我们将在第 4 章中进行深入讨论，但目前希望代码能给你一个大致的印象：它似乎在检查密码不是 password 也不是 qwerty，这正符合我们目前对强密码的定义。

现在，我们通过几轮测试来检验这个函数是否真的有效。先测试那些强度不足的密码。对于这些密码，我们期望得到的响应是 False，而结果也确实如此。

```
>>> is_strong_password('password')
False

>>> is_strong_password('qwerty')
False
```

很好！接下来，我们测试一个强密码。我们期望这里的结果为 True。

```
>>> is_strong_password('N3w Y0rk J375')
True
```

好极了！现在我们看到这个函数有时返回 False，有时返回 True，所以它至少不是一直返回 False。

我们再尝试一个示例。

```
>>> is_strong_password('Leo')
True
```

嗯……虽然返回 True 是符合预期的，但严格来说，'Leo' 算是一个糟糕的密码。看来我们该为所谓的“强密码”给出一个更恰当的定义了。我们调整一下提示词，给强密码下一个更合理的定义。

以下是我们给出的新提示词和 Copilot 生成的新代码。

```
def is_strong_password(password):
    """
    A strong password has at least one uppercase character,
    at least one number, and at least one special symbol.

    Return True if the password is a strong password, False if not.
    """
    return any(char.isupper() for char in password) and \
           any(char.isdigit() for char in password) and \
           any(not char.isalnum() for char in password)
```

这几处 for char in password 是 Python 用来遍历密码中每个字符的语法。它开启了“循环”这一功能，这是第 5 章将要详细介绍的核心概念。

当然，你从 Copilot 那里得到的代码可能与这里展示的有所不同。不过，就所获得的代码来看，第一部分似乎在检查是否有任何大写字母，第二部分在寻找任意数字，而第三部分则在寻找那些不符合 isalnum 的字符。

也许 isalnum 的意思是“is alphanumeric”（是字母或数字）。那么它是否包含特殊符号呢？如果包含，又是哪些符号呢？下面测试这个函数，验证一下它的效果如何。

```
>>> is_strong_password('Leo')
False

>>> is_strong_password('N3w Y0rk J37$')
True

>>> is_strong_password('N3w Y0rk J375')
True
```

哎呀！第三个密码的结果出错了。尽管它看起来很安全，但实际上并不满足要求，因为它缺少了一个特殊符号。我们的函数给出了 True 的返回值，但这是错误的，它本应该返回 False。

Copilot 提供的代码存在问题。或许你得到的代码运行得很好，但我们没那么幸运，因此，识别并修复代码错误至关重要。目前，我们不必深究错误的原因，但如果你对于我们的提示词为何导致这个错误感到好奇，原因在于这里没有具体说明特殊字符的定义，而代码却错误地将空格当作特殊字符处理。

此时，我们的代码存在错误，我们面临两种选择。第一种选择是按 Ctrl+Enter 组合键，浏览 Copilot 提供的其他建议。说不定其中会有关于特殊符号的不同方案？

确实，在我们作者的这台计算机上，我们看到了另外一些方案，例如下面这一个。

```
num_upper = 0
num_num = 0
num_special = 0
for char in password:
    if char.isupper():
        num_upper += 1
    elif char.isnumeric():
        num_num += 1
    elif char in '!@#$%^&*':
        num_special += 1
if num_upper >= 1 and num_num >= 1 and num_special >= 1:
    return True
else:
    return False
```

这一行确定了特殊符号的范围

采用 Leo、N3w Y0rk J375 及 N3w Y0rk J375$ 这些字符串对函数进行测试，你应该能观察到其运行效果相当不错。

而我们的第二种选择是进行所谓的提示工程，也就是优化提示词，以此来改变 Copilot 提供的答案。在原先的提示词中，我们提及了“特殊符号”。现在回头来看，这个表述其实相当含糊。我们当时可能更想表达的是“标点符号”。如果在提示词中明确提及标点符号，那我们与 Copilot 的互动可能会变成下面这样。

```
def is_strong_password(password):
    """
    A strong password has at least one uppercase character,
    at least one number, and at least one punctuation.

    Return True if the password is a strong password, False if not.
    """
    return any(char.isupper() for char in password) and \
           any(char.isdigit() for char in password) and \
           any(char in string.punctuation for char in password)
```

看上去不错。最后一句提到“标点符号”，令人心怀期待。那我们试试看。

```
>>> is_strong_password('Leo')
False

>>> is_strong_password('N3w Y0rk J375')
Traceback (most recent call last):
    File "<stdin>", line 1, in <module>
    File "ch2.py", line 44, in is_strong_password
        any(char in string.punctuation for char in password)
    File "ch2.py", line 44, in <genexpr>
        any(char in string.punctuation for char in password)
                    ^^^^^^
NameError: name 'string' is not defined
```

观察一下错误提示的最下方，string 模块未定义，对吧？我们碰到了一个类似第 2 章介绍的模块问题。Copilot 试图使用一个称为 string 的模块，但这个模块在使用前必须先进行导入。Python 世界有众多模块，其中 string 模块颇为著名。随着对 Copilot 的使用日益深入，你会逐渐学会辨识哪些模块是频繁使用的，从而知道适时导入它们。当然，同样可以通过简单的网络搜索来询问“ string 是一个 Python 模块吗”，搜索结果会证实这一点。接下来，我们所要做的就是导入这个模块。

需要注意的是，当前这种情况与第 2 章提到的场景略有差异。在第 2 章中，我们了解到如果 Copilot 导入了尚未安装的模块，需要安装相应的包来解决这个问题。然而，当前的情况是，Copilot 使用了 Python 自带的模块，但遗漏了导入步骤。所以，我们无须安装 string 模块，只须进行导入操作。

**导入模块**

Python 提供了许多有用的模块。回想第 2 章，我们已感受到 matplotlib 模块的威力。但要让 Python 代码发挥模块的功能，必须先导入这些模块。你可能会好奇，为何不能直接使用这些模块，而是非要经过导入这一步呢？这是因为，如果模块默认可用，那将极大地增加代码的复杂度，以及 Python 在幕后执行代码时的负担。因此，最终的法则是手动导入那些确实想要使用的模块，而不是所有模块默认自动导入。

将 import string 添加到代码的最顶部。

```
import string

def is_strong_password(password):
    """
    A strong password has at least one uppercase character,
    at least one number, and at least one punctuation.

    Return True if the password is a strong password, False if not.
    """
    return any(char.isupper() for char in password) and \
           any(char.isdigit() for char in password) and \
           any(char in string.punctuation for char in password)
```

然后，得到相当不错的结果。

```
>>> is_strong_password('Leo')
False

>>> is_strong_password('N3w Y0rk J375')
False

>>> is_strong_password('N3w Y0rk J375$')
True
```

最后一个结果显示为 True——这个密码很安全——这得益于它包含了 $ 这个符号。

我们希望你现在已深刻理解测试的重要性。有些时候，学生们在编写代码后不会进行测试。他们倾向于认为代码是正确的，因为在他们看来自己编写的代码是合理的。新手程序员与资深程序员之间的一个显著差异在于，新手程序员通常会假设他们编写的代码是正确的，而资深程序员则会假设代码有问题，然后通过全面的测试来验证其正确与否。此外，我们还发现学生们有时逃避测试，原因是面对代码中的错误会让他们感到沮丧。但及早发现问题总比等到他人在正式应用中遇到故障要好得多。通过测试来发现并修正错误，其实是件值得庆幸的事情。

### 3.6.3 获得一个强密码

既然现在已经有了一个能够判断密码强度的函数，那么接下来，不妨编写一个能够从用户那里获得强密码的函数。这个函数会不断询问用户，直到用户输入一个强密码。这正是很多网站在提示“抱歉，您的密码太弱了，请重新输入”时所使用的代码逻辑。

那么，对于这样一个函数，它的函数头该如何编写呢？它会要求用户输入密码，因此不应该设置密码参数。实际上，我们不需要任何参数，因为该函数在执行任务时并不需要额外信息——它仅需要向用户发起提示，而用户则会通过键盘输入密码。一旦函数校验通过，便会返回那个强密码，因此它的返回值将是一个字符串。

我们试试下面这段提示词。

```
def get_strong_password():
    """
    Keep asking the user for a password until it is a strong
    password, and return that strong password.
    """
```

我们得到 Copilot 提供的如下代码。

```
    password = input("Enter a strong password: ")
    while not is_strong_password(password):
        password = input("Enter a strong password: ")
    return password
```

这里调用了前面编写的 is_strong_password 函数

这里的 while 关键字构建了另一种循环，它会不断地运行，直到用户输入的密码符合强密码的标准为止。Copilot 展现了它的智能，能够调用前面定义的 is_strong_password 函数来确定何为强密码。在后面的内容中，我们将看到，正是像这样把函数作为积木块进行组装，大型程序才得以构建完成。你会发现 Copilot 经常调用你之前编写的函数来解决新的问题，正如我们在这里所看到的。

接下来测试一下。选中所有与密码相关的函数代码，然后按 Shift+Enter 组合键，随后调用想要测试的这个新函数。此时，尝试输入不同的密码，每输入一个就按一次 Enter 键。可以发现，除非输入一个真正的强密码，否则它会不断地提示你。

```
>>> get_strong_password()
Enter a strong password: Leo
Enter a strong password: N3w Y0rk J375
Enter a strong password: N3w Y0rk J375$
'N3w Y0rk J375$'
```

请注意，一旦提供了一个强密码，它就不再要求我们继续输入了。随后，屏幕上会展示一个被引号括住的字符串，那正是我们输入的强密码。

### 3.6.4　拼词游戏的计分规则

在 Dan 钟爱的众多桌游中，拼词游戏不可不提。你体验过这种游戏？如果你还未曾尝试，那么只须了解，你手中握有一些印有字母的卡片，任务是利用这些卡片上的字母，通过任意组合来拼出一个单词。你不必完全依靠手中的卡片来拼词——事实上，你完全可以将手中的字母与棋盘上已有的字母相结合，以构造更长的单词。但在本例中，我们无须纠结具体玩法。我们关注的是，每个字母都有其对应的分值。例如，a 字母仅值 1 分，因为它实在是太常见了。但 q 和 z 这两个字母呢？这两个字母各值 10 分，因为它们真的很难用上……或者说，很难驾驭。

对，这样说更准确。

计算单词的得分，就是将其各个字母的分值累加起来。譬如，zap 这个单词的总分为 14 分。这是因为 z 的分值是 10，a 的分值是 1，而 p 的分值则是 3。

Dan 希望有一个函数，传一个单词给它，它能够告诉我们这个单词对应的得分。好的，我们需要设计一个函数，它将接收的一个单词作为参数（这也是这个函数唯一的参数）。我们可以尝试以下这段提示词，其中包含了拼词游戏所规定的每个字母的分值。

```
def num_points(word):
    """
    Each letter is worth the following points:
    a, e, i, o, u, l, n, s, t, r: 1 point
    d, g: 2 points
    b, c, m, p: 3 points
    f, h, v, w, y: 4 points
    k: 5 points
    j, x: 8 points
    q, z: 10 points

    word is a word consisting of lowercase characters.
    Return the sum of points for each letter in word.
    """
```

在这个函数中，Copilot 可能不会在我们按了一次 Tab 键之后就帮我们把整个函数的内部代码都填充完毕。Tab 键还可以用来缩进代码，这也是我们在得到 Copilot 的代码建议前必须进行的操作。因此，我们需要按 Tab 键（有时为了缩进要按一次，然后为了接收 Copilot 的建议再按一次）。等待代码建议显示出来，我们先按 Tab 键确认代码，然后按 Enter 键换行，等待接下来的代码建议。如此循环往复，直至函数完成。[①]

**让 Copilot 提供代码建议，可能需要按 Tab 键或 Enter 键**

我们注意到，Copilot 有时会停在那里，此时你需要按下某个键才能提示它继续生成建议。根据表 2.1 的说明，如果你提供的是注释，它有时只会返回更多的注释作为建议。再次按 Enter 键，往往能够促使它进入生成代码的状态。在其他情况下，按 Tab 键会让它继续给出建议。如果 Copilot 没有为你编写代码，请回顾表 2.1 中的应对方法。

最终，经过几次尝试，完整的代码如下。

```
    points = 0
    for char in word:
        if char in "aeioulnstr":
```

① 原文的描述过于烦琐，而且似乎存在错误，译文尽可能做了修正。实际的操作过程应该会流畅很多，读者在动手实践时可以随机应变。——译者注

```
            points += 1
        elif char in "dg":
            points += 2
        elif char in "bcmp":
            points += 3
        elif char in "fhvwy":
            points += 4
        elif char == "k":
            points += 5
        elif char in "jx":
            points += 8
        elif char in "qz":
            points += 10
    return points
```

请注意，这段代码已经列出了字母表中的所有字母，而且根据字母的不同分值进行了相应的计分处理。在后面的内容中，我们会详细讨论这种决策结构，但简单来说，它通过遍历整个单词，识别每个字符，并为该字符加上相应的分数。

下面测试一下，确认代码的表现是否符合我们的预期。已知单词 zap 的得分为 14，而函数的返回也确实如此。

```
>>> num_points('zap')
14
```

继续尝试几个示例。每次测试前，先心算出预期的答案——这可以帮助确认代码是否给出了正确的结果。

```
>>> num_points('pack')
12

>>> num_points('quack')
20
```

一个函数可以有不止一种正确的实现方法。如果按 Ctrl+Enter 组合键，打开 Copilot 的建议面板，会看到各种不同的代码建议。这并不意味着其中只有一种方法是对的，而其他的都是错的。

例如，下面是从 Copilot 的其他建议中得到 num_points 函数的一种写法。

```
    points = {'a': 1, 'e': 1, 'i': 1, 'o': 1, 'u': 1, 'l': 1,
              'n': 1, 's': 1, 't': 1, 'r': 1,
              'd': 2, 'g': 2,
              'b': 3, 'c': 3, 'm': 3, 'p': 3,
              'f': 4, 'h': 4, 'v': 4, 'w': 4, 'y': 4,
              'k': 5,
              'j': 8, 'x': 8,
```

```
        'q': 10, 'z': 10}
    return sum(points[char] for char in word)
```

你会发现每个字母及其对应的分值都一一陈列于此。这种字母与分值的对应结构，我们称之为“字典”。同样，关于字典的详细知识将在后续内容中深入探讨。目前你只须知道，在编写函数代码时，Copilot 往往可以提供同样出色的多条建议。在继续探索之前，不妨多测试下这段代码的效果。

## 3.6.5 最佳单词

下面继续拼词游戏的话题。假设 Dan 现在可以组成一堆单词，但他不知道哪个单词能给他带来最多的得分，那么他应该组成 zap、pack 还是 quack？如果有一个函数，能从一堆单词中挑出得分最高的那一个，那就太好了。

我们的函数应该设置多少个参数才合适呢？你的直觉可能是 3 个，因为我们刚刚面对的候选单词就是 3 个。但是，这样的设计缺乏灵活性。试想，如果我们想从 5 个单词中挑选出得分最高的一个，该怎么办？ 10 个呢？ 50 个呢？我们期望无论面对多少个候选单词，函数都能够有效地工作。

这里的诀窍在于把函数的参数设计为一个单词的“列表”(对，只需要一个参数)。与数字、字符串和字典类似，列表也是 Python 所支持的一种数据类型。它之所以强大，是因为我们可以将任意数量的值汇集于一处。

我们可以通过如下提示词引导 Copilot 生成想要的函数。

```
def best_word(word_list):
    """
    word_list is a list of words.

    Return the word worth the most points.
    """
```

Copilot 要如何判断每个单词的得分呢？其实很简单，它可以调用在 3.6.4 节中编写的 num_points 函数来实现。

以下是 Copilot 给出的代码。

```
    best_word = ""
    best_points = 0
    for word in word_list:
        points = num_points(word)
        if points > best_points:
            best_word = word
            best_points = points
    return best_word
```

在进行测试时，须注意正确调用这个函数。以下做法是错误的。

```
>>> best_word('zap', 'pack', 'quack')
```

这样做，实际上是向函数传入了 3 个参数，而非一个参数。正确的调用方法应当是把单词放入方括号中，如下所示（关于列表的更多内容，我们将在接下来的内容中详细探讨）。

```
>>> best_word(['zap', 'pack', 'quack'])
'quack'
```

另外，如前所述，我们不应该仅仅满足于单一的测试场景。一个函数在面对一些稍显奇怪但整体合理的情况时，也应能正常运作。例如，单词列表中仅有一个单词的情形如下。

```
>>> best_word(['zap'])
'zap'
```

尽管如此，我们并不会用一个空的单词列表来测试这个函数。在这种情况下，返回什么样的结果才算符合预期呢？不管函数如何运行，在这种根本没有所谓正确行为的场景下，要界定它是否正确，确实是颇为困难的。

总而言之，在本章中，我们学习了 Python 中函数的相关知识，并初步掌握了利用 Copilot 来辅助编写函数的方法。我们同样了解了优秀的函数应具备哪些特质，并且可以分辨哪些任务可以由 Copilot 以编写函数的方式完成，这一点至关重要。本书接下来的目标是教会你如何判断 Copilot 生成的代码是否正确，以及在代码出现问题时如何修复。在第 4 章中，我们将学习如何阅读 Copilot 编写的代码，这有助于初步确认 Copilot 是否按照我们的预期在工作。而在之后的内容中，我们会进一步学习如何对代码进行细致测试，以及在发现问题时如何解决。

## 本章小结

- “问题分解”是指将一个大问题拆解为多个小任务。
- 利用函数来实现程序中的问题分解。
- 每个函数都应解决一个小而具体的任务。
- 函数可以减少代码重复，让测试代码变得更容易，并且降低了出现 bug 的概率。
- “单元测试”通过各种不同的输入来验证函数的行为是否符合预期。
- “函数头”或“函数签名”是该函数的首行代码。
- “参数”用于向函数传递信息。
- 函数头显示了函数的名称及其参数名称。
- 使用 return 让函数返回一个值。
- 文档字符串会用到函数的各个参数名描述函数的用途。
- 要使 Copilot 编写函数，需要提供函数头和相关的文档字符串。
- 在调用函数时需要为其参数传入具体的值（也称为“实参”），从而让它发挥作用。

- “变量”是一个名称，它指向一个值。
- “辅助函数”是一种小型函数，编写它是为了简化更大函数的编写过程。
- “叶子函数”在完成自身任务时，不会调用其他任何函数。
- 为了测试函数是否正确，我们需要用不同类型的输入去调用它。
- 在 Python 中，每个值都有类型，例如数字、文本（字符串）、真 / 假（True/False，即布尔值）或多个值的集合（列表或字典）。
- “提示工程”指的是修改向 Copilot 给出的提示词，从而影响它生成的代码。
- 需要确保代码用到的任何模块（如 string）都已经导入。

# 第 4 章　理解 Python 代码（上）

**本章内容概要**

- 为什么能够读懂代码非常重要
- 如何要求 Copilot 解释代码
- 使用函数将问题分解为更小的子问题
- 使用变量保存值
- 使用 if 语句做决策
- 使用字符串存储和操作文本
- 使用列表保存和操作多个值

在第 3 章中，我们通过 Copilot 编写了几个函数。那么它们能够发挥什么作用呢？例如，money_made 函数可能成为股票交易系统的一部分；is_strong_password 函数或许能用于社交网站；而 best_word 函数可能被集成到某款拼字游戏的人工智能中。总体来看，我们编写的这些函数非常有用，它们可以构成更大程序的一部分。值得注意的是，我们在编写这些函数时，并没有编写太多的代码，甚至对代码的具体功能也缺乏深入的理解。

尽管如此，我们坚信你必须在更高层次上理解代码的行为。由于这需要投入一定的时间来学习，我们特意将这一议题分解为两章进行讨论。在本章中，我们将阐述阅读代码的重要性，并引导你了解 Copilot Labs 插件的一项功能，这项功能可以协助你更好地理解代码。接下来，我们将深入探讨你需要熟悉的十大编程特性，以便理解 Copilot 生成的绝大多数基础代码。本章将介绍前 5 个特性，而剩余的 5 个将在第 5 章中继续探讨。请放心：你其实已经间接接触过这 10 个特性——我们的目标是进一步加深你对每个特性的理解和认识。

## 4.1　为什么需要阅读代码

当我们讨论阅读代码时，我们指的是通过审视代码来理解其执行的功能。理解代码的过程可以分为两层。

第一层是能够逐行理解程序将要执行的任务。这通常包括在代码执行过程中追踪变量的值，从而精确判断每一行代码的具体功能。

第二层是理解程序的总体目标。身为教授，我们常常在这层通过提问考查学生，要求他们“用通俗易懂的语言解释”。

通过第 4 章和第 5 章这两章的学习，我们期望你们能够深入理解 Copilot 生成的代码，包括逐行的详细解读和整体的意图把握。我们最开始会专注于逐行理解这个小目标，而当你接近这两章的尾声时，你将逐渐学会审视一小段代码，并能洞察其背后的功能和意义。

通过回顾第 3 章提及的 best_word 函数，我们可以勾勒出阅读代码的两个层次之间的差异，该函数的代码在代码清单 4.1 中再次列出。

**代码清单 4.1　为拼词游戏设计的 best_word 函数**

```
def best_word(word_list):
    """
    word_list is a list of words.

    Return the word worth the most points.
    """
    best_word = ""
    best_points = 0
    for word in word_list:
        points = num_points(word)
        if points > best_points:
            best_word = word
            best_points = points
    return best_word
```

对程序行为进行**追踪描述**是指对每一行代码进行详尽的描述。例如，我们会说：我们定义了一个名为 best_word 的函数。我们提供了一个变量 best_word，并在开始时将其设置为一个不包含任何字符的字符串，也就是所谓的空字符串（函数和这个变量都被命名为 best_word 确实不够理想，因为描述时很容易混淆，不过 Copilot 为我们生成的代码就是如此）。此外，我们还声明了一个变量 best_points，并将其初始值设为 0。随后，我们进入一个 for 循环，遍历 word_list 中的每个单词。在循环体内，我们调用了辅助函数 num_points。如此等等。我们将在本章和第 5 章中详细解释如何理解每一行代码的功能。

相对而言，**对代码总体目标的描述**可以类比为我们在文档字符串中的描述：“从一系列单词中选取具有最高得分的单词。”这样的描述并不聚焦于代码的某一行，而是从宏观角度阐释代码的总体功能，解释其在更高层次上的工作方式。

通过不断练习追踪和测试，你将逐步达到对代码总体目标的理解层次，我们期待你在本书的结尾达到这一顶峰。通常，对代码细节的追踪能力是掌握全局理解能力的前奏[1]，因此，在本章和第 5 章中，我们会专注于帮助你理解每一行代码的具体功能。

我们希望你能够读懂代码，原因有如下 3 点。

- **帮助判断代码的正确性**。在第 3 章中，我们学习了如何对 Copilot 提供的代码进行测试。测试是一项关键技能，它能帮助我们判断代码是否执行了预期的功能，并且我们将在本书中持续运用这一技能。然而，包括我们作者在内的许多程序员，通常只有在代码看起来似乎正确时才会进行测试。如果我们通过肉眼检查就能断定代码存在错误，那么我们不会先去测试它，而是首先尝试修正代码。同样，我们希望你能在不经过测试的情况下，直接识别出代码的错误。识别的错误代码越多（这可以通过快速追踪或者提升你的整体理解能力来实现），那么你在测试问题代码上节省的时间越多。
- **指导测试**。逐行理解代码的功能不仅本身有益，还能显著增强你进行有效测试的能力。例如，在接下来的内容中，我们将接触到循环——它们能够使代码执行零次、一次、两次或任意次。你可以将这些知识与已经掌握的测试技能相结合，以便构造各种类别的测试用例。
- **帮助你编写代码**。我们能理解，你期望 Copilot 能够为你编写全部的代码，我们同样期待如此。然而，无论你如何精心设计提示词，总会有 Copilot 无法正确生成的代码。或许通过足够的提示工程，最终能够促使 Copilot 编写出正确的代码，但直接自行编写代码往往更为简便和迅速。在撰写本书时，我们尽力让 Copilot 编写尽可能多的代码。但是，凭借对 Python 编程的理解，我们经常能够直接识别并修正错误，而无须通过复杂的提示工程让 Copilot 修复。从长远来看，我们希望赋予你自主学习编程的能力，而本书所带来的对 Python 的理解将成为你通往更广阔世界的桥梁。研究显示，能够追踪和解释代码是编写代码的必备技能 [1]。

在开始之前，必须先明确我们追求的深度。我们并不打算向你传授每一行代码的每一个细节。这样做将会使我们回到 Copilot 等工具问世之前的传统编程教学方式。相反，结合 Copilot 工具和我们给出的注解，我们将协助你把握每一行代码的核心意义或总体目标。如果你计划在未来编写大量的程序代码，那么你将需要更深入的知识。我们的目标是在“这段代码就像是魔法”与“我确切地了解每一行代码是如何工作的”之间找到一个恰到好处的平衡点。

## 4.2　要求 Copilot 解释代码

在第 2 章中，当我们在配置计算机以便使用 GitHub Copilot 时，就已经安装了 VS Code 的 GitHub Copilot Labs 插件。这个实验性的插件正在不断更新，其设计目的是提供一些尚未完全准备好供日常使用的新特性。我们即将展示它的一个非常出色的功能：解释 Python 代码。

我们猜测，在不久的将来，GitHub Copilot Labs 插件或它的部分功能可能会纳入 Copilot 主插件中。如果出现这种情况，我们在此提供的详细步骤可能会发生变化。届时，我们将建议你查阅更为通用的 GitHub Copilot 文档来获取相关指引。[①]

目前，在安装 GitHub Copilot Labs 插件后，你可以选取一段代码，让 Copilot 对其功能进行解释。现在，我们以之前编写的 best_word 函数为例演示这一过程（见图 4.1）。

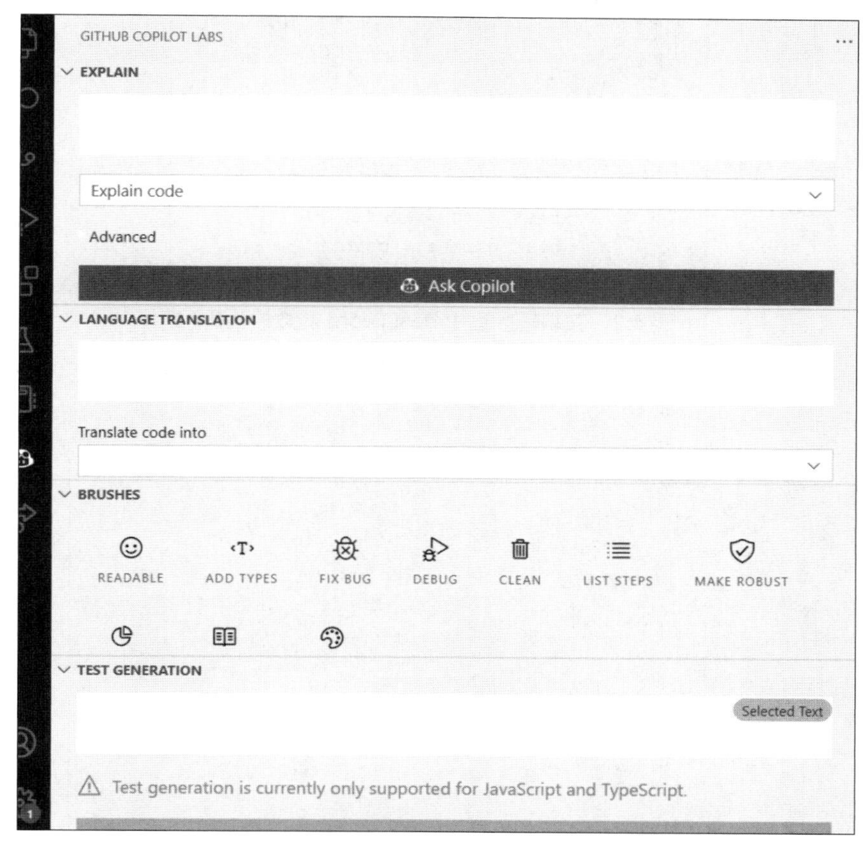


图 4.1　VS Code 中的 GitHub Copilot Labs 面板

首先，点击 VS Code 左侧活动栏中的 GitHub Copilot Labs 标签页，你会看到一个类似于图 4.1 的面板。

其次，参照图 4.2，选择 best_word 函数的所有代码部分（如果在学习第 3 章内容时没有保存这段代码，那可能需要让 Copilot 再次生成它）。

① 作者在这里猜对了一半：一方面，GitHub Copilot Labs 插件确实已经下架（本节不再提供对应的中文版界面图）；另一方面，GitHub Copilot Labs 的大多数功能并没有原样保留并集成到 Copilot 主插件中，因为随着 Copilot Chat 插件的不断成熟，理论上 GitHub Copilot Labs 的所有功能都可以通过对话来实现。读者在阅读本章时，可以参考原书思路并灵活实践。—— 译者注

```python
def best_word(word_list):
    """
    word_list is a list of words.

    Return the word worth the most points.
    """
    best_word = ""
    best_points = 0
    for word in word_list:
        points = num_points(word)
        if points > best_points:
            best_word = word
            best_points = points
    return best_word
```

图 4.2　在编辑区选中 best_word 函数的代码

在选择代码之后，你可以看到代码出现在左侧的 EXPLAIN:（解释）功能区中，如图 4.3 所示。

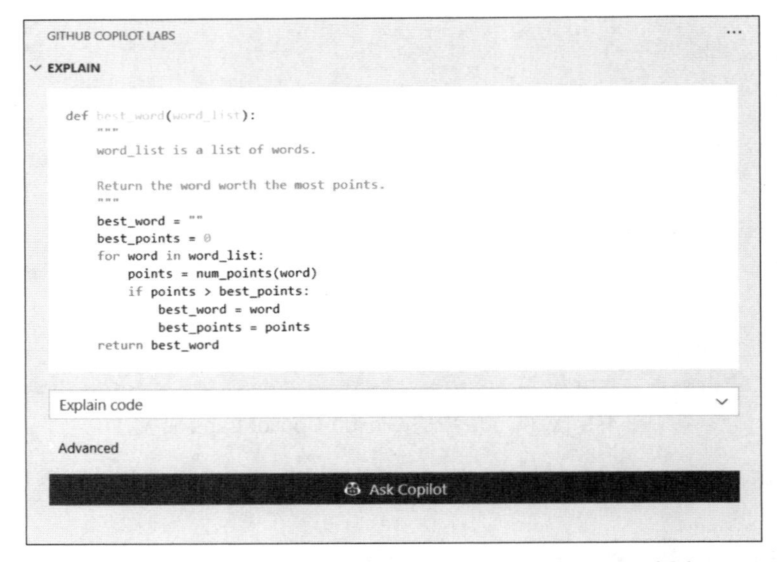


图 4.3　best_word 函数的代码显示在 Copilot Labs 面板中

图 4.4 展示了 Copilot 内置的多种提示词，你可以通过它们来获取代码的解释。这些提示词能够引发不同的回答，它们在回答的具体程度以及回答中提供的示例数量上也会有所不同。我们在这里选择默认的提示词“ Explain code”。如果你感兴趣，也可以从图 4.4 所示的下拉框中尝试其他提示词。

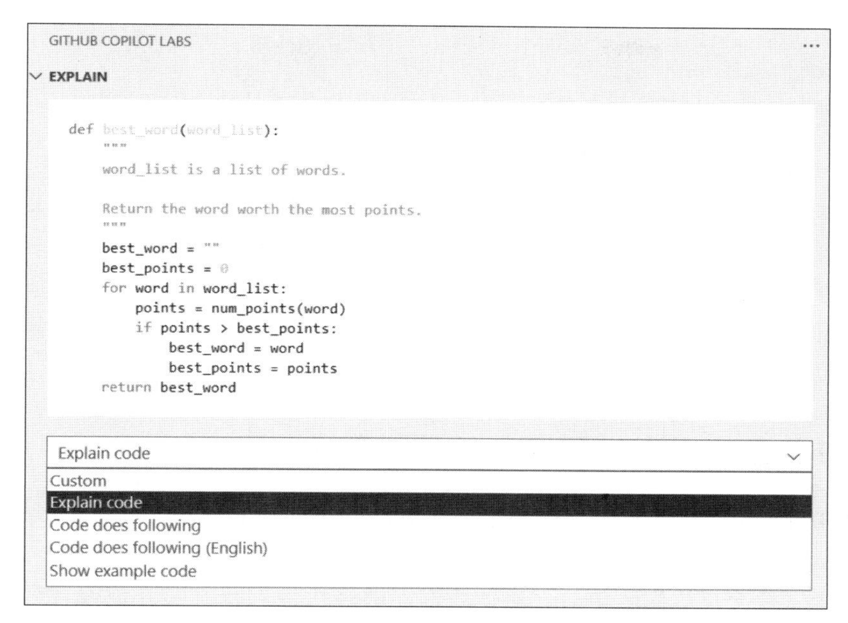


图 4.4　Copilot Labs 解释代码的不同选项

最后，点击 Ask Copilot 按钮。之后将得到代码的解释。像往常一样，Copilot 生成的回答是非确定性的，所以你得到的结果可能与我们的有所出入。如果某个解释令你感到困惑，不妨再次点击 Ask Copilot 按钮或者改变提示词，以便获得不同的回答。对于我们这些教育工作者，这是梦想成真的开始：学生们能够根据自己的需要，无限次地询问代码的工作原理，直至完全理解。

**GitHub Copilot Labs 的解释可能存在错误**

与 Copilot 生成的代码一样，GitHub Copilot Labs 提供的代码解释同样可能存在错误。你可能会问："如果一款旨在帮助理解代码的工具本身也可能出错，那它的价值何在？"首先，我们能理解这种困惑，并同意这确实可能令人感到沮丧。然而，根据经验，尽管存在错误，它在大多数情况下仍然是正确的，因此非常有助于理解代码的基础知识，尤其是我们在这两章中所教授的内容。此外，学生们在对代码感到困惑时，往往会向朋友或在线资源求助，而这些途径同样可能给出错误的解释。为了降低出错的可能性，一个有效的策略是向 Copilot 多次请求解释并综合考虑，因为多次尝试得到错误回复的概率将持续降低。

以下是 Copilot 在我们首次询问时给出的回答。

```
""" Here is the explanation for the code above:
1. We define a function called best_word that takes one argument, word_list.
2. We define the variables best_word and best_points and set them equal to the empty
  string and 0, respectively.
3. We use a for loop to iterate over the elements in word_list.
```

```
4. We define a variable called points that is equal to the result of calling num_points
   with word as an argument.
5. We use an if statement to check if points is greater than best_points.
6. If it is, we set best_word equal to word and best_points equal to points.
7. Finally, we return best_word. """
```

对于我们作者，这段文字以逐行讲解的方式很好地阐释了代码的功能。然而，你要彻底理解这段解释，还需要掌握 Python 的关键术语和特性。Copilot 提供的解释中提到了函数、参数、变量、字符串、for 循环、if 语句及返回值等概念。如果你对这些术语有所了解，那么这个解释将极为有用；反之，则帮助有限。在本章和第 5 章的学习结束后，你将掌握解读 Copilot 典型解释所需的主要 Python 术语和特性。

## 4.3　必知必会的十大编程特性（第一部分）

我们将带领你快速领略 Python 编程中最常用到的 10 个核心特性，本章首先介绍其中的前 5 个。

Python 是一种交互式编程语言，这使我们能够轻松地进行实验并观察各种功能的实际效果。在本节中，我们将利用这一优势深入了解编程特性。事实上，这也正是我们二人学习 Python 的经历，同时也是无数程序员学习 Python 的共同路径。大胆尝试。在开始之前，请先按 Ctrl+Shift+P 组合键，输入“REPL”，然后选择“Python: 启动终端 REPL”如图 4.5 所示。

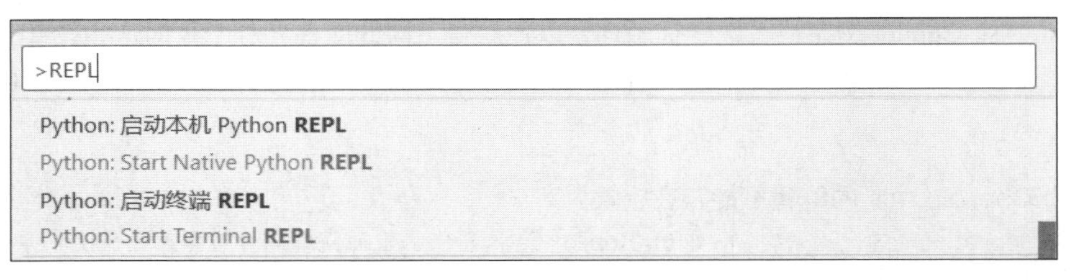


图 4.5　通过 VS Code 启动 REPL

这将把你带回在第 3 章（参考图 4.6）中所看到的 Python 提示符界面，不过此时不会加载之前定义的任何函数。

```
问题    输出    调试控制台    终端    端口

PS C:\Users\leona\copilot-book> & C:/Users/leona/AppData/Local/Programs/Python/Python3
11/python.exe
Python 3.11.1 (tags/v3.11.1:a7a450f, Dec  6 2022, 19:58:39) [MSC v.1934 64 bit (AMD64)
] on win32
Type "help", "copyright", "credits" or "license" for more information.
>>>
```

图 4.6　在 VS Code 中运行的 REPL

接下来，你可以开始输入 Python 代码了。例如，尝试输入如下代码。

```
>>> 5 * 4
```

然后按 Enter 键，你将在屏幕上看到结果 20。我们不会花时间讲解简单的数学运算，不过与 Python 进行交互并学习其代码行为的方式就是这样的：输入代码，随后 Python 给出回应。

### 4.3.1　#1 函数

在第 3 章中，我们深入探讨了函数的相关知识，现在让我们简要回顾一下。函数的作用是将复杂的大问题拆解成易于管理的小任务。以第 3 章中编写的 best_word 函数为例，这是一个相当复杂的任务：它需要确定在一组单词列表中哪个单词的得分最高。那么，一个单词的得分是如何计算的呢？这正是我们可以从 best_word 函数中分离出的一个小任务。实际上，在我之前实现 num_points 函数时，我们已经成功地完成了这一小任务。

我们设计的函数通常都包含参数，每个参数用来接收函数执行任务所需的数据或数据集合。大多数函数在完成它们的工作后，会使用 return 语句将处理结果发送回调用它们的代码行。在调用函数的过程中，我们会根据每个参数的含义传递相应的值，这些值被称为“实参”，并且返回的结果通常存储在一个变量中。

在我们编写的每个程序中，经常需要设计一些自定义函数，但同时 Python 也提供了一些内置函数，这些函数可以拿来直接使用。调用这些内置函数的方式与调用自定义函数的方式相同。例如，Python 内置了一个名为 max 的函数，它可以接收一个或多个参数，并返回其中的最大值。

```
>>> max(5, 2, 8, 1)
8
```

此外，Python 还内置了一个 input 函数——我们在第 3 章的 get_strong_password 函数中已经使用过该函数。这个函数接收一个参数（用作提示信息），然后返回用户在键盘上输入的任何内容。

```
>>> name = input("What is your name? ")
What is your name? Dan
>>> name
'Dan'
```

既然有一个用来从键盘接收输入的 input 函数，那么是否也存在一个用来在屏幕上显示消息的输出函数呢？答案是肯定的，但它称为 print，而不是 output。

```
>>> print('Hello', name)
Hello Dan
```

### 4.3.2　#2 变量

变量是指向特定值的名称。在第 3 章中，我们利用变量记录函数返回的结果。同理，我们在这里也用一个变量存储用户的姓名。无论何时，只要我们需要在之后回忆起某个值，就会用到变量。

在编程过程中，我们通过 =（等号）符号，也就是“赋值”符号，为变量分配一个值。此符号的功能是首先确定其右侧表达式的值，然后将其赋予左侧的变量。

```
>>> age = 20 + 4
>>> age
24
```

首先，计算等号右侧的表达式，也就是 20 + 4，结果为 24，然后，将变量 age 赋值为 24

**Python 中 = 符号的含义与数学中等号的含义不同**

在 Python 及其他编程语言中，= 通常用来表示变量的“赋值”操作。位于等号左侧的变量会获得等号右侧表达式计算得出的值。需要注意的是，这种赋值关系**并不是**永久的，因为变量的值是可以更新的。对那些数学功底扎实但初学编程的人来说，这可能会造成一些混淆。因此，请牢记，在 Python 中，等号（=）所表达的是赋值的概念，而非数学中的等同性。

我们可以在更大的上下文中使用变量，这种用法称作“表达式”。变量所代表的值将取代其名称参与计算。

```
>>> age + 3
27
>>> age
24
```

age 变量在 Python 提示符中仍然可用，并且其值为 24。24 + 3 的结果是 27

age + 3 这个表达式并不会改变 age 的值，因为这里没有对 age 进行重新赋值

**变量在 Python 提示符中持续存在**

在之前的代码中，我们定义了变量 age。那么，为何我们能够反复引用它呢？这是因为，在使用 Python 提示符进行编程时，会话期间所声明的变量都会持续存在，直到你结束会话。这正是程序中变量的工作原理：变量一旦被赋值，便可立即使用。

但是，请注意，当执行 age + 3 这个操作时，变量 age 的值并不会发生改变。要对变量进行更新，我们需要使用另一个赋值语句。

```
>>> age = age + 5
>>> age
29
```

我们通过赋值操作符（等号）更新了 age 的值

我们看看其他改变变量引用值的方法。我们将在代码旁附上一些注解进行解释。

```
>>> age += 5
>>> age
34
>>> age *= 2
>>> age
68
```

一个快捷的加法方式。age += 5 等同于 age = age + 5

一个快捷的乘法方式。age *= 2 等同于 age = age * 2

## 4.3.3　#3 条件判断

每当程序需要做出决策时，条件语句便会显得至关重要。回想第 2 章，我们曾面临选择，需要决定将哪些四分卫纳入数据中。在这一过程中，我们会使用 if 语句来做出决策。

还记得在第 3 章中提到的 larger 函数吗？我们会在代码清单 4.2 中再次列出它。

**代码清单 4.2　用于确定两个值中较大值的函数**

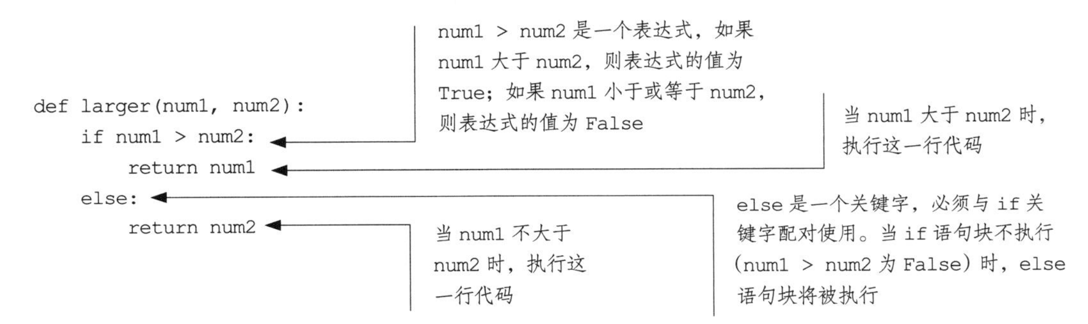


4.2 节展示的 if/else 结构是一种“条件判断”语句，它赋予程序做出选择的能力。例如，当 num1 的值超过 num2 时，程序将返回 num1；如果不是这种情况，即 num1 不大于 num2，那么程序将返回 num2。这就是该结构如何确定并返回两个数中较大值的原理。

在 if 关键字之后，紧接着要写一个布尔条件（例如 num1 > num2）。布尔条件是一个测试真假的表达式，其结果只有两种可能——True 或 False。当结果为 True 时，if 语句下的代码块将被执行；若结果为 False，则执行 else 语句下的代码块。我们通过比较运算符构建布尔表达式，如使用 >= 检查大于或等于，< 检查小于，以及 != 检查不等于。值得注意的是，缩进不仅用于函数体的代码，同样也用于 if 和 else 语句块的代码。正确的缩进对于 Python 代码的正确执行至关重要，这一点不容忽视（在后续内容中，我们将进一步讨论缩进的重要性）。通过缩进，Python 能够识别出哪些代码行属于函数的主体，以及哪些行是 if 或 else 语句的一部分。

我们也可以在 Python 提示符中尝试使用条件判断语句，而不一定要在函数内部编写代码。下面是一个示例。

```
>>> age = 40
>>> if age < 40:
...     print("Binging Friends")
... else:
...     print("What's binging?")
...
What's binging?
```

将 40 赋值给 age

由于 age 的值是 40，这段代码实际上在询问 40 是否小于 40。显然，这是不成立的，因此程序流程会跳过 if 语句块

由于 if 条件判断为 False，因此程序流程进入 else 语句块

可以观察到，在编写 if 语句的过程中，代码提示符由 >>> 切换为 ...。这种变化是一个信号，提示你正在输入一段尚未完成的代码。完成 else 分支的编写后，需要按 Enter 键，以便退

出当前的 ... 提示状态，重新回到我们熟悉的 >>> 提示符。

我们将 age 变量设定为 40。由于 40 小于 40 是 False，因此程序流程进入 else 语句块。

再次进行尝试，这次确保 if 语句块得以执行。

```
>>> age = 25                          ← 将 25 赋值给 age
>>> if age < 40:                      ← 由于 age 的值是 25，这段代码实际上在询问 25 是否小于 40。显然，这是成立的，因此程序流程进入 if 语句块
...     print("Binging Friends")
... else:                             ← else 语句块不会执行
...     print("What's binging?")
...
Binging Friends
```

你可能会看到一些 if 语句并没有紧随其后的 else 语句块，这是完全合法的：else 子句并不是必需的。在这种情况下，当条件判断为 False 时，整个 if 语句将不会执行任何操作。

```
>>> age = 25                          ← 将 25 赋值给 age
>>> if age == 30:                     ← == 用于比较两个值是否相等
...     print("You are exactly 30!")
...
```

请注意，当需要判断两个值是否相等时，应该使用两个等号（==），而不是一个等号。我们在前面学习过，一个等号用于赋值语句，即将一个值分配给一个变量。

面对多于两种可能的结果时，该如何应对呢？例如，不同年龄段的观众可能偏好的电视剧通常是不同的，如表 4.1 所示。

**表 4.1　不同年龄段的观众可能偏好的电视剧**

| 年龄段 | 电视剧 |
|---|---|
| 30~39 岁 | 《老友记》（*Friends*） |
| 20~29 岁 | 《办公室》（*The Office*） |
| 10~19 岁 | 《美少女的谎言》（*Pretty Little Liars*） |
| 0~9 岁 | 《甜甜私房猫》（*Chi's Sweet Home*） |

我们无法仅通过 if/else 结构来涵盖所有可能的结果，于是 elif（即 else-if 的缩写）出现了，它允许处理多于两种情形的逻辑，正如接下来的代码片段所示。为了便于阅读，我们省略了 Python 的交互式提示符（>>>）和待续提示符（...），以避免显示过多的冗余字符。

```
if age >= 30 and age <= 39:           ← 当 age 大于等于 30 且小于等于 39 时，这个条件判断为 True，例如，age 的值为 35
    print("Binging Friends")
elif age >= 20 and age <= 29:         ← 当上述条件判断为 False 时，执行这个条件判断
    print("Binging The Office")
elif age >= 10 and age <= 19:
    print("Binging Pretty Little Liars")
elif age >= 0 and age <= 9:
```

```
    print("Binging Chi's Sweet Home")
else:
    print("What's binging?")
```

当上述所有条件判断均为 False 时，执行这行代码

我们利用 and 构建了一个复合条件。例如，在上面代码的第一行中，我们设定了年龄须满足的条件：既大于或等于 30 岁，又小于或等于 39 岁。Python 按自顶向下的顺序执行，一旦遇到一个成立的条件，便会执行相应的缩进代码块。执行完毕后，Python 将不再继续检查后续的 elif 或 else 分支——这意味着，即便有两个条件都为真，也仅有第一个满足条件的代码块会被执行。

不妨对 age 变量赋予不同的值进行试验，观察在各种情况下代码是否按预期执行。事实上，如果需要更严谨地测试这段代码，可以利用 if 语句结构更好地选择想要测试的值。也就是说，我们要测到那些边界值。例如，我们肯定需要检验 30 岁和 39 岁这两个年龄，以确保已正确地覆盖了第一个条件所指的 30 至 39 岁年龄段。同样地，我们也应该测试 20 岁、29 岁、10 岁、19 岁、0 岁、9 岁及大于 39 岁的某个年龄值，以此来检验最底部的 else 分支是否按预期工作。

如果在这里使用多个并排的 if 语句而非 elif 语句，那它们会作为独立的条件判断语句存在，而非附属于上一个 if 语句。这一点相当重要，因为 Python 总是会执行每一个独立的 if 语句，不管之前的 if 语句判断结果如何。

例如，如果将年龄判定代码中的 elif 语句替换为 if 语句，代码会变成以下形式。

```
if age >= 30 and age <= 39:
    print("Binging Friends")
if age >= 20 and age <= 29:
    print("Binging The Office")
if age >= 10 and age <= 19:
    print("Binging Pretty Little Liars")
if age >= 0 and age <= 9:
    print("Binging Chi's Sweet Home")
else:
    print("What's binging?")
```

这个条件判断总是会被执行

这个条件判断总是会被执行

这个条件判断总是会被执行

这个 else 语句与最近的 if 语句配对

设想在这个代码块上方设置 age = 25，然后运行。猜猜会产生什么结果？

确实，第二个 if 条件，即年龄在 20 至 29 岁之间，是成立的，因此我们可以确定程序将输出“ Binging The Office”。然而，事情并未就此结束。请注意，由于这里使用的是 if 语句，后续所有的 if 条件都会继续被检查——如果使用的是 elif，则不会这样。对于年龄在 10 至 19 岁之间的条件，它是不成立的，因此不会看到“Binging Pretty Little Liars”的输出。

最后一个 if 条件，即年龄 age >= 0 并且 age <= 9，结果也是不成立的，因此不会显示“ Binging Chi's Sweet Home”。然而，这个 if 语句后面紧跟着一个 else 子句，这意味着程序将会输出“What's binging?”，这并非我们的本意。我们原本想要的效果是仅当年龄超过 40 岁时，才显示“ What's binging?”。这一点说明 if 和 elif 的作用是有区别的，需要根据期望的行为来

选择使用哪一个：如果希望多个代码块都有可能执行，应该选择 if；如果只期望执行单一的代码块，则应选择 elif。

### 4.3.4 #4 字符串

正如在第 3 章中所看到的，字符串是用来存储文本数据的一种数据类型。无论是在第 2 章中用到的统计数据，还是密码或图书内容，文本的身影随处可见，这使字符串几乎成为每个 Python 程序的“常客”。

我们使用引号来界定字符串的起始和终结。你可能会注意到 Copilot 并不会固定使用双引号或单引号。使用哪种引号并不重要，只要确保开始和结束的引号类型相同。

字符串拥有一系列强大的方法。所谓“方法”是一种与特定数据类型（例如字符串）相关联的函数。调用方法的语法与调用普通函数略有差异：我们需要将调用方法的字符串值放在最前面，置于括号之外，并在其后加上一个点号。

在第 3 章中，Copilot 通过一些字符串方法实现了 is_strong_password 函数。现在，我们亲自尝试运用这些方法，以便更深入地理解它们的运作方式。

```
>>> 'abc'.isupper()
False
>>> 'Abc'.isupper()
False
>>> 'ABC'.isupper()
True
```

isupper 方法要求字符串中的所有字符都是大写字母，才会返回 True

```
>>> 'abc'.isdigit()
False
>>> '345bc'.isdigit()
False
>>> '345'.isdigit()
True
```

isdigit 方法要求字符串中的所有字符都是数字，才会返回 True

```
>>> 'abc6'.isalnum()
True
>>> 'abc def'.isalnum()
False
>>> 'abcdef#'.isalnum()
False
```

isalnum 方法要求字符串中的所有字符都是字母或数字，才会返回 True（空格不被视为字母或数字）

字符串提供了其他很多个方法。其中一些方法允许在小写和大写形式之间转换字符串，还有一些方法可以帮助在字符串中进行查找，更有一些方法能够帮助格式化字符串（例如，居中对齐或右对齐）。

如果你对某个字符串方法的功能感到困惑，Copilot 的“解释”功能往往能提供很大的帮助。例如，下面这个函数的作用是什么呢？

```
def clean_number(phone_number):
    phone_number = phone_number.replace('(', '')   ← 从电话号码中删除所有(字符
    phone_number = phone_number.replace(')', '')   ← 从电话号码中删除所有)字符
    phone_number = phone_number.replace('-', '')   ← 从电话号码中删除所有-字符
    return phone_number
```

第一次向 Copilot 请求解释时，我们收到如下回复。

```
""" Here is the explanation for the code above:
1. The replace() method returns a copy of the string in which the occurrences of old
   have been replaced with new, optionally restricting the number of replacements to max.
2. When we call the replace() method and pass in the value of the first argument, the
   method will look for that value in the string and replace it with the value of the
   second argument. If we call the method again and pass in a different value, the method
   will look for that value and replace it with the value of the second argument. We can
   call the method as many times as we want to replace as many values as we want.
3. In the above code, we are calling the replace() method three times to replace the
   '(', ')' and '-' characters in the phone number with empty strings. """
```

这些信息都是正确的，但它忽略了一个关键问题：replace 方法是移除了电话号码中的所有（、）和 –，还是仅仅在每个字符第一次出现时移除？实际上，replace 方法会替换所有这些字符。这意味着，如果一个电话号码中出现了多个括号或横杠，它们会被完全移除。这是因为我们用一个空字符串来替换它们，而空字符串本身不包含任何字符。为了深入理解 replace 方法的这一特性，可以在 Python 提示符下使用 replace 进行自己的测试。

又尝试了几次，我们收到的都是一些非常笼统的信息，包括函数的作用及返回值的意义——对这个案例来说帮助并不大。

我们还收到了如下解释。

```
""" Here is the explanation for the code above:
1. First we convert the phone_number argument into a string
2. Then we replace the parentheses and dashes from the string with nothing. This will
   remove the parentheses and dashes from the string.
3. Then we return the string with the parentheses and dashes removed. """
```

第 2 点和第 3 点是准确的，但第 1 点是错误的。我们并没有执行任何转换为字符串的操作。这就是为什么我们需要具备基础的 Python 知识：它能帮助我们辨别真伪，区分正确与错误的信息。

在处理字符串时，我们经常会遇到一些与数学运算符相同的符号，但它们在字符串上的作用有所不同。加号（+）运算符用于将两个字符串连接起来，而星号（*）运算符则用于将一个字符串重复指定的次数，例如下面的代码。

```
>>> first = 'This is a '
```

```
>>> second = 'sentence.'
>>> sentence = first + second
>>> print(sentence)
This is a sentence.
>>> print('-=' * 5)
-=-=-=-=-=
```

将 first 和 second 字符串拼接在一起，并将结果赋值给 sentence

将 -= 字符串重复 5 次

## 4.3.5 #5 列表

字符串非常适合用来存储一连串的字符，例如密码或者拼字游戏中的一个单词。然而，当存储多个单词或数字时，就需要借助列表了。

在第 3 章中，我们采用了列表结构来构建 best_word 函数，这样做是因为该函数处理一系列独立的单词。

不同于字符串采用引号作为界定符，列表的开始和结束是通过方括号进行标记的。与字符串一样，列表也拥有众多方法，这些方法赋予了列表丰富的功能。为了更直观地理解这些方法，让我们来探索其中的几种。

```
>>> books = ['The Invasion', 'The Encounter', 'The Message']
>>> books
['The Invasion', 'The Encounter', 'The Message']
>>> books.append('The Predator')
>>> books
['The Invasion', 'The Encounter', 'The Message', 'The Predator']
>>> books.reverse()
>>> books
['The Predator', 'The Message', 'The Encounter', 'The Invasion']
```

这是一个包含了 3 个字符串值的列表

在列表末尾添加一个新的字符串值

反转列表（现在这些值的顺序与之前相反）

Python 中的许多数据类型，例如字符串和列表，都可以通过“索引”访问特定的元素。索引从 0 开始计数，一直递增到（但并不包含）元素的总数。具体来说，序列中的第一个元素的索引是 0（注意，并不是 1），第二个元素的索引是 1，以此类推。而列表中的最后一个元素，其索引等于列表长度减去 1。我们可以通过 len 函数获取列表的长度。例如，如果调用 len(books)，返回的值将是 4，这意味着有效的索引范围是从 0 到 3。此外，负索引也是一种常用的索引方式，它允许从列表的末尾开始计数：最右边的元素索引为 –1，其左侧的元素索引为 –2，以此类推。图 4.7 通过正负索引的方式展示了如何访问列表中的元素。

| 正索引 | 负索引 | 书名 |
| --- | --- | --- |
| 0 | –4 | "The Predator" |
| 1 | –3 | "The Message" |
| 2 | –2 | "The Encounter" |
| 3 | –1 | "The Invasion" |

图 4.7 列表中的元素可以通过正索引或负索引访问

下面练习一下如何在一个图书列表中使用索引。

```
>>> books
['The Predator', 'The Message', 'The Encounter', 'The Invasion']
>>> books[0]   ← books[0] 对应于第一个元素
'The Predator'
>>> books[1]
'The Message'
>>> books[2]
'The Encounter'
>>> books[3]
'The Invasion'
>>> books[4]   ← 错误，因为索引 3 对应的是最后一本书
Traceback (most recent call last):
  File "<stdin>", line 1, in <module>
IndexError: list index out of range
>>> books[-1]   ← books[-1] 对应于列表中的最后一个元素
'The Invasion'
>>> books[-2]
'The Encounter'
```

还有一种方法可以从字符串或列表中提取多个值，而不仅仅是一个。这种方法称为“切片”。在进行切片时，我们指定第一个值的索引、一个冒号及值右侧的索引，例如下面的代码。

```
>>> books[1:3]   ← 从索引 1 开始，到索引 2 结束（注意，不包含索引 3）
['The Message', 'The Encounter']
```

我们指定了 1:3，你可能认为这会包括索引 3 的值。然而，实际上，冒号后的第二个索引所对应的元素并不会被包括在内。这种情况虽然违反直觉，但是事实。

如果省略起始或结束索引，Python 会自动选择列表的开始或结束位置。

```
>>> books[:3]   ← 与 books[0:3] 的效果相同
['The Predator', 'The Message', 'The Encounter']
>>> books[1:]   ← 与 books[1:4] 的效果相同
['The Message', 'The Encounter', 'The Invasion']
```

我们同样可以使用索引来修改列表中的特定元素，例如下面的代码。

```
>>> books
['The Predator', 'The Message', 'The Encounter', 'The Invasion']
>>> books[0] = 'The Android'   ← 将 books[0] 的值更改为字符串“The Android”
>>> books[0]
'The Android'
>>> books[1] = books[1].upper()   ← 将 books[1] 的值转换为全大写形式
>>> books[1]
'THE MESSAGE'
```

```
>>> books
['The Android', 'THE MESSAGE', 'The Encounter', 'The Invasion']
```

假如在字符串上执行如下操作，将会遇到错误。

```
>>> title = 'The Invasion'
>>> title[0]   ◄──── 通过索引查询字符是没问题的
'T'
>>> title[1]
'h'
>>> title[-1]
'n'
>>> title[0] = 't'   ◄──── 但赋值操作是不允许的
Traceback (most recent call last):
  File "<stdin>", line 1, in <module>
TypeError: 'str' object does not support item assignment
```

字符串是一种“不可变值”，这意味着人们无法修改其包含的字符。你只能生成一个全新的字符串。相比之下，列表是一种“可变值”，意味着你能够对其内容进行修改。

## 4.3.6 小结

在本章中，我们介绍了 Python 中常见的 5 种代码特性。在第 5 章中，我们将继续介绍另外 5 种。同时，我们不仅演示了 Copilot 的“解释”功能如何帮助你理解代码的作用，还提供了帮助你甄别解释的准确性的方法。表 4.2 汇总了本章所探讨的 5 种代码特性。

表 4.2 本章探讨的 Python 代码特性

| 代码特性 | 代码示例 | 简要描述 |
| --- | --- | --- |
| 函数 | `def larger(num1, num2)` | 函数可以帮助我们管理代码的复杂度。函数接收输入数据，处理输入数据，然后可能返回一个输出结果 |
| 变量 | `age = 25` | 一个易于理解的名称，用于引用它存储的值。可以使用 = 赋值操作符对变量进行赋值 |
| 条件判断 | `if age < 18:`<br>`    print('Can't vote')`<br>`else:`<br>`    print('Can vote')` | 条件判断让代码具备决策能力。在 Python 中，与条件判断相关的关键字包括 if、elif 和 else |
| 字符串 | `name = 'Dan'` | 字符串用于存储一连串的字符（也就是文本数据）。许多强大的方法可用于修改字符串 |
| 列表 | `list = ['Leo', 'Dan']` | 多个任意类型的值所组成的序列。许多强大的方法可用于修改列表 |

## 本章小结

- 我们应具备阅读代码的能力，以判断其准确性，进行有效的测试，并在必要时编写自己的代码。
- Copilot Labs 插件能够提供代码的逐行解释，帮助理解代码的功能。
- Python 提供了如 max、input 和 print 等内置函数，我们可以像使用自定义函数一样调用它们。
- 变量是指向特定值的名称。
- 赋值语句使变量指向一个特定的值。
- if 语句使我们的程序具备决策能力，并在多条路径中选择其一并往下执行。
- 字符串用于保存和处理文本数据。
- 方法是与特定数据类型相关联的函数。
- 列表用于存储和操作一系列的值（例如数字序列或字符串序列）。
- 字符串或列表中的每个元素都可以通过索引访问，索引计数从 0 开始，而不是 1。
- 字符串是不可变的，意味着其内容不能被改变，而列表是可变的，可以修改其内容。

# 第 5 章　理解 Python 代码（下）

**本章内容概要**

- 循环可以根据所需次数重复执行代码
- 通过缩进区分 Python 代码块结构
- 创建字典来存储键值对形式的数据
- 设置文件来进行数据的读取与处理
- 引入模块，以拓展 Python 的应用范围
- 要求 Copilot 解释代码

在第 4 章中，我们深入探讨了 Python 的 5 个核心特性，它们会在编程道路上常伴你左右：函数、变量、条件判断（if 语句）、字符串和列表。掌握这些特性是理解代码的关键，我们还解释了无论是否借助 Copilot，具备阅读代码的能力都相当重要。

在本章中，我们将深入探讨另外 5 个 Python 核心特性，以补全我们对 Python 的了解。正如在第 4 章所做的，我们将结合自己的解释、Copilot 提供的解释及在 Python 提示符下的实验来展开这些内容。

## 5.1　必知必会的十大编程特性（第二部分）

我们继续深入探索，从第 4 章没讲到的第 6 个特性开始。

### 5.1.1　#6 循环

循环可以让计算机根据我们需要的次数重复执行一段代码。在我们所讨论的 10 个核心特性中，循环无疑是最能体现计算机提效价值的一个。如果没有循环机制，程序将只能按照编写的顺序线性执行，即便可以调用函数和利用 if 语句进行决策，程序处理任务的能力也将被我们所能编写的代码量限制住。与之形成鲜明对比的是，循环能够让我们用一段简洁的代码来高

效地处理大规模的数据——无论是数千还是数百万个数据项。

循环是编程中的一种重要结构，主要分为两种形式——for 循环和 while 循环。通常，当能够预知循环需要执行的次数时，我们倾向于使用 for 循环；反之，当无法确定循环需要执行的次数时，while 循环显然更合适。例如，在第 3 章中，best_word 函数（如代码清单 5.1 所示）就采用了 for 循环，因为循环需要运行多少次已知——word_list 中的每个单词各一次。而在 get_strong_password 函数（稍后在代码清单 5.4 中展示）中，我们选择了 while 循环，因为用户在输入合适的密码前可能会尝试多次，具体次数无法预知。接下来，我们先探讨 for 循环，随后了解 while 循环。

**代码清单 5.1　第 3 章中的 best_word 函数**

```
def best_word(word_list):
    """
    word_list is a list of words.

    Return the word worth the most points.
    """
    best_word = ""
    best_points = 0
    for word in word_list:          # 这是一个 for 循环的示例
        points = num_points(word)
        if points > best_points:
            best_word = word
            best_points = points
    return best_word
```

for 循环使我们能够遍历字符串或列表中的每一个元素。首先，我们以字符串为例进行演示。

```
>>> s = 'vacation'
>>> for char in s:          # 这段代码将以字符串 s 的字符数作为次数来重复执行缩进的代码块
...     print('Next letter is', char)          # 由于 vacation 包含 8 个字母，因此这段代码将执行 8 次
...
Next letter is v
Next letter is a
Next letter is c
Next letter is a
Next letter is t
Next letter is i
Next letter is o
Next letter is n
```

请注意，我们无须对变量 char 进行显式赋值。它是一个特殊的循环变量，由 for 循环自动管理。char 代表的是字符，这个名字在编程中极为普遍，常用作循环中的变量。此变量会自动赋值为字符串中的每个字符。在讨论循环时，我们通常用“迭代”这个词描述在每次循环中执

行代码的过程。例如，在这个示例中，char 变量在第一次迭代时对应的是 "v"，在第二次迭代时对应的是 "a"，以此类推。Python 会自动将变量与字符串中的每个字符关联起来。同时，我们也注意到，与函数和 if 语句相似，循环中的代码需要适当缩进。在本例的循环体中，只有一行代码，但在函数或 if 语句中，往往会有更多代码行。

我们再来看一个 for 循环作用于列表的示例。我们会在循环体中加入两行代码，以此来展示其工作原理，详见代码清单 5.2。

**代码清单 5.2 使用 for 循环的示例**

```
>>> lst = ['cat', 'dog', 'bird', 'fish']
>>> for animal in lst:     ◄── 由于 lst 是一个列表，因此这是一个作用于列表的 for 循环
...     print('Got', animal)          这段代码在每次
...     print('Hello,', animal)       迭代中都会执行
...
Got cat
Hello, cat
Got dog
Hello, dog
Got bird
Hello, bird
Got fish
Hello, fish
```

代码清单 5.2 展示的代码仅为遍历列表的方法之一。通过 for animal in lst 的语法，我们让变量 animal 在每次循环中都会自动获取列表中的下一个元素。此外，你也可以利用索引直接访问列表中的各个元素。为了实现这一点，首先需要掌握 Python 中内置的 range 函数的用法。

range 函数用于创建一个“数字序列”。我们可以指定一个起始数字和一个结束数字，而它生成的数字序列将包含从起始数字到结束数字（但不包括结束数字）的所有数字。如果查看 range 生成的序列中包含哪些数字，我们需要使用 list 函数将其包裹起来。下面这个示例展示了如何使用 range 函数。

```
>>> list(range(3, 9))  ◄── 将生成从 3 到 8（而不是 3 到 9）的数字序列
[3, 4, 5, 6, 7, 8]
```

请注意，该序列从数值 3 开始，并包含了从 3 到 8 的连续数字。换句话说，该序列包含了从起始数字 3 开始到结束数字 9（但不包含结束数字）的所有数字。

那么 range 函数如何帮助编写循环呢？其实，我们不必在 range 函数中写死固定的数字，例如 3 和 9，而是利用字符串或列表的长度动态生成这个范围，具体做法如下。

```
>>> lst
['cat', 'dog', 'bird', 'fish']
>>> list(range(0, len(lst)))  ◄── 从 0 开始递增，直至 lst 的长度值（但不包括该数值）
```

```
[0, 1, 2, 3]
```

请注意，这个序列是 0，1，2，3，它们恰恰是 lst 列表的有效索引。因此，我们可以利用 range 函数操纵一个 for 循环，从而获取字符串或列表中的每一个有效索引。

我们可以使用 range 函数执行与代码清单 5.2 相同的任务。请参阅代码清单 5.3 中的新代码实现。

**代码清单 5.3　使用 for 循环和 range 函数的示例**

```
>>> for index in range(0, len(lst)):       ◄── 使用 range 函数的 for 循环
...     print('Got', lst[index])            使用 index 变量对列表
...     print('Hello,', lst[index])         进行索引查询
...
Got cat
Hello, cat
Got dog
Hello, dog
Got bird
Hello, bird
Got fish
Hello, fish
```

这里使用了一个名为 index 的变量，不过，出于简化目的，我们经常会用一个字母 i 来代替它。这个变量在循环的第一次迭代中被赋予值 0，在第二次迭代中为 1，在第三次迭代中为 2，以及在最后一次迭代中为 3。它之所以停在 3，是因为 len(lst)（即列表的长度）是 4，range 函数会在到达这个数字之前的一个位置结束。代码通过递增的索引值依次提取列表中的元素：首先是第一个，其次是第二个，以此类推，直至第四个元素。实际上，我们可以省略 for 循环中的起始数字 0。range 函数默认从 0 开始生成数字序列，示例如下。

```
for index in range(len(lst)):      ◄── 如果只提供一个参数，range 函数会
    print('Got', lst[index])           默认从 0 开始生成数字序列
    print('Hello,', lst[index])
```

对 for 循环的讲解到此告一段落。不过，关于循环的话题尚未结束，因为还有一种循环机制等待我们去探讨，那就是 while 循环。

当我们不确定需要循环多少次时，通常会采用 while 循环。一个典型的示例就是第 3 章提到的 get_strong_password 函数。我们在代码清单 5.4 中再次展示了它的代码。

**代码清单 5.4　第 3 章中的 get_strong_password 函数**

```
def get_strong_password():
    """
    Keep asking the user for a password until it is a strong password,
    and return that strong password.
    """
```

```
password = input("Enter a strong password: ")
while not is_strong_password(password):    # 在密码不符合强密码标准的情况下，循环会持续执行
    password = input("Enter a strong password: ")
return password
```

我们无从得知用户经过多少次尝试才会输入一个强密码。是第一次尝试就成功？还是第二次？抑或第五十次？没有人知道。因此，我们需要一个 while 循环：它能够确保用户在输入一个强密码之前，会被不断地询问。

编写 while 循环时，我们需要在 while 关键字后面跟随一个布尔条件。若条件判断结果为 True，Python 将执行循环的一次迭代。若迭代完成后，该布尔条件仍然为 True，则继续执行下一次迭代。这一过程会持续进行，直到条件变为 False，循环结束。

当前，我们已经具备了充分的知识，能够理解 get_strong_password 函数的代码原理。观察代码可以发现，它首先利用 input 函数要求用户输入一个密码；其次是一个 while 循环，该循环将持续执行，直到输入的密码符合强密码的标准。为了避免陷入无限循环，同时也为了要求用户重新输入，我们在循环体内再次使用了 input 函数。在循环之前进行 input 函数调用是为了捕获用户的第一次尝试。如果没有它，password 变量将无从产生，while 循环也将因缺少传递给 is_strong_password 函数的密码值而报错。

当要求 Copilot 对这段代码进行解释时，我们得到的解释如下。

```
""" Here is the explanation for the code above:
1. The function, get_strong_password() is defined.
2. The function returns the password only if it is strong, otherwise it keeps asking for
a strong password.
3. The while loop is used here because we don't know how many times the user will enter
a wrong password.
4. The is_strong_password() function is used to check if the password is strong or
not. """
```

上述解释非常准确地阐述了函数的作用，与我们刚刚给出的描述相当一致。此外，它还给出了一些有用的 Python 基础知识，例如第 3 条特别提醒了为何在此使用 while 循环。

**Copilot 的解释可能是错误的**

我们之所以列出上面这条解释，是因为它是 Copilot 在 3 次请求中给出的最优答案。其中有一个答案初听颇有道理，但当它提及一些不存在的函数时，就变得不那么可信了。我们认为，如果你多次请求解释并寻找多个答案的共通之处，那么这个功能可以作为学习过程中的有益辅助。然而，本章的核心目标是赋予你辨别 Copilot 是否出错的能力。

我们鼓励你在未来继续使用 Copilot 的解释功能，并且如果你感兴趣的话，可以用它探究前几章中仍然感到好奇的代码。不过，必须再次提醒，你得到的解释可能并不总是准确的，应该要求 Copilot 给出多条解释，不要依赖单条可能存在错误的解释。

目前，所有与 AI 助手类似的工具都是如此——它们难免会有瑕疵。尽管如此，依然推荐 Copilot 的解释功能的原因在于，我们认为它现在是一个有潜力且强大的教学资源，并且随着 Copilot 不断改进，这一点将变得更加明显。

我们通常在不确定迭代次数的情况下使用 while 循环。不过，即便我们可以确定迭代的具体次数，**也可以**选择使用 while 循环。例如，我们可以利用 while 循环遍历字符串中的字符或列表中的元素。尽管在大多数情况下，for 循环可能是更为恰当的选择，但我们偶尔也会看到 Copilot 使用 while 循环进行此类操作。例如，在代码清单 5.5 中，我们采用 while 循环遍历上面那个动物列表中的每一种动物。当然，这种方法相对来说工作量会更大一些。

**代码清单 5.5　使用 while 循环的示例**

```
>>> lst
['cat', 'dog', 'bird', 'fish']
>>> index = 0
>>> while index < len(lst):    ◄── len 函数返回字符串的长度，也就是希望循环的次数
...     print('Got', lst[index])
...     print('Hello,', lst[index])
...     index += 1    ◄── 一个很常见的人为错误是漏掉了这一行
...
Got cat
Hello, cat
Got dog
Hello, dog
Got bird
Hello, bird
Got fish
Hello, fish
```

如果没有 index += 1 这一行，我们将无法递增字符串的索引，从而导致程序不断地重复打印第一个值的信息，这种情况称为“无限循环”。回想一下之前编写的 for 循环，可以发现，无须手动增加索引变量的值。正因为如此，程序员们在可能的情况下都更倾向于使用 for 循环。因为在 for 循环中，无须手动管理索引，从而可以自动规避一些索引错误和无限循环的问题。

## 5.1.2　#7 缩进

缩进在 Python 代码中极为重要，因为 Python 通过它确定哪些代码行是一起的。例如，函数体内部的所有代码行、if 语句的不同逻辑分支，以及 for 或 while 循环体内的代码都必须正确缩进。正确的缩进不仅仅是为了代码的美观，更是确保代码逻辑正确性的关键。

例如，我们可以请求用户告知当前的时间，随后根据时间是上午、下午还是晚上输出相应的问候语。

- 如果是上午，我们想输出“Good morning!”和“Have a nice day.”。
- 如果是下午，我们想输出“Good afternoon!”。
- 如果是晚上，我们想输出“Good evening!”和“Have a good night.”。

我们写出的代码如下，你是否注意到其中的缩进问题？

```
hour = int(input('Please enter the current hour from 0 to 23: '))

if hour < 12:
    print('Good morning!')
    print('Have a nice day.')
elif hour < 18:
    print('Good afternoon!')
else:
    print('Good evening!')
print('Have a good night.')
```

←这一行没有缩进

问题出在最后一行：它没有缩进，但实际上它应该有缩进。由于缺少缩进，无论用户输入什么时间，程序都会输出“ Have a good night.”这句话。为了修复这个问题，我们需要将该行缩进，让它成为 if 语句中 else 分支的一部分，这样它就只会在输入晚间时间时触发。

在编写代码的过程中，我们通常采用多层次的缩进明确区分不同代码块的归属，例如函数、条件判断语句和循环结构等。例如，当定义一个函数时，与其相关的所有代码都需要在函数声明下方进行适当缩进。不同于某些编程语言使用括号（例如 {}）来界定代码块，Python 依靠缩进实现这一功能。当用户已经处于一个函数的内部（此时为一级缩进），并且要写一个循环体内部的代码时，就需要进一步增加缩进层次（变为二级缩进），以便清晰地界定循环体的范围，以此类推。

当我们回顾第 3 章介绍的函数时，可以观察到这一规则的实际运用。例如，在 larger 函数中（如代码清单 5.6 所示），整个函数体都经过了缩进处理，并且在 if 语句的相应分支中，还可以看到更深的缩进层次。

**代码清单 5.6　确定两个值中较大值的函数**

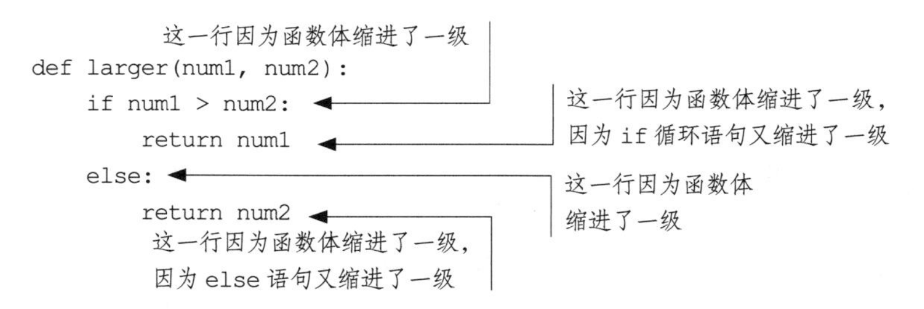


再来看代码清单 5.4 列出的 get_strong_password 函数：此函数内部的所有代码都按照 Python 的规范进行了适当缩进，特别是 while 循环的内部代码块，其缩进层次更深。

在第 3 章提到的 num_points 函数的第一个版本中（代码清单 5.7 中再次展示了其内容），可以看到更深层次的缩进。这是因为在该函数中，我们对单词的每个字符执行 for 循环，并且在这个循环内部嵌套了一个 if 语句。根据之前的理解，if 语句中的每个代码块都需要适当缩进，这增加了额外的缩进层级。

**代码清单 5.7 num_points 函数**

```
def num_points(word):
    """
    Each letter is worth the following points:
    a, e, i, o, u, l, n, s, t, r: 1 point
    d, g: 2 points
    b, c, m, p: 3 points
    f, h, v, w, y: 4 points
    k: 5 points
    j, x: 8 points
    q, z: 10 points

    word is a word consisting of lowercase characters.
    Return the sum of points for each letter in word.
    """
    points = 0
    for char in word:          ◄── 因为处于函数体内部，所以这一行进行了缩进
        if char in "aeioulnstr":   ◄── 因为处于 for 循环内部，所以这一行又缩进了一级
            points += 1        ◄── 因为处于 if 语句内部，所以这一行又缩进了一级
        elif char in "dg":
            points += 2
        elif char in "bcmp":
            points += 3
        elif char in "fhvwy":
            points += 4
        elif char == "k":
            points += 5
        elif char in "jx":
            points += 8
        elif char in "qz":
            points += 10
    return points
```

在第 3 章提到的 is_strong_password 函数中，同样可以看到多级缩进的效果（代码清单 5.8 再次展示了其内容），不过这里这么做的原因只是为了将一行非常长的代码分割为多行。请留意，每一处分割的地方都使用了反斜杠（\），该符号的作用是让代码延续到下一行。

**代码清单 5.8 is_strong_password 函数**

```
def is_strong_password(password):
    """
    A strong password has at least one uppercase character,
    at least one number, and at least one punctuation.
```

```
Return True if the password is a strong password,
False if not.
"""
return any(char.isupper() for char in password) and \
       any(char.isdigit() for char in password) and \
       any(char in string.punctuation for char in password)
```

该行以反斜杠结尾，表示代码将在下一行继续

这一行的缩进并非必需的，但可以在视觉上更好地表现整个 return 语句

与此类似，我们在 num_points 函数的第二个版本中也采用了多级缩进（参见代码清单 5.9），这样做的目的是将字典分布到多行，以便提升其可读性。

**代码清单 5.9 num_points 的第二个版本**

```
def num_points(word):
    """
    Each letter is worth the following points:
    a, e, i, o, u, l, n, s, t, r: 1 point
    d, g: 2 points
    b, c, m, p: 3 points
    f, h, v, w, y: 4 points
    k: 5 points
    j, x: 8 points
    q, z: 10 points

    word is a word consisting of lowercase characters.
    Return the sum of points for each letter in word.
    """
    points = {'a': 1, 'e': 1, 'i': 1, 'o': 1, 'u': 1, 'l': 1,
              'n': 1, 's': 1, 't': 1, 'r': 1,
              'd': 2, 'g': 2,
              'b': 3, 'c': 3, 'm': 3, 'p': 3,
              'f': 4, 'h': 4, 'v': 4, 'w': 4, 'y': 4,
              'k': 5,
              'j': 8, 'x': 8,
              'q': 10, 'z': 10}
    return sum(points[char] for char in word)
```

可以将字典的值写在多行上

这一行的缩进并非必需的，但可以在视觉上更好地表现整个字典

缩进对于程序的最终行为有着决定性的影响。例如，看看下面两种写法：一种写法是两个连续的循环；另一种写法使用缩进将一个循环嵌套在另一个循环中。以下代码是两个连续的循环。

```
>>> countries = ['Canada', 'USA', 'Japan']
>>> for country in countries:
...     print(country)
```

这是第一个循环

```
...
Canada
USA
Japan
>>> for country in countries:
...     print(country)
...
Canada
USA
Japan
```

这是第二个循环（在第一个循环结束之后执行）

进行这个操作后得到了两次相同的输出，原因是我们遍历了国家列表两次。

接下来，如果我们将循环嵌套起来，会发生以下情况。

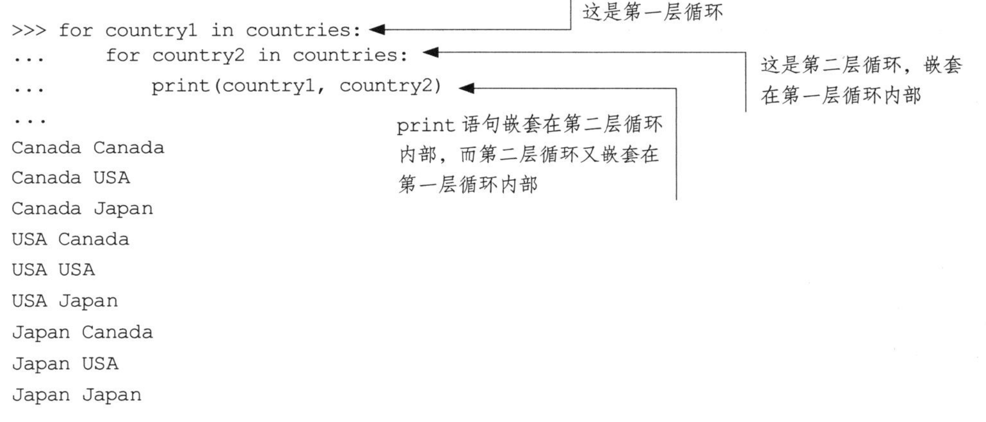


我们为这两个 for 循环采用了不同的变量名，即 country1 和 country2，我们也用这两个名称指代这两层循环。

在 country1 循环的首次迭代中，country1 代表的是 Canada。与此类似，在 country2 循环的首次迭代中，country2 也代表 Canada。这就解释了为何输出结果的第一行显示为 Canada Canada。有人可能会推测接下来输出的会是 USA USA？但实际上并非如此。country2 循环会先进行到它的下一轮迭代，而 country1 循环则暂时保持不动。只有当 country2 循环完全结束，country1 循环才会继续向前，进入下一轮迭代。因此，在 country1 循环最终进入其第二轮迭代之前，会先看到 Canada USA 和 Canada Japan 的输出结果。当一个循环包含在另一个循环内部时，我们称之为“嵌套循环”。通常，在嵌套的情况下，内层循环（例如 for country2 in countries）会先完成其所有的迭代步骤，随后外层循环（例如 for country1 in countries）才会继续执行其下一步操作（这同时也会导致内层循环 for country2 in countries 再次开始）。

如果看到一个循环嵌套在另一个循环中，这通常意味着它们正在处理二维数据。所谓二维数据，指的是那些以行和列形式组织的元素，类似表格这种形式（例如表 5.1）。这类数据在计算机科学中极为普遍，它不仅涵盖了如 CSV 文件这类基础的电子表格数据，也包括了图像数据，例如照片、视频的某一帧，甚至是计算机屏幕上显示的内容。

在 Python 中，我们可以通过列表的嵌套来存储二维数据。在这种情况下，外层列表中的每个内层列表都相当于数据中的行，而内层列表的各个元素则相当于数据中的列。

假设某次冬奥会花样滑冰项目各国获得奖牌数的数据如表 5.1 所示。

**表 5.1 某次冬奥会花样滑冰项目奖牌榜**

| 国家 | 金牌数 | 银牌数 | 铜牌数 |
|---|---|---|---|
| 加拿大 | 2 | 0 | 2 |
| 俄罗斯 | 1 | 2 | 0 |
| 日本 | 1 | 1 | 0 |
| 中国 | 0 | 1 | 0 |
| 德国 | 1 | 0 | 0 |

我们可以将这段数据存储为列表形式，每个国家占据一行。

```
>>> medals = [[2, 0, 2],
...           [1, 2, 0],
...           [1, 1, 0],
...           [0, 1, 0],
...           [1, 0, 0]]
```

请注意，这里的双层嵌套列表仅保存了数字，你可以通过指定行和列的索引来查找列表中的特定值（例如，日本所获得的金牌数可以通过行索引 2 和列索引 0 来查找）。通过索引，我们可以提取出列表中的一整行数据。

```
>>> medals[0]   ◄—— 这是行号为 0 的那一行（第一行）
[2, 0, 2]
>>> medals[1]   ◄—— 这是行号为 1 的那一行（第二行）
[1, 2, 0]
>>> medals[-1]  ◄—— 这是最后一行
[1, 0, 0]
```

对该列表执行 for 循环，就可以一次输出所有行的完整数据。

```
>>> for country_medals in medals:   ◄—— for 循环每次输出列表中的一个元素
...     print(country_medals)            （在这里，也就是一个子列表）
...
[2, 0, 2]
[1, 2, 0]
[1, 1, 0]
[0, 1, 0]
[1, 0, 0]
```

如果想要从奖牌列表中获取一个特定的值（而不是一整行），则需要执行两次索引操作。

```
>>> medals[0][0]  ◄——— 这表示行号为 0、列号为 0
2
>>> medals[0][1]  ◄——— 这表示行号为 0、列号为 1
0
>>> medals[1][0]  ◄——— 这表示行号为 1、列号为 0
1
```

如果要逐个遍历二维列表中的每个值，可以使用嵌套的 for 循环实现。为了更清晰地了解当前遍历到的位置，我们将利用 range 函数帮助构造循环，以便在输出每个值的同时，一并打印当前的行号和列号。

由于外层循环将负责遍历每一行，因此需要使用 range(len(medals)) 控制它。内层循环负责遍历每一列。一共有多少列呢？由于列的数量就是每一行中值的数量，因此可以使用 range(len(medals[0])) 控制这个循环。

输出的每一行都会展示 3 个数值，分别代表行号、列号及该位置的数值。以下是相应的代码及其生成的输出。

```
>>> for i in range(len(medals)):  ◄——— 这个循环负责遍历每一行
...     for j in range(len(medals[i])):  ◄——— 这个循环负责遍历当前行中的每一列
...         print(i, j, medals[i][j])
...
0 0 2
0 1 0
0 2 2
1 0 1
1 1 2
1 2 0
2 0 1
2 1 1
2 2 0
3 0 0
3 1 1
3 2 0
4 0 1
4 1 0
4 2 0
```

注意观察，在最初的 3 行输出中，行号保持不变，而列号从 0 变化到 2。这就是处理第一行数据的过程。只有在处理第一行之后，行数才会增加到 1，然后开始处理第二行中的各列数据，列号从 0 变化到 2。

嵌套循环为我们提供了一种有序的方式来逐个访问二维列表中的每个元素。在处理图像、棋盘游戏和电子表格等二维数据时，这种嵌套循环结构尤为常见。

## 5.1.3 #8 字典

别忘了，在 Python 中每个值都具有特定的数据类型。由于我们需要处理的数据是多种多样的，因此程序语言中的数据类型也非常多。前面已经探讨了如何利用数字进行数值运算，利用布尔值处理真假值，利用字符串处理文本信息，以及利用列表管理一系列数据值，例如数字列表或字符串列表。

除了我们已经熟悉的这几种 Python 数据类型以外，一种称作“字典”的数据结构也颇为常见。我们在第 2 章曾提到过，Python 中的字典并不是指那种列出单词及其释义的集合。实际上，字典是一种高效的数据存储机制，它帮助我们记录数据项之间的关联关系。例如，假设你需要分析你最喜欢的一本书中哪些单词出现得最为频繁，就可以用一个字典存储每个单词及其出现的次数。

这个字典的完整版可能非常庞大，但如果把它精简一下，可能看起来如下。

```
>>> freq = {'DNA': 11, 'acquire': 11, 'Taxxon': 13, \
... 'Controller': 20, 'morph': 41}
```

字典中的每个条目都把一个单词与它出现的次数关联起来。这些单词（如 DNA、acquire、Taxxon 等）被称为字典的“键”；而相应的出现次数（如 11、11、13 等）则被称为字典的“值”。简而言之，字典通过键索引对应的值。虽然字典不允许存在重复的键，但字典允许拥有重复的值，例如，这里有两个 11，这是完全没有问题的。

在第 2 章中，我们曾经遇到过一个字典，它记录了每位四分卫的姓名及其各自的传球码数。而在第 3 章中，我们在 num_points 函数的第二种解决方案中再次接触了字典（参见代码清单 5.9）。在该例中，字典将每个字母与其在游戏中所对应的分数建立了映射关系。

与字符串和列表类似，字典也提供了一些方法，以便我们与之交互。以下是在 freq 字典上应用的几个方法。

```
>>> freq.keys()  ◄── 获取字典的所有键
dict_keys(['DNA', 'acquire', 'Taxxon', 'Controller', 'morph'])
>>> freq.values()  ◄── 获取字典的所有值
dict_values([11, 11, 13, 20, 41])
>>> freq.pop('Controller')  ◄── 删除指定键及其对应的值
20
>>> freq
{'DNA': 11, 'acquire': 11, 'Taxxon': 13, 'morph': 41}
```

也可以使用索引语法访问指定键所对应的值。

```
>>> freq['dna']  # Oops, wrong key name because it is case sensitive
Traceback (most recent call last):
File "<stdin>", line 1, in <module>
KeyError: 'dna'
>>> freq['DNA']  ◄── 获取 DNA 这个键所对应的值
```

```
11
>>> freq['morph']
41
```

字典是像字符串那样不可变，还是像列表一样可变？我们可以尝试通过索引来更改一个值，以验证这一点。目前，morph 这个键对应的值是 41。现在，尝试将它更改为 6。

```
>>> freq['morph'] = 6   ◄——— 将 morph 这个键对应的值更改为 6
>>> freq
{'DNA': 11, 'acquire': 11, 'Taxxon': 13, 'morph': 6}
```

太棒了！我们意识到字典的数据结构是可变的。以 freq 字典为例，它允许随意选择一个单词，并查询该单词的出现次数。**更广泛地说，字典这种数据结构支持根据键快速查找对应的值**。但是，如果想要逆向操作，即通过值反查键，就没那么简单了。要实现这一点，我们需要创建一个“反向字典”——就前面这个示例而言，反向字典的键是出现次数，而值是出现了该次数的所有单词的列表。通过这样的反向字典，我们就能够解答类似这样的问题：出现次数正好为 5 的单词有哪些？所有单词中出现次数最少或最多的单词是什么？

如同遍历字符串和列表那样，同样可以利用循环遍历字典中的信息。可以通过 for 循环获取字典中的所有键，随后通过索引访问与每个键相关联的值。

```
>>> for word in freq:   ◄——— 遍历 freq 字典中的每个键
...     print('Word', word, 'has frequency', freq[word])   ◄——— 输出键（word）及其对应的值（freq[word]）
...
Word DNA has frequency 11
Word acquire has frequency 11
Word Taxxon has frequency 13
Word morph has frequency 6
```

### 5.1.4 #9 文件

很多情况下，我们需要处理存储在文件中的数据集。例如，在第 2 章中，我们处理了 NFL 的统计数据文件，并以可视化的方式展示效率最高的四分卫。在数据科学领域的其他任务中，使用文件存储数据也很常见。例如，当绘制全球地震分布信息，或者判断两本书是否出自同一作者时，就需要处理这些数据集，而这些数据通常都保存在文件中。

在第 2 章中，我们处理的是一个名为 nfl_offensive_stats.csv 的数据文件。请提前把该文件存放在当前的工作目录中，以便接下来能够继续深入理解第 2 章所用到的那些代码。

在开始处理文件中的数据之前，第一步是利用 Python 内置的 open 函数打开目标文件。

```
>>> nfl_file = open('nfl_offensive_stats.csv')
```

有时可能会看到，Copilot 在此处添加了一个 r 作为第二个参数。

```
>>> nfl_file = open('nfl_offensive_stats.csv', 'r')
```

不过，我们并不需要特意指定这个 'r' 参数，尽管这个参数值代表我们想从文件中读取内容，但它本来就是这个参数的默认值，所以省略它没有任何问题。

我们这里用到了赋值语句，将打开的文件对象赋给了一个名为 nfl_file 的变量。现在，我们可以通过 nfl_file 变量访问文件中的数据。文件对象在 Python 中是一种类型，它与你熟悉的其他数据类型（例如数字、字符串等）一样。既然如此，那文件对象肯定也提供了一些可以调用的方法，以便我们与文件进行交互。readline 方法便是其中之一，它能够读取文件的下一行，并以字符串的形式返回给我们。我们将利用这个方法获取文件中的首行数据，不过你无须担心该行内容的具体细节，因为它有些冗长，而且它包含的大部分列信息其实也用不到。

```
>>> line = nfl_file.readline()  ◄──── 读取文件的一行内容
>>> line
'game_id,player_id,position,player,team,pass_cmp,pass_att,pass_yds,pass_td,pass_
int,pass_sacked,pass_sacked_yds,pass_long,pass_rating,rush_att,rush_yds,rush_td,rush_
long,targets,rec,rec_yds,rec_td,rec_long,fumbles_lost,rush_scrambles,designed_rush_
att,comb_pass_rush_play,comb_pass_play,comb_rush_play,Team_abbrev,Opponent_abbrev,two_
point_conv,total_ret_td,offensive_fumble_recovery_td,pass_yds_bonus,rush_yds_bonus,rec_
yds_bonus,Total_DKP,Off_DKP,Total_FDP,Off_FDP,Total_SDP,Off_SDP,pass_target_yds,pass_
poor_throws,pass_blitzed,pass_hurried,rush_yds_before_contact,rush_yac,rush_broken_
tackles,rec_air_yds,rec_yac,rec_drops,offense,off_pct,vis_team,home_team,vis_score,home_
score,OT,Roof,Surface,Temperature,Humidity,Wind_Speed,Vegas_Line,Vegas_Favorite,Over_
Under,game_date\n'
```

在处理这类数据行时，通常先将其拆分为独立的列数据。这可以通过字符串的分割方法 split 来实现。此方法将接收的一个分隔符作为参数，并利用该分隔符将原始字符串分割成列表形式。

```
>>> lst = line.split(',')  ◄── 使用逗号（,）作为分隔符
>>> len(lst)                   来拆分字符串
69
```

现在可以查看各个列的名称了。

```
>>> lst[0]
'game_id'
>>> lst[1]
'player_id'
>>> lst[2]
'position '  ◄── 单词结尾的这个空格存在于原始
>>> lst[3]       数据集，但其他列标题的尾部都
'player'         没有空格
>>> lst[7]
'pass_yds'
```

文件的第一行并非实际的数据行，而是类似于表头的标题行。当我们再次调用 readline 函

数时，便能读取第一条真正的数据记录。

```
>>> line = nfl_file.readline()
>>> lst = line.split(',')
>>> lst[3]
'Aaron Rodgers'
>>> lst[7]
'203'
```

像这样逐行往下扫描文件内容是探索文件的好方法，但最终我们可能想要处理整个文件。为此，可以使用 for 循环。在每次迭代中，for 循环会依次提供文件的一行，让我们能够根据需要进行相应的处理。

在完成文件操作后，我们应该调用文件的 close 方法来正确关闭它。

```
>>> nfl_file.close()
```

一旦完成关闭操作，将无法再次使用该文件。现在，我们已经探讨了如何读取、处理和关闭文件，接下来通过一个具体的示例加深理解。在代码清单 5.10 中，我们展示了第 2 章中一个程序的改进版本，该程序用于计算橄榄球运动员 Aaron Rodgers 的传球码数总和。在此过程中，我们会用到本章刚刚介绍过的 Python 语言特性。

**代码清单 5.10　不使用 csv 模块统计 NFL 数据的代码**

```
nfl_file = open('nfl_offensive_stats.csv')
total_yards = 0
for line in nfl_file:                          ← 遍历文件的每一行
    lst = line.split(',')
    if lst[3] == 'Aaron Rodgers':              ← 仅聚焦于关注的四分卫
        total_yards += int(lst[7])             ← 需要将字符串形式的数字（例如 '203'）转换为整数形式
nfl_file.close()
print(total_yards)
```

这个程序运行起来完全没有问题。如果执行它，应该会看到它与第 2 章中的代码输出结果相同。尽管如此，有时利用模块（我们将在 5.1.5 节中详细探讨模块）编写程序会更加简便。由于 CSV 文件非常常见，Python 内置了一个模块以简化对它们的处理。我们在第 2 章中提供的解决方案用到了 csv 模块。接下来，我们探讨一下在代码清单 5.10 中列出的代码（不使用该模块）与第 2 章中的代码（这里通过代码清单 5.11 重新列出，略去了提示词部分）的主要差异。

**代码清单 5.11　使用 csv 模块统计 NFL 数据的代码**

```
import csv
with open('nfl_offensive_stats.csv', 'r') as f:   ← 展示了另一种打开文件的语法
    reader = csv.reader(f)                        ← 使用了一个专门用于处理 CSV 文件的模块
    nfl_data = list(reader)                       ← 读取文件的所有数据
passing_yards = 0
```

```
for row in nfl_data:    ← 遍历数据的每一行
    if row[3] == 'Aaron Rodgers':
        passing_yards += int(row[7])
print(passing_yards)
```

首先，代码清单 5.11 利用 csv 模块简化 CSV 文件的处理工作。csv 模块知道如何处理 CSV 文件，这意味着我们无须手动将一行数据分割成各个列。其次，代码清单 5.11 采用了 with 关键字，确保了文件在使用完毕后能够自动安全关闭。最后，代码清单 5.11 采取了先整体读取文件内容，再进行后续处理的策略。这与代码清单 5.10 的做法不同，后者在读取每一行数据后立即处理。

**针对编程问题，往往不止一种解决方案**

当编写代码以解决某个任务时，往往存在多个不同的方案。其中一些方案的可读性可能优于其他方案。对于代码，最重要的是能够准确无误地完成任务。在满足这个前提之后，则需要关注代码的可读性和执行效率。所以，如果在理解某段代码时遇到难题，不妨花点时间查看 Copilot 的其他建议，说不定能找到更简单或更易于理解的解决方案。

文件在计算机任务中被广泛使用，因为它们通常是数据处理的起点。无论是本节用到的 CSV 文件，还是收集计算机或网站事件的日志文件，抑或存储电子游戏中图形素材的文件，都体现了文件的重要性。鉴于文件在日常工作中如此普及，有众多模块可以协助人们读取和解析不同格式的文件也就不足为奇了。这自然而然地引出了“模块”这个更广泛的话题。

### 5.1.5 #10 模块

Python 广泛用于开发各种类型的应用程序，包括游戏、数据分析工具、网站、自动化任务处理程序及机器人控制系统等。那么 Python 如何才能为这些多样化的任务提供程序员所需的所有工具呢？

答案是：Python 本身根本做不到。它只提供了一些基础的内置工具。Python 的强大之处在于，它支持通过引入各种模块来拓展自身的功能，从而帮助完成各种复杂的任务。

**Python 中的模块**

模块是针对某个特定目标而编写的代码集合。正如使用函数时不必了解其背后的工作原理一样，我们在使用模块时也无须深究它们的内部机制，这与操作电灯开关时无须了解其内部构造是同样的道理。作为模块的使用者，我们只需要了解模块提供了什么样的功能，以及如何编写代码来正确地调用其函数。当然，Copilot 能够协助人们编写这类代码。

尽管 Python 自带了一些模块，但我们还是需要手动导入后才能使用。其他模块则需要事先下载。请相信，无论你想利用 Python 执行何种特定任务，其他程序员都极有可能已为这个场景编写了相应的模块。表 5.2 展示了一份常用 Python 模块的清单，其中包括它们是否为内置模块，以及是否需要经过安装才能使用。

表 5.2 常用 Python 模块

| 模块 | 是否内置 | 功能描述 |
|---|---|---|
| csv | 是 | 可用于 CSV 文件的读取、编写和深入分析 |
| zipfile | 是 | 可用于创建和解压缩 ZIP 压缩包 |
| matplotlib | 否 | 该图形库不仅可用于绘图，还是其他图形库的基石，能够提供丰富的定制选项 |
| plotly | 否 | 一个图形库，用于在网页中创建交互式图形 |
| seaborn | 否 | 一个基于 matplotlib 的图形库，使用它创建高质量图形比使用 matplotlib 本身更加简便 |
| pandas | 否 | 一款专注于操作 DataFrame 的数据处理工具（DataFrame 在功能上与电子表格相似） |
| scikit-learn | 否 | 包含机器学习的基本工具（例如，协助从数据中学习并进行预测） |
| numpy | 否 | 提供高效的数据处理能力 |
| pygame | 否 | 一个用于在 Python 中构建交互式图形游戏的游戏编程库 |
| django | 否 | 一个用于网页开发的库，可用于设计网站和 Web 应用程序 |

在第 2 章中，我们编写的代码用到了 Python 自带的 csv 模块。现在，我们将继续探索 Python 所提供的另一个内置模块。

人们在备份或上传文件之前，常常会先将这些文件整理并打包到一个 ZIP 压缩文件中，以便管理和传输。相较于处理数百或数千个分散的文件，这种方式无疑更加高效。Python 提供了一个内置的 zipfile 模块，用于帮助创建 ZIP 压缩文件。

要尝试这个操作，请在个人工作目录中创建若干个文件，并将它们的文件扩展名设置为 .csv。可以从已有的 nfl_offensive_stats.csv 文件开始，再添加一些其他文件。例如，可以创建一个名为 actors.csv 的文件，记录一些演员的名字和他们的年龄。

```
Actor Name, Age
Anne Hathaway, 40
Daniel Radcliffe, 33
```

还可以创建一个名为 chores.csv 的文件，用于记录各项家务及完成情况。

```
Chore, Finished?
Clean dishes, Yes
Read Chapter 6, No
```

内容并不重要，只要有一些 .csv 文件用于测试即可。

现在就可以调用 zipfile 模块，将它们全部添加到一个新的 .zip 文件中。

```
>>> import zipfile
>>> zf = zipfile.ZipFile('my_stuff.zip', 'w', zipfile.ZIP_DEFLATED)   ← 创建一个新的 .zip 文件
>>> zf.write('nfl_offensive_stats.csv')   ← 添加第一个文件
>>> zf.write('actors.csv')   ← 添加第二个文件
>>> zf.write('chores.csv')   ← 添加第三个文件
>>> zf.close()
```

当执行这段代码后，你会发现一个名为 my_stuff.zip 的新文件，其中包含了全部 3 个 .csv 文件。直接处理 .zip 文件在过去是一份非常专业且容易出错的工作。但有了 Python 就不一样了。Python 内置了多种模块，它们在数据科学、游戏开发、处理各种文件格式等方面提供了极大的帮助。尽管如此，Python 也不可能面面俱到。因此，当需要更多功能时，我们会寻求那些可以下载的模块包来扩展其功能。

接下来将讨论一个并非 Python 内置且需要额外下载的软件包。在第 2 章中，我们利用 matplotlib 模块展示了 NFL 四分卫的数据。matplotlib 是一个功能丰富的数据可视化工具集，它被程序员和数据科学家广泛使用。在使用这个模块之前，你须按照第 2 章介绍的方法安装它。

Python 拥有众多实用的第三方库，可以解决不同的问题，诸如数据可视化的 matplotlib、数据科学领域的 pandas、数值分析的 numpy、游戏开发的 pygame 及 Web 开发的 django 等。在开始一个新任务之前，对该领域中可用的库进行了解非常有用。这样就可以提前安装好所需的库，并且通过提示词指导 Copilot 使用这些库（或者，当 Copilot 引用你不打算使用的库时，也可以通过提示词调整其选择）。

你或许很想知道，该如何挑选合适的 Python 模块或包。怎样才能知道哪些是可用的呢？其实，通过 Google 搜索往往能提供有效的帮助。例如，当搜索"Python 模块创建 ZIP 文件"时，搜索结果的首位就会告知，这个功能是 Python 标准库的一部分，也就是说，它是 Python 自带的。如果我们搜索"Python 可视化包"，会发现类似 matplotlib、plotly、seaborn 等的包。进一步搜索这些包，还可以找到一些展示它们各自功能和典型应用场景的案例。绝大多数模块都是可以免费下载和使用的，当然通过 Google 搜索也可以进一步确认这一点。

在本章中，我们展示了十大 Python 特性的后 5 项，并在表 5.3 中进行了汇总。我们在第 4 章和本章中深入探讨了如何阅读和理解代码。尽管我们无法涵盖你未来可能见到的 Copilot 所生成的所有代码建议，但你现在完全有能力对 Copilot 提供的代码进行抽检，判断它是否成功生成了所需的代码。此外，我们还提供了更多关于如何利用 Copilot 的解释功能辅助理解代码的示例。在后续内容中，我们将学习如何验证 Copilot 代码的正确性，以及在发现问题时如何应对。

表 5.3 本章涵盖的 Python 代码特性

| 语言特性 | 代码示例 | 简要描述 |
| --- | --- | --- |
| 循环 | for 循环：<br>`for country in countries:`<br>`    print(country)`<br>while 循环：<br>`index = 0`<br>`while index < 4:`<br>`    print(index)`<br>`    index = index + 1` | 循环功能允许我们根据需要的次数重复执行相同的代码块。当我们知道迭代次数时（如按字符串中的字符数迭代），可以使用 for 循环；当我们不知道迭代次数时（如请求用户提供一个强密码），可以使用 while 循环 |
| 缩进 | `for country in countries:`<br>`    print(country)` | 缩进向 Python 表明代码块何时归属于另一个代码结构（例如，print 语句位于 for 循环中） |
| 字典 | `points = {'a': 1, 'b': 3}` | 字典允许我们将一个键与一个值关联起来。例如，在代码示例中，键 'a' 与值 1 相关联 |
| 文件 | `file = open('chores.csv')`<br>`first_line = file.readline()` | 文件包含数据，并且存储在计算机中。Python 不仅能够打开文件并读取数据，还允许你处理文件中的数据 |
| 模块 | `import matplotlib` | 模块是已经存在的库，它们提供了额外的功能。常用的模块包括 csv、numpy、matplotlib、pandas 和 scikit-learn 等 |

# 本章小结

- 循环用于根据需要的次数重复执行代码。
- 当知道循环将执行多少次迭代时，可以使用 for 循环；当不知道循环将执行多少次迭代时，可以使用 while 循环。
- Python 使用缩进确定哪些代码行隶属于同一部分。
- 字典是一种从键（例如单词）到值（例如它们出现的次数）的映射。
- 从文件中读取内容之前，需要先打开文件。
- 一旦文件打开，就可以使用方法或循环读取它的行。
- 有些模块（例如 csv 和 zipfile）是 Python 自带的，导入它们之后可以直接使用。
- 其他模块（例如 matplotlib）需要先安装才能导入和使用。

# 第 6 章　测试与提示工程

本章内容概要

- 理解测试 Copilot 代码的重要性
- 使用黑盒测试与白盒测试
- 通过修改提示词来处理 Copilot 产生的错误
- 查看由 Copilot 生成测试代码的示例

在第 3 章中，我们首次认识到对 Copilot 编写的代码进行测试的重要性。测试是软件开发中的一项必备技能，因为它能给你信心，确保代码能够正常工作。在本章中，我们将学习如何全面地测试代码，并且学习如何通过调整提示词来帮助 Copilot 纠正那些存在问题的代码。

## 6.1　为什么测试代码至关重要

第 3 章曾提到，我们应该通过测试验证代码的正确性。然而，我们遗憾地观察到，学生们普遍对测试持回避态度。为什么呢？我们认为这背后有几个原因。第一个原因是，有一种广为人知的现象，俗称“超级 bug”，指的是初学者在编程时往往认为计算机能够理解代码的意图并相应地做出反应[1]。他们会认为，既然自己编写了代码，且代码对他们来说是有意义的，那么这些代码理所当然就能正常工作。第二个原因是在第一个原因的基础上加剧的：如果你认为自己的代码是正确的，那么测试只会带来坏消息。如果不进行测试，就不会发现代码存在问题。

专业的软件工程师对待测试的态度与学生截然不同。他们对测试的重视程度极高，因为代码中的错误可能会给公司带来灾难性的影响。没有人希望自己的代码导致公司损失巨额收入、泄露用户的机密数据或引发自动驾驶汽车事故。考虑到错误的高昂代价，更应该在证明代码正确之前，先假设它是错误的。只有在经过彻底的测试之后，才能确信它能够正常工作。企业不仅会在代码更改后进行测试，还会持续维护这些测试，确保每次代码更新时，不仅对修改的部分进行测试，还会对可能受到波及的代码进行检测（这一过程称作“回归测试”）。

企业通常对此极为重视，以至于他们在编写代码**之前**会编写测试代码，这一过程称为测试驱动开发（Test Driven Development，TDD）。这确保了团队成员对代码应该做什么或不应该做什么达成一致。虽然我们认为你（本书的读者）在编写程序时不必采取这种方法，但仍在这里提及这一点是为了传达测试的重要性。在编写代码之前就开始思考测试如何进行，有助于加强对代码功能的理解，进而提高编写的提示词的质量。实际上，你甚至可以在提示词中直接包含测试用例。

最后，我们要牢记 Copilot 的这个特点：它会犯错。不应假定 Copilot 提供的任何代码都是正确的。所有这些都是为了强调，对于 Copilot 提供的任何代码，请在充分测试它之后，再信任。

## 6.2 黑盒测试与白盒测试

软件工程师在进行代码测试时，通常采用两种不同的方法。第一种方法是黑盒测试（也称作闭盒测试），这种方法的出发点是假设我们对代码的内部工作原理一无所知，只能通过调整输入参数并观察输出结果来进行测试。由于黑盒测试专注于输入的变更，因此它经常被用于针对函数或整个程序的测试。其优势在于无须查看代码本身，以便测试者可以把精力集中在预期的行为表现上。第二种方法是白盒测试（也称作开盒测试），这种方法要求人们查看代码，从而发现可能发生错误的地方。白盒测试的优势在于，通过分析代码的具体结构，可以找到代码可能出错的薄弱之处，据此设计并添加针对性的测试用例。我们将结合使用黑盒测试和白盒测试，以形成一个全面的测试用例，以增强测试效果。表 6.1 提供了黑盒测试和白盒测试的简要总结。在本节中，我们将探讨如何利用这些方法来测试特定的函数。

表 6.1 黑盒测试与白盒测试的简要总结

| 黑盒测试 | 白盒测试 |
| --- | --- |
| 在进行测试时，需要掌握函数的功能规格 | 在进行测试时，需要同时掌握函数的功能规格和实现代码 |
| 测试用例不需要理解代码是如何工作的 | 测试用例应当依据代码的编写逻辑进行个性化设计 |
| 测试人员在测试代码时不必具备对该代码的技术专长 | 测试人员需要能够充分理解代码，以便确定哪些测试用例可能更为重要 |
| 通过调整输入参数并观察输出结果来验证函数的正确性 | 不仅可以采用与黑盒测试相同的方法来测试函数，还能深入函数的内部逻辑进行测试 |

### 6.2.1 黑盒测试

试想，我们正在尝试测试一个函数，该函数接收一个单词列表（类型为字符串列表）并返回其中最长的单词。更准确地说，这个函数的签名可以按照如下方式表示。

```
def longest_word(words):
```

预期的输入是一个单词列表。我们期望的输出是列表中包含最多字符的那个单词。如果在列表中多个单词的长度并列第一，则函数应该返回这些单词中的第一个。

**测试用例的简洁表达约定**

在为一个函数编写测试时，标准格式是写出函数的名称及输入，并附上预期的输出结果。例如如下这种写法。

```
>>> longest_word(['a', 'bb', 'ccc'])
'ccc'
```

上述代码表示，如果我们在调用 longest_word 函数时传入列表 ['a', 'bb', 'ccc']，那么我们期望得到的返回值是 'ccc'。

在编写测试用例时，我们通常会考虑如下两个主要类别。

- **常规情况：**涵盖一些典型的使用场景，即在我们的设想中，函数通常会接收到的输入及相应的输出。
- **边界情况：**虽然边界情况不常见，但它们也是有可能发生的，且很可能会使代码出现问题。这些输入可能对函数的规则进行更深层次的测试，或者包含一些非预期的输入（例如，一个完全由空字符串组成的列表）。

重新审视上面的 longest_word 函数签名，我们可以构思一些用于测试的测试用例。在本章后续内容中，我们将学习如何执行这些测试用例，以此验证所写代码是否按预期工作。先从**常规情况**着手。我们设计的第一个测试很可能就是一组单词，且其中一个单词的字符数明显多于其他单词。

```
>>> longest_word(['cat', 'dog', 'bird'])
'bird'
```

我们再来设计一个测试。这个测试包含更多单词，且其中最长的单词出现在列表的其他位置。

```
>>> longest_word(['happy', 'birthday', 'my', 'cat'])
'birthday'
```

最后，测试只包含单个单词的情况。

```
>>> longest_word(['happy'])
'happy'
```

如果程序在处理这些常规情况时表现良好，那么接下来思考一些**边界情况**。下面探讨一些更极端的情况。

例如，我们需要验证函数是否遵循了上面提出的要求：如果列表中多个单词的长度并列第一时，则函数应该返回这些单词中的第一个。不同的测试人员对这个测试的分类可能会有所不同，有人可能认为这是常规情况，有人可能认为这是边界情况。该用例描述如下。

```
>>> longest_word(['cat', 'dog', 'me'])
'cat'
```

如果列表中的所有单词都没有字符该怎么办？没有字符的字符串被称为空字符串，它仅由一对没有内容的空引号表示。如果我们提供的列表中只包含空字符串，那么所谓“最长”的单词就是空字符串。因此，在进行一个所有元素均为空字符串的测试时，预期的输出结果应该是一个空字符串。

```
>>> longest_word(['', ''])
''
```

“边界情况”这个术语指的是错误常常出现在执行的“边缘”位置，也就是特定场景中最前或最后的位置。在众多的循环结构中，常见的错误可能发生在循环的起始阶段（例如，遗漏或错误处理列表中的首项）或在循环的结束阶段（例如，遗忘了列表的最后一项，或者超出列表的边界试图访问一个不存在的元素）。特别是，当代码中的循环需要处理大量元素时，我们应该特别关注循环的起始阶段和结束阶段的行为表现。

**测试错误输入**

还有一种测试是检查函数在接收到不合规输入时的表现。本书不会深入探讨这一点，因为我们假定读者会按照函数设计的初衷来调用它们。然而，在实际的生产环境中，对这类情况的测试相当普遍。例如，你可能会用 None 来代替一个实际的列表（如 longest_word(None)），以此测试函数对不存在列表的响应，或者传入一个空列表（如 longest_word([])），或者输入一个包含整数的列表（如 longest_word([1,2])），或者传入一个包含空格或多个单词的字符串列表（如 longest_word(['hi there', ' my ', 'friend'])）。面对错误的输入，函数应该如何响应并没有固定的答案，程序员需要根据代码的使用环境判断是否有必要处理这些情况。尽管如此，本书并不涉及这类测试，因为我们假设你会按照函数设计的方式调用它们。

## 6.2.2 如何确定使用哪些测试用例

在第 3 章中，我们探讨了优秀的测试策略，需要捕获函数面对不同输入类别所做出的反应。发掘不同类别的输入的好方法是充分利用参数的类型，以及向它们传入各种不同的值。

例如，当一个函数将接收的字符串或列表作为参数时，对空字符串或空列表、包含单元素的列表，以及包含多元素的列表进行测试是合情合理的。例如，在进行多元素测试时，我们可能会选择 4 个元素作为测试用例。如果代码在处理 4 个元素时表现良好，那么增加到 5 个元素时出现问题的可能性微乎其微。但有些时候，某些测试用例对于特定函数可能并不适用。例如，在一个空列表中找出最长单词的要求本身就是没有道理的，因此我们不会对 longest_word 函数进行空列表的测试。

再举一个示例，设想一个函数需要两个数字作为输入参数，合理的做法是进行一系列测试：包括一个参数为零的情况，两个参数都为零的情况，一个参数为负数的情况，两个参数都为负数的情况，以及两个参数都为正数的情况。

发掘测试类别的另一种方法是深入思考函数的具体功能。以 longest_word 函数为例，其设计目的是识别最长的单词，因此需要验证它在面对典型输入时能否正确执行这一任务。此外，如果存在多个单词长度相同且均为最长，该函数应当返回这些单词中的第一个，因此，我们应当设计一个测试用例，输入的列表中包含若干个长度相同且均为最长的单词。

发掘测试类别这份工作是科学与艺术的结合。我们在此提供了一些基本的指导原则，然而，真正有价值的测试用例往往与被测试的功能特性紧密相关。正如人们经常看到的那样，持续磨炼个人测试技能是增强测试用例编写能力的最佳途径，而这些测试用例最终将帮助提高代码质量。

### 6.2.3 白盒测试

白盒测试与黑盒测试的最大差别在于，白盒测试会深入代码中，寻找可能需要进一步检验的测试用例。理论上，黑盒测试足以全面测试一个函数，但白盒测试往往能揭示代码中潜在的故障点。例如，如果要求 Copilot 编写 longest_word 函数，我们可能会得到代码清单 6.1。

**代码清单 6.1 函数：在列表中找出最长的单词（包含错误）**

```
def longest_word(words):
    '''
        words is a list of words
        return the word from the list with the most characters
        if multiple words are the longest, return the first
        such word
    '''
    longest = ""
    for i in range(0,len(words)):
        if len(words[i]) >= len(longest):  ◄—— >= 应为 >
            longest = words[i]
    return longest
```

在这个示例中，我们特意在代码中植入了一个错误，目的是阐释白盒测试的重要性。试想，如果在构思测试用例的过程中，你遗漏了对列表中存在两个最长单词这一情形的测试。那么，当你审视这段代码时，你或许会留意到下面的 if 语句。

```
if len(words[i]) >= len(longest):
    longest = words[i]
```

在审视 if 语句的过程中，你可能会意识到它在更新列表中的最长单词时，会考虑最新元素的长度是否大于**或等于**迄今为止发现的最长单词。这实际上是错误的；它应该使用 > 而非 >=，不过你可能也不太确定。但这个疑点肯定会促使你针对这个场景专门设计一个测试用例，正如上面提到的这个示例。

```
>>> longest_word(['cat', 'dog', 'me'])
'cat'
```

代码清单 6.1 的代码在运行这个测试用例时会失败，因为它将返回 'dog' 而不是预期的正确答案 'cat'。测试失败实际上向我们传达了一条重要的信息：代码清单 6.1 的代码存在错误。

正如我们所指出的，白盒测试非常有用，因为它能够引导测试用例遵循代码自身结构。例如，如果我们的代码用到循环结构，那么在进行白盒测试的过程中，我们便能意识到这些循环的存在。尽管代码清单 6.1 中展示的循环本身没有问题，但我们看到循环之后，自然就会有意识地去测试边界情况，例如，验证代码是否能够妥善处理列表的第一个元素、最后一个元素和空列表。总而言之，了解代码如何处理输入数据，往往能够帮助洞察程序可能出现故障的隐患。

## 6.3 如何测试代码

测试代码的方法多种多样，从简单的自我检查代码是否运行正常，到公司内置的回归测试套件。虽然在生产环境中，像 pytest 这样的工具很常见，但本书并不涉及这些内容。我们将专注于更为简洁的测试方式，以帮助你验证并确保 Copilot 生成的代码能够正确工作。我们可以在 Python 提示符下进行测试，或者使用一款名为 doctest 的工具。

### 6.3.1 使用 Python 提示符进行测试

测试代码的第一种方法是采用 Python 的交互式窗口，正如我们在之前的章节中所实践的。这种方式的好处在于它能够迅速执行，并且基于前一次测试的输出结果，可以便捷地增加更多的测试。到目前为止，我们演示的所有测试都是利用 Python 提示符进行的。例如下面这个示例。

```
>>> longest_word(['cat', 'dog', 'me'])
'cat'
```

在执行这个测试时，如果你期望的结果是 'cat'，你会很高兴看到返回的是所期望的结果。但如果测试显示你的代码存在错误，你便有机会重新审视并修复它。

在修复代码之后（稍后会对此进行详细讨论），自然想要测试新代码。但如果仅依赖 Python 提示符进行测试，则很可能陷入误区。在针对所做的修改进行重新测试时，人们往往**只会**关注那些之前未通过的测试用例。然而，修复代码的过程中可能会引入新的错误，从而导致**之前**通过的测试用例无法通过。因此，理想的测试方式是能够一次性运行当前及以往的所有测试用例，从而确保代码的全面正确性。

### 6.3.2 在 Python 文件中进行测试（我们不会采用这种方法）

将所有测试用例纳入 Python 程序中（在函数之外，相当于在 main 函数中），使它们能够一次性执行，这似乎颇具吸引力。此方法虽然解决了刚刚提到的 Python 提示符的问题，但也引入了一个新的问题。试想，如果你希望 Python 程序运行它的常规功能，而不是仅执行测试，该如何操作呢？删除所有测试用例是一种选择，但这样做将失去在需要时重新运行测试的可能性。将测试用例注释掉，以便将来再次执行，同样也不是一个优雅的解决方案。我们真正想要的是一种既能在需要时全面执行函数测试，又能保持程序正常运行的机制，而 doctest 模块正是实现这一目标的利器。

### 6.3.3 doctest 模块

doctest 是 Python 内置的一个模块。它最大的优势在于可以让我们轻松地将测试用例嵌入描述函数功能的文档字符串中。这种经过扩充的文档字符串发挥着双重作用：一方面，我们可以根据需要随时运行这些测试用例；另一方面，在编写代码之初或在修正现有代码时，它往往还能辅助 Copilot 生成更高质量的代码。接下来，我们将展示如何编写一个集成了全部测试用例的 longest_word 函数，以便利用 doctest 运行测试。详见代码清单 6.2。

**代码清单 6.2 利用 doctest 测试 longest_word 函数**

```
def longest_word(words):
    '''
        words is a list of words

        return the word from the list with the most characters
        if multiple words are the longest, return the first
        such word

    >>> longest_word(['cat', 'dog', 'bird'])
    'bird'

    >>> longest_word(['happy', 'birthday', 'my', 'cat'])
    'birthday'

    >>> longest_word(['happy'])
    'happy'

    >>> longest_word(['cat', 'dog', 'me'])
    'cat'

    >>> longest_word(['', ''])
    ''
```

这一段是为 doctest 准备的测试用例

```
    '''
    longest = ''
    for i in range(0,len(words)):
        if len(words[i]) > len(longest):
            longest = words[i]
    return longest
```

这一段是函数体的正确代码

```
import doctest
doctest.testmod(verbose=True)
```

这里是调用 doctest 进行测试的代码（在 main 中）

在这段代码中，我们观察到测试用例巧妙地嵌入文档字符串中，并充当提示词的角色。Copilot 精准地生成了实现该函数所需的代码。随后，我们手动添加了代码的最后两行，用来运行测试。执行这段代码后，我们获得了如代码清单 6.3 所示的输出结果。

**代码清单 6.3 对代码清单 6.2 运行 doctest 的输出结果**

```
Trying:
    longest_word(['cat', 'dog', 'bird'])
Expecting:
    'bird'
ok
Trying:
    longest_word(['happy', 'birthday', 'my', 'cat'])
Expecting:
    'birthday'
ok
Trying:
    longest_word(['happy'])
Expecting:
    'happy'
ok
Trying:
    longest_word(['cat', 'dog', 'me'])
Expecting:
    'cat'
ok
Trying:
    longest_word(['', ''])
Expecting:
    ''
ok
1 items had no tests:
    __main__
1 items passed all tests:
   5 tests in __main__.longest_word
5 tests in 2 items.
```

longest_word 的第一个测试通过

longest_word 的第二个测试通过

longest_word 的第三个测试通过

longest_word 的第四个测试通过

longest_word 的第五个测试通过

main（即函数之外）没有测试用例

longest_word 通过了所有测试

```
5 passed and 0 failed. ◄——— 0 failed是我们希望看到的结果
Test passed.
```

通过上述输出结果，我们能够观察到所有测试都已执行，并且都顺利通过。这些测试之所以能够运行，是因为我们在代码清单 6.2 中添加了如下最后两行代码。

```
import doctest
doctest.testmod(verbose=True)
```

其中，第一行引入了 doctest 模块，这个模块帮助我们通过在运行程序时自动运行测试用例来测试代码。在第二行中，我们调用了 doctest 模块中的 testmod 函数。这个函数调用告诉 doctest 执行所有的测试；而 verbose=True 这个参数则确保我们能够获取所有测试的执行结果，无论它们是否通过。如果我们选择 verbose=False，那么只有在测试用例未通过时，系统才会输出相关信息（实际上，由于 verbose=False 是默认设置，因此我们可以直接调用 testmod 函数而无须指定任何参数，这样在没有测试失败的情况下，系统将不会显示任何输出）。这种特性非常实用，因为它允许我们持续运行 doctest，并且只有在测试未通过时才显示结果。

在这个示例中，我们的代码顺利通过了所有的测试用例。不过接下来，让我们体验一下当代码未通过测试时，将会发生什么。

如果遇到一个与当前最长单词长度相同的单词，我们应当忽略它，因为我们的目标始终是返回第一个最长的单词，即便多个最长单词的长度相同。因此，正确的做法是在 if 语句中使用 > 运算符（仅当新单词确实比当前记录的最长单词更长时，才认定其为新的最长单词），而非 >=。

我们可以在代码清单 6.2 中通过将 > 更改为 >= 来破坏代码，这将使程序选择所有最长单词中的最后一个，而不是第一个。找到下面这行代码。

```
if len(words[i]) > len(longest):
```

将其修改为如下。

```
if len(words[i]) >= len(longest):
```

现在，这些测试应该不会全部通过了。此外，让我们把最后一行改成如下。

```
doctest.testmod()
```

在未向 testmod 函数指定任何参数的情况下，verbose 参数将被设置为默认值 False。运行代码后，我们得到的输出结果如下。

```
**********************************************************************
File "c:\Users\leo\Copilot_book\Chapter6\test_longest_word.py", line 12, in __main__.
   longest_word
Failed example:
   longest_word(['cat', 'dog', 'me'])
Expected:
   'cat'
Got:
```

```
   'dog'
**********************************************************************
1 items had failures:
  1 of   5 in __main__.longest_word
***Test Failed*** 1 failures.
```

doctest 能够方便地告诉我们哪个测试执行了，预期的输出结果是什么，以及实际上程序输出了什么。这个功能有助于发现并修复代码中的 bug。

**Copilot 并不会自动运行测试用例**

我们经常被问到的一个疑问是，Copilot 在生成代码时为何不会自动加入测试用例。例如，添加测试用例之后，如果 Copilot 生成的函数代码可以完全通过这些测试用例，那最好不过了。然而，实现这一点存在一些技术上的难题，并且截至撰写本书时，这项功能尚未实现。因此，即便补充了测试用例，它们也只是增强了 Copilot 的提示效果，并不能保证 Copilot 提供的代码建议能够顺利通过这些测试。

到目前为止，我们已经掌握了如何利用 Python 提示符和 doctest 运行测试。既然我们对于如何测试代码有了更清晰的认知，接下来深入思考这些知识将如何优化代码设计流程。

## 6.4　重新审视与 Copilot 协作设计函数的流程

在第 3 章中，我们提供了如何设计函数的初步指导，请参考图 3.3。不过，我们当时对于代码的理解能力（在第 4 章和第 5 章中介绍过）及对代码的测试技能都远不如现在深入。因此，有必要重新绘制一版新的流程图（见图 6.1），以体现我们对这一过程的新认识。

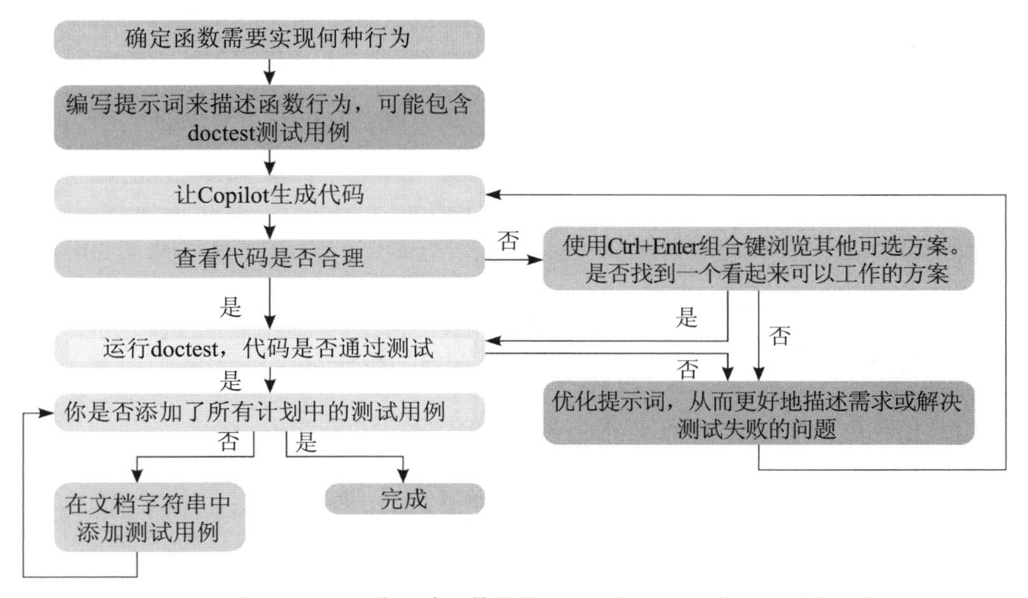


图 6.1　与 Copilot 协作设计函数的流程图（升级版），补充了测试环节

图 6.6 所示的流程图虽然相比之前的版本更为复杂，但仔细观察后，会发现大部分原始流程都保留了下来。其中新增或有所调整的部分包括以下。

- 当我们撰写提示词时，可以将 doctest 作为初始提示词的一部分，以此引导 Copilot 更准确地生成代码。
- 经过第 4 章和第 5 章的学习，我们对代码的理解更加深入，可以更好地判断其行为是否正确。因此，当 Copilot 提供的初始代码看起来不正确时，我们新增了一个步骤来应对这种情况。当发生这种情况时，可以使用 Ctrl+Enter 组合键浏览 Copilot 给出的多条建议，寻找可行的解决方案。如果确实找到了一个合适的解决方案，我们将继续往下走；如果没找到，我们就需要重新构思提示词，以便 Copilot 能够提供更优的代码建议。
- 找到一段看起来可能正确的代码后，我们将运行 doctest 来检验代码是否符合我们在提示词中设定的测试用例（如果没有设定任何 doctest 用例，则默认其通过）。如果 doctest 运行通过，我们还可以继续添加用例并再次检验代码，直到确信代码可以正常工作。如果运行 doctest 未能通过，我们就需要重新思考如何调整提示词，以解决测试失败的问题。优化提示词之后，将有望帮助 Copilot 生成一份更好的代码并能通过我们提供的所有测试。

通过这套新的工作流程，我们不仅能够更好地判断代码是否正常工作，还能在代码出现问题时进行修复。在接下来的内容中，我们将提供更多的工具来帮助解决代码不能正常工作的问题。不过当下，先通过解决一个新问题，并运用前面所描述的新流程测试 Copilot 生成的代码建议，以便将这些知识点串联起来。

## 6.5 完整测试的示例

在本节中，我们将解决一个实际问题——帮助学生在实体课堂中选择合适的座位。设想教室的座位布局以二维列表的形式呈现，每一行代表一排座位。座位上要么是空的（用空格 ' ' 表示），要么坐着学生（用 'S' 表示）。接下来，我们将请求 Copilot 编写一个函数，用以确定哪一排可以允许添加最多的学生。在这一过程中，我们还将设计必要的测试用例，以确保代码能够正确运行。

### 6.5.1 算出空位最多的那一排能容纳多少位新学生

我们希望算出在教室中空位最多的那一排能容纳多少位新学生（换言之，我们需要统计空位最多的那一排有多少空座位）。为此，让我们先从一段稍微有些含糊的提示词开始，看看 Copilot 的表现如何。结果如代码清单 6.4 所示。

代码清单 6.4 确定空位最多的那一排能容纳多少位新学生

```
def most_students(classroom):
    '''
    classroom is a list of lists
    Each ' ' is an empty seat
    Each 'S' is a student

    How many new students can sit in a row?    ← 这是提示词中比较含糊的部分
    '''
    max_students = 0
    for row in classroom:
        students = 0
        for seat in row:
            if seat == 'S':
                students += 1
            else:
                students = 0
            if students > max_students:
                max_students = students
    return max_students
```

对于这个示例，我们的提示词并不十分精确。虽然“每排还能容纳多少位新学生”对人类来说是一个合理的表述，但它并不是很具体，不难想象 Copilot 在理解这一意图时会遇到困难。Copilot 可能搞不清楚我们是在统计学生的数量还是在统计每排空座位的数量，或者它可能会错误地返回整个教室中的空座位总数，而不是单排的空座位总数。事实上，我们的提示词确实误导了 Copilot，导致生成的代码存在问题。但在深入分析代码之前，我们先来考虑一下应该运行哪些测试。我们构想了以下几个测试用例。

- 教室中存在一些连续的空座位和一些不连续的空座位，从而确保程序不只是统计连续的空座位。
- 教室中没有任何空座位，在这种情况下程序应该返回 0。
- 教室中有一排全都是空座位，从而确保一排中的所有座位都会被统计，包括第一个和最后一个（即边界情况）。
- 教室中有多个排具有相同数量的空座位，从而确保程序只返回这些排中的一个（而不是所有这些排的空座位总数）。

先添加第一个测试用例，并附上执行 doctest 测试所需的代码，如代码清单 6.5 所示。

代码清单 6.5 确定空位最多的那一排能容纳多少位新学生

```
def most_students(classroom):
    '''
    classroom is a list of lists
    Each ' ' is an empty seat
```

```
    Each 'S' is a student

    How many new students can sit in a row?

    >>> most_students([['S', ' ', 'S', 'S', 'S', 'S'], \
                       ['S', 'S', 'S', 'S', 'S', 'S'], \
                       [' ', 'S', ' ', 'S', ' ', ' ']])
    4
    '''
    max_students = 0
    for row in classroom:
        students = 0
        for seat in row:
            if seat == 'S':
                students += 1
            else:
                students = 0
            if students > max_students:
                max_students = students
    return max_students

import doctest
doctest.testmod(verbose=False)
```

一个常规情况的测试用例。在文档字符串中书写测试用例时，如果需要换行，则“\”是必需的

运行此代码后，我们获得了以下输出结果（为了增强输出内容的可读性，我们对教室布局的列表进行了手工排版）。

```
**********************************************************************
Failed example:
   most_students([['S', ' ', 'S', 'S', 'S', 'S'],
                  ['S', 'S', 'S', 'S', 'S', 'S'],
                  [' ', 'S', ' ', 'S', ' ', ' ']])
Expected:
   4
Got:
   6
**********************************************************************
1 items had failures:
  1 of   1 in __main__.most_students
***Test Failed*** 1 failures.
```

尽管我们更希望代码一上来就能正常工作，但仍然很感激第一个测试用例帮助发现了错误。空位最多的是第三排，那里有 4 个空座位。然而，Copilot 给出的代码错误地指出答案是 6，这确实有些奇怪。即便没有仔细阅读代码，你可能也会怀疑程序要么是在计算每排的座位总数，要么是在计算每排最多坐了多少位学生。在我们的测试用例中，第二排是完全

坐满学生的，所以这让人难以判断。接下来，我们能做的就是修改教室的布局，改为如下情况。

```
>>> most_students([['S', ' ', 'S', 'S', 'S', 'S'], \
                   [' ', 'S', 'S', 'S', 'S', 'S'], \
                   [' ', 'S', ' ', 'S', ' ', ' ']])
4
```

我们将这一排中的第一名学生清除

于是，第二排现在坐了 5 名学生。当再次运行代码时，测试再次失败，代码给出了 5 个答案。这表明代码并不是单纯地统计每行的座位数，它一定与学生的具体座位情况有关。接下来，改进提示词，看看能否从 Copilot 那里获得更好的代码。不过为了叙述完整，有必要解释一下这段代码的实际功能，参见代码清单 6.6。

**代码清单 6.6　详细分析 Copilot 提供的错误代码**

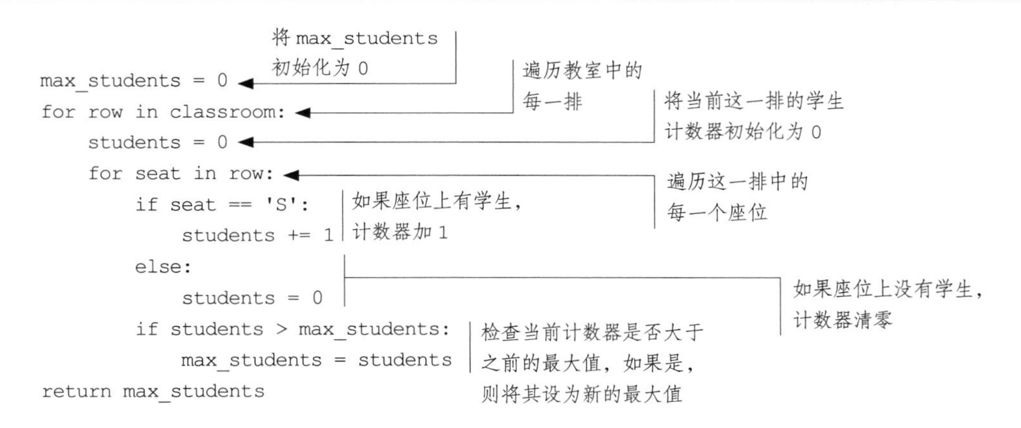


通过代码清单中的这些注解，我们可以清晰地了解每一行代码的功能，但从宏观上看，这段代码是在统计每一排中连续学生的最大数量。它为每一排设置一个初始值为 0 的计数器，并在发现下个座位上有学生时递增这个计数器，从而实现连续计数的效果。一旦检测到空座位，计数器便会清零。内层循环的末尾 if 语句是一种常见做法，用于追踪之前观察到的某物的最大值——在这里，它追踪的是连续学生数量的最大值。然而，这并非我们期望的结果，部分原因在于，我们提供的提示词不够明确。幸运的是，我们的测试发挥了作用，揭示了代码的错误。（如果读者自己在阅读代码时就发现了这一错误，那同样值得称赞。）

## 6.5.2　改进提示词以寻求更好的解决方案

现在，让我们重新构思提示词，同时保留现有的测试用例，以便观察下面这段代码（代码清单 6.7）是否提供了更优的解决方案。

**代码清单 6.7 第二次尝试确定最多容纳多少位新学生**

```
def most_students(classroom):
    '''
    classroom is a list of lists
    Each ' ' is an empty seat
    Each 'S' is a student

    Return the maximum total number of ' ' characters in a
    given row.

    >>> most_students([['S', ' ', 'S', 'S', 'S', 'S'], \
    [' ', 'S', 'S', 'S', 'S', 'S'], \
    [' ', 'S', ' ', 'S', ' ', ' ']])
    4
    '''
    max_seats = 0
    for row in classroom:
        seats = row.count(' ')
        if seats > max_seats:
            max_seats = seats
    return max_seats

import doctest
doctest.testmod(verbose=False)
```

改进后的提示词明确指出想要的是每一排出现 ' ' 字符数量的最大值

count 是列表的方法，用于返回列表中某个元素的数量

用于追踪最大座位数的代码

为了获得这个解决方案，我们不得不使用 Ctrl+Enter 组合键来浏览 Copilot 提供的所有解决方案。在这些方案中，有些计算了空格字符' '的连续出现次数，而另一些方案，例如，上面列出的代码清单则成功通过了 doctest。奇怪的是，当第一次尝试这段改进后的提示词时，我们通过代码补全建议直接得到了正确答案。这再次提醒我们，Copilot 的输出结果是不确定的，因此测试工作尤为重要。

让我们暂时停下脚步，深入分析一下为何第 2 版提示词相较于第 1 版更加有效。这两版提示词都包含了以下内容。

```
def most_students(classroom):
    '''
    classroom is a list of lists
    Each ' ' is an empty seat
    Each 'S' is a student
```

因此，第 1 版提示词中的下面这句话导致我们得到错误的答复：

```
How many new students can sit in a row?
```

而帮助我们获得正确答案的是第 2 版提示词中的这句话。

```
Return the maximum total number of ' ' characters in a given row.
```

我们可能永远也无法真正理解像 Copilot 这样的 LLM 是如何生成这些答案的，但必须牢记，它本质上是依据接收的词汇及在训练数据中出现的词汇（例如 GitHub 上的众多代码）预测接下来的词汇的。第 1 版提示词要求 Copilot 进行一些推断，这种推断在某些情况下表现得很好，而在另一些情况下则不尽如人意。这段提示词在本质上是要求 Copilot 在二维列表中识别“行”的概念。幸运的是，这种结构在编程领域非常普遍，因此 Copilot 在此方面并没有遇到问题。

随后，这段提示词要求 Copilot 进行一个基础的逻辑推断，即空座位就是可以容纳**新**学生的地方。然而，Copilot 在这里遇到了困难。我们猜想，由于我们的问题涉及学生在一排座位中的安排，Copilot 没能领会到计算“新”学生的数量实际上意味着需要计算可以“加入”多少学生，换句话说，也就是计算空座位的数量。Copilot 反而将注意力集中在提示词中“学生……在一排中”这一表述上，进而开始统计每排的学生数量。它本可以根据函数名（诚然，这个函数名存在改进空间，例如改成 max_empty_seats_per_row）来推断其任务是计算学生的最大数量。虽然这不是我们想要的效果，但我们能够理解 Copilot 为什么会产生这样的错误。

接下来探讨 Copilot 为何会决定统计某一排中**连续**的学生数量。这可能是因为 Copilot 经常遇到类似的问题。又或者，由于“坐成一排”这个表述可以被理解为“连续坐着”，这影响了 Copilot 的解读。此外，还有可能编写此代码示例期间，我们曾处理过一个寻找连续空座位的问题，而 Copilot 保留了那次交互的记忆。尽管我们无法确定 Copilot 提供这个答案的具体原因，但显而易见的是，我们给出的提示词不够明确。

相比之下，第 2 版提示词在几个关键点上更为明确。首先，它直截了当地要求找出最大值——尽管函数的名称已经暗示了这一点。其次，它要求计算某一行中空格字符的数量，即空座位的数量。这样的表述避免了 Copilot 自己去推断一个空座位就意味着可以容纳一个新学生。我们还特意使用了 total（总数）和 given（给定行）这样的表述，试图引导 Copilot 跳出其原有的计算连续空座位的模式，但似乎并没有奏效。结果，我们不得不使用 Ctrl+Enter 组合键筛选 Copilot 提供的众多答案。在这些答案中，有些是在寻找连续的空座位，而有些则是在统计教室内空座位的总数。

## 6.5.3 测试新版解决方案

返回到 6.5.2 节的示例，由于新版代码已经顺利通过当前的测试，我们接下来需要通过更多的测试验证其正确性。在下面的测试用例中，我们将验证代码在所有行已坐满时是否可以正确地返回 0。

```
>>> most_students([['S', 'S', 'S'], \
                   ['S', 'S', 'S'], \
                   ['S', 'S', 'S']])
0
```

接下来的测试用例将验证代码是否能够准确计算出单独一排中的所有 3 个空座位（这里的

第二行），以确保不会遗漏任何边界情况（例如，程序未能统计第一个或最后一个座位）。值得一提的是，我们在查看代码时发现它用到了 Python 内置的 count 函数，这让我们对它的正确性充满信心。不过为了确保万无一失，运行测试仍然是更为稳妥的做法。这个测试用例的代码如下。

```
>>> most_students([['S', 'S', 'S'], \
                   [' ', ' ', ' '], \
                   ['S', 'S', 'S']])
3
```

最后一个测试验证了 Copilot 是否能够妥善处理两排的空座位数量相同的情形：

```
>>> most_students([[' ', ' ', 'S'], \
                   ['S', ' ', ' '], \
                   ['S', 'S', 'S']])
2
```

在添加这些测试用例后，再次运行整个程序，如代码清单 6.8 所示，可以发现所有测试用例都顺利通过了。

**代码清单 6.8 包含 doctest 的完整代码，用于确定最多容纳多少位新学生**

```
def most_students(classroom):
    '''
    classroom is a list of lists
    Each ' ' is an empty seat
    Each 'S' is a student

    Return the maximum total number of ' ' characters in a
    given row.

    >>> most_students([['S', ' ', 'S' , 'S', 'S', 'S'], \
                       [' ', 'S', 'S', 'S', 'S', 'S'], \
                       [' ', 'S', ' ', 'S', ' ', ' ']])
    4
    >>> most_students([['S', 'S', 'S'], \
                       ['S', 'S', 'S'], \
                       ['S', 'S', 'S']])
    0
    >>> most_students([['S', 'S', 'S'], \
                       [' ', ' ', ' '], \
                       ['S', 'S', 'S']])
    3
    >>> most_students([[' ', ' ', 'S'], \
                       ['S', ' ', ' '], \
                       ['S', 'S', 'S']])
    2
    '''
```

```
    max_seats = 0
    for row in classroom:
        seats = row.count(' ')
        if seats > max_seats:
            max_seats = seats
    return max_seats

import doctest
doctest.testmod(verbose=False)
```

在本节的示例中，我们学习了如何从头到尾编写一个函数来解决实际问题。Copilot 给出错误答案的部分原因在于，我们给出的提示词难以理解。我们通过第一次测试的失败，发现它给出的是错误的答案。随后，我们对提示词进行了改进，并运用了前两章学到的代码阅读技能，筛选出一个看起来符合我们需求的正确解决方案。经过改进的代码顺利通过了第一个基础测试，于是我们又增加了更多的测试用例，以验证代码在不同场景下都能正确工作。在看到它通过这些额外的测试后，就有了更多的证据表明代码是正确的。到目前为止，我们对常规情况和边界情况都进行了充分测试，因此我们对代码的正确性抱有极高的信心。就测试而言，这个示例向我们展示了测试如何协助发现错误，**并且**增强了我们对代码正确运行的信心。

## 6.6　另一个完整测试的示例：使用外部文件进行测试

在大多数情况下，在文档字符串中添加测试用例来测试代码是可行的，就像我们在 6.5 节的示例中所展示的那样。但是，在某些情况下，测试过程可能会更加困难。特别是当代码需要处理某种外部输入时，其测试难度尤为突出。例如，测试与外部网站交互的代码通常就属于这种情况，不过这种情况更多地出现在高级编程任务中，已经超出了本书所讨论的范畴。有一个**适用于**本书范畴的示例是处理文件。当输入的是一个文件时，该如何编写测试用例呢？ Python 确实支持在文档字符串内部以某种方式引入其他文件的内容，但为了与前几节的做法保持一致，我们选择不这么做。作为替代，我们将直接使用外部文件来测试代码。接下来，我们将借用第 2 章中关于 NFL 四分卫的示例来探讨如何实现这一点。

我们本可以借助整个 CSV 文件演示这个示例，但由于四分卫的查询仅涉及文件的前 9 列，我们打算剥离文件的其余列，从而使内容更易于阅读。在完成这样的处理之后，表 6.2 展示了精简版 NFL 数据集的前 3 行。

表 6.2　精简版 NFL 数据集的前 3 行

| game_id | player_id | position | player | team | pass_cmp | pass_att | pass_yds | pass_td |
|---|---|---|---|---|---|---|---|---|
| 201909050chi | RodgAa00 | QB | Aaron Rodgers | GNB | 18 | 30 | 203 | 1 |
| 201909050chi | JoneAa00 | RB | Aaron Jones | GNB | 0 | 0 | 0 | 0 |
| 201909050chi | ValdMa00 | WR | Marquez Valdes-Scantling | GNB | 0 | 0 | 0 | 0 |

我们约定在本例的后续讲解中，数据集的每一行都仅有这 9 列。但我们应该也不难想象，如果要处理完整的数据集该怎么操作（只须根据不同场景添加相应的列就可以了）。

好，假设我们想要设计一个函数，该函数将接收的数据集的文件名和球员名称作为输入，然后计算并输出该球员在数据集中所取得的传球码数总和。我们预期用户将按照第 2 章和表 6.2 所展示的 NFL 赛事数据格式提供数据文件。那么，在编写提示词或函数之前，我们应该如何对它进行测试呢？实际上，我们有以下几个选项。

- **在较大的数据集中寻找测试用例**。有一种测试方案是将完整的数据集提供给函数，再输入不同的球员姓名进行测试。难点在于验证我们为测试用例提供的计算结果是否正确。可以在 Google Sheets 或 Microsoft Excel 等电子表格程序中打开数据文件，并利用这些工具为每位球员计算出对应的答案。例如，在 Excel 中，我们可以对球员进行排序，找到某名球员，并利用求和功能累加其所有的传球码数。虽然这种方法确实可行，但它也确实相当烦琐。如果你投入大量时间通过这种方式来为测试用例收集答案，可能会发现自己已经达到目的了，没有必要再去编写 Python 代码。换句话说，为测试用例收集答案的过程可能就已经解决了最初的需求，从而降低了编写代码的必要性。此外，找出所有可能的边界情况也是一个挑战：你的数据集是否包含了所有想测试的边界情况，从而确保编写的程序能够适用于将来的其他数据集？这种方法还有一个缺点，即当函数执行的任务远比简单的求和更为复杂时，根据真实数据集计算出测试用例的答案将是一个艰巨的任务。
- **为测试创建虚构的数据集**。另一种测试方案是创建虚构的数据集，这样你就可以轻松计算出各种查询的正确答案。由于数据集是人为构造的，你可以刻意加入边界情况，以检验代码在这些特殊场景下的表现，而无须在真实的数据集中搜寻相应的案例（实际上，有时真实数据集可能并不包含这些边界情况，但你仍希望进行测试，以确保当接收到更新或全新的数据集时，代码能够正确运行）。

考虑到虚构数据集在创建测试用例方面的诸多优势，我们将在本例中采用这种方法。

### 6.6.1 我们应该执行哪些测试

下面深入思考一下，我们希望测试用例涵盖哪些常规情况和边界情况。对于常规情况，应该包括以下几个方面。

- 一名球员在数据集的不同行中多次出现（但并不连续），包括最后一行。这个测试确保代码在返回结果之前遍历了所有的球员（也就是说，我们不能错误地假设数据是按球员名称排序的）。
- 一名球员在数据集的连续行中出现。这个测试确保没有因为连续的值以某种方式被跳过而导致错误。
- 一名球员在数据集中只出现一次。这个测试确保即使只是在累加一个值时，求和也能正确进行。

- 数据集至少要包含一名非四分卫，以确保代码会遍历所有球员，而不仅仅是四分卫。
- 一名球员在一场比赛中的传球总码数为 0。这个测试用于验证当球员没有获得传球码数数据时，代码也可以正确处理。这也属于常规情况，因为球员可能会因伤缺阵。

而对于边界情况，我们还想测试如下场景。

- **数据集中没有该球员**。这种情况比较有趣，我们需要决定代码在这种情况下应该如何表现。一种合理的处理方式是返回 0 码。例如，我们向数据集查询 LeBron James（一名篮球运动员，不是橄榄球运动员）在 2019—2022 年的 NFL 比赛中传球了多少码，0 确实是正确的答案。然而，对生产级别的代码来说，这可能不是最优雅的解决方案。例如，如果我们询问 Aron Rodgers（Aaron Rodgers 的错误拼写形式）的传球码数，我们宁愿让代码告诉我们他不在数据集中，而不是他传球了 0 码，这可能会在我们查询时真的让我们感到困惑，因为在此期间他两次获得了联盟 MVP。为了表示名称缺失，我们可能会返回一个较大的负值（如 –9999），或者使用所谓的“异常”表示，但它们超出了本书的讨论范围。
- **一名球员在所有比赛中的总码数为负，或者一名球员在一场比赛中码数为负，确保代码可以正确处理负值**。你可能不了解橄榄球运动，如果一名球员接球后在争球线后面被拦截，这次传球码数就是负值。一名四分卫不太可能在整场比赛中传球总码数为负，但如果他在投了一个传球损失（负码）之后立即因伤退出了比赛，那么这种情况有可能发生。

现在我们已经对需要测试的内容有了清晰的认识，接下来将创建一个虚构的数据文件来配合这些测试用例。虽然将这些测试分散到不同的文件中也是一个可行的选择，但将它们集中在一个文件中的好处在于，我们可以方便地管理和查看所有的测试用例。我们将这个文件起名为 test_file.csv，并在表 6.3 中展示了它的内容。[①]

**表 6.3　这个虚构文件用于测试 NFL 传球码数函数**

| game_id | player_id | position | player | team | pass_cmp | pass_att | pass_yds | pass_td |
|---|---|---|---|---|---|---|---|---|
| 201909050chi | RodgAa00 | QB | Aaron Rodgers | GNB | 20 | 30 | 200 | 1 |
| 201909080crd | JohnKe06 | RB | Kerryon Johnson | DET | 1 | 1 | 5 | 0 |
| 201909080crd | PortLe00 | QB | Leo Porter | UCSD | 0 | 1 | 0 | 0 |
| 201909080car | GoffJa00 | QB | Jared Goff | LAR | 20 | 25 | 200 | 1 |
| 201909050chi | RodgAa00 | QB | Aaron Rodgers | GNB | 10 | 15 | 150 | 1 |
| 201909050chi | RodgAa00 | QB | Aaron Rodgers | GNB | 25 | 35 | 300 | 1 |
| 201909080car | GoffJa00 | QB | Jared Goff | LAR | 1 | 1 | –10 | 0 |
| 201909080crd | ZingDa00 | QB | Dan Zingaro | UT | 1 | 1 | –10 | 0 |
| 201909050chi | RodgAa00 | QB | Aaron Rodgers | GNB | 15 | 25 | 150 | 0 |

① 你可以在本书配套资料的 ch6 目录中找到这个文件。——译者注

请注意，这里展示的数据纯属虚构（这些统计数据并非任何球员的真实记录，读者可以通过 Dan 和 Leo 这两位突然变身为 NFL 四分卫的奇幻场景来识别出这一点）。尽管如此，我们还是保留了原始数据集中一些真实球员的姓名及真实的 game_id 和 player_id。通常，为了确保测试的真实性和有效性，让虚构数据尽可能地贴近真实数据是一个明智的做法，这样能够更好地反映真实数据可能遇到的情况。

下面来看看我们是如何将所有的测试用例融合进这个测试文件的。Aaron Rodgers 在文件中多次出现，既包括连续的情况，也包括不连续的情况，并且他的名字还出现在最后一条记录中。Jared Goff 同样多次出现，我们特意为他虚构了一条单场传球码数为 –10 的记录（其实他是一名杰出的 NFL 四分卫，希望他不要介意这里给他安排了一场虚构的糟糕比赛）。我们还保留了真实数据集中的 Kerryon Johnson，他是一名跑卫，我们将他的单场传球码数设置为 5，以此确保函数的功能不会局限于筛选四分卫；另外，他在数据集中仅出现了一次。我们还向数据集中加入了 Leo Porter，并将他的单场传球码数设置为 0（他肯定会想尽办法避免自己成为 NFL 球员拦截的目标）。此外，我们还加入了 Dan Zingaro，并让他得到了一次传球码数成绩，但这个成绩是 –10，以此模拟一名球员总成绩为负的特殊情况。表 6.4 展示了程序在查询不同球员时**应当**返回的结果。

表 6.4 测试用例中每位球员的传球码数

| 球员 | 测试用例中的传球码数 |
|---|---|
| Aaron Rodgers | 800 |
| Kerryon Johnson | 5 |
| Leo Porter | 0 |
| Jared Goff | 190 |
| Dan Zingaro | –10 |

## 6.6.2 创建函数

我们首先确定函数的名称，并在文档字符串中描述需求。考虑到这个问题的复杂性，我们可能还需要在函数内部引入提示词，从而引导它完成打开文件、处理数据以及关闭文件等操作。然而，我们不妨先对函数本身进行描述，然后看看 Copilot 的表现（生成结果参见代码清单 6.9）。

代码清单 6.9 统计每位球员传球码数的函数

```
def tot_pass_yds_player(input_file, player):    ← 函数名中的单词使用了缩写
    """
    input_file is a string that is the name of a file
    player is the name of a player

    The file is a csv file with a header row
```

```
    Column 4 is the player's name and column
    8 is the number of passing yards for that player

    return the total number of passing yards for the player
    """
    import csv
    with open(input_file, 'r') as csvfile:
        reader = csv.reader(csvfile)
        next(reader)
        total = 0
        for row in reader:
            if row[3] == player:
                total += int(row[7])
        return total
```

在深入查看这段代码之前，我们想强调一下，这里并没有在示例中加入测试用例，因为它们很可能对 Copilot 没有实际帮助。如果你的测试用例只是简单地打开并使用虚构文件，那么建议你先让 Copilot 生成代码，然后再添加测试用例。每个测试用例确实只包含了文件名、球员姓名及预期结果，其中的信息量不大。Copilot 无法读取文件名所代表的实际文件，也无法通过测试用例理解我们需要累加第八列数据来获得期望的结果。也就是说，提供这些测试用例并不会提高提示词的质量。实际上，这些虚构数据的人为特征甚至可能会误导 Copilot，例如，在何种情境下，一名真实的 NFL 球员会拥有负的传球码数呢？

现在，仔细阅读一下 Copilot 为我们生成的代码，我们可以发现它相当合理，并且与在第 2 章中看到的代码非常相似。既然这段代码看起来没什么问题，接下来看看如何测试它。

### 6.6.3　测试函数

为了测试这个函数，我们对文档字符串进行了扩充，加入了针对整段代码的测试用例，具体如代码清单 6.10 所示。

**代码清单 6.10　为这个函数加入测试用例**

```
def tot_pass_yds_player(input_file, player):
    """
    input_file is a string that is the name of a file
    player is the name of a player

    The file is a csv file with a header row
    Column 4 is the player's name and column
    8 is the number of passing yards for that player

    return the total number of passing yards for the player

    >>> tot_pass_yds_player('test_file.csv' , 'Aaron Rodgers')
```

```
    800
    >>> tot_pass_yds_player('test_file.csv', 'Kerryon Johnson')
    5
    >>> tot_pass_yds_player('test_file.csv', 'Leo Porter')
    0
    >>> tot_pass_yds_player('test_file.csv', 'Dan Zingaro')
    -10
    >>> tot_pass_yds_player('test_file.csv', 'Jared Goff')
    190
    >>> tot_pass_yds_player('test_file.csv', 'Tom Brady')
    0  ←  为数据集中不存在的球员专门添加了一个测试用例
    """
    import csv
    with open(input_file, 'r') as csvfile:
        reader = csv.reader(csvfile)
        next(reader)
        total = 0
        for row in reader:
            if row[3] == player:
                total += int(row[7])
        return total

import doctest
doctest.testmod(verbose=False)
```

运行这段代码，所有的测试用例都顺利通过。这提供了进一步的证据，表明代码功能运行正常。

### 6.6.4 与 doctest 相关的常见难题

让我们把之前的提示词稍稍改写一下，在第一个测试用例中添加一个非常微妙的错误，如代码清单 6.11 所示。

**代码清单 6.11 在测试用例中引入一个小失误**

```
def tot_pass_yds_player(input_file, player):
    """
    input_file is a string that is the name of a file
    player is the name of a player

    The file is a csv file with a header row
    The 4th Column is the player's name and the 8th column
    is the number of passing yards for that player

    return the total number of passing yards for the player
```

```
    >>> tot_pass_yds_player('test_file.csv', 'Aaron Rodgers')
    800
    >>> tot_pass_yds_player('test_file.csv', 'Kerryon Johnson')
    5
    >>> tot_pass_yds_player('test_file.csv', 'Leo Porter')
    0
    >>> tot_pass_yds_player('test_file.csv', 'Dan Zingaro')
    -10
    >>> tot_pass_yds_player('test_file.csv', 'Jared Goff')
    190
    >>> tot_pass_yds_player('test_file.csv', 'Tom Brady')
    0
    """
    import csv
    with open(input_file, 'r') as csvfile:
        reader = csv.reader(csvfile)
        next(reader)
        total = 0
        for row in reader:
            if row[3] == player:
                total += int(row[7])
        return total

import doctest
doctest.testmod(verbose=False)
```

800 后面有一个看不见的空格

然后，当我们运行这段代码时，我们会收到如下错误。

```
Failed example:
   tot_pass_yds_player('test_file.csv', 'Aaron Rodgers')
Expected:
   800
Got:
   800
```

乍一看，上述错误信息似乎非常奇怪。测试用例期望得到 800，程序也确实返回了 800，但测试结果显示为失败。事实上，我们在撰写测试用例时出了差错，写成了“800 ”（末尾多了一个空格），而非“800”。这个小失误让 Python 将空格视为有效字符，从而导致测试未能通过。这确实是条坏消息，在使用 doctest 进行测试时，这种错误实在太常见了。我们在这方面犯错的次数远比我们愿意承认的要多。不过，也有好消息，解决办法十分简单：只须找到并删除多余的空格。一旦发现测试未能通过，但 doctest 的输出表明它应该通过，请务必检查测试用例中所写的期望输出，看看与实际期望的输出相比，其结尾是否多了不该有的空格，或者少了该有的空格。

鉴于我们所有的测试用例都已顺利通过，下面便可以信心十足地调用这个函数来处理更庞大的数据集了。本例的关键之处在于，我们有能力并且有必要创建虚构的文件，用来检验那些需要处理文件的函数。再次强调，测试的核心目标在于让人们对代码的运行效果拥有充分的信心，并且我们也应该对任何出自自己手或出自 Copilot 的代码进行充分测试。

本章全面介绍了代码测试的重要性和有效的测试方法，并通过两个示例详细展示了测试过程。在示例中，我们不仅编写了函数，还对函数进行了测试。然而，在面对更复杂的问题时，如何确定该编写哪些函数以解决它呢？这需要依靠一种名为"问题分解"的方法进行分析，我们会在第 7 章中对此进行深入探讨。

## 本章小结

- 测试是在使用 Copilot 进行编程时不可或缺的一项技能。
- 黑盒测试与白盒测试是保障代码正确性的两种策略。在黑盒测试中，我们基于对问题的理解设计测试用例；而白盒测试则需要我们进一步查阅代码的内部结构。
- doctest 提供了一种简便的代码测试方法，它允许我们将测试用例直接嵌入函数的文档字符串中。
- 对于那些依赖文件操作的代码，创建虚构的文件是一种行之有效的测试手段。

# 第 7 章　问题分解

本章内容概要

- 深入理解问题分解的概念及其必要性
- 利用自顶向下的设计方法细化问题并编写代码
- 采用自顶向下的设计策略，开发一个识别作者特征的程序

在第 3 章中，我们探讨了为何不宜让 Copilot 解决过于复杂的问题。试想一下，如果我们向 Copilot 提出要求："编写一个程序以鉴定一本书的作者"，可能会发生什么情况。

在最好的情况下，我们可能会获得一套现成的程序，其中所有的决策都已完备。然而，这个程序可能并不符合我们的需求。作为程序员的一个重要优势在于，我们可以定制自己所创建的东西。为了做到这一点，我们需要将子问题提供给 Copilot，然后把这些解决方案组装成我们自己的程序。就算我们自己不想定制任何东西，但如果 Copilot 提供的程序有缺陷，又该如何处理呢？面对一个我们并不理解的大型程序，想要修复它的错误将无比困难。

在最糟糕的情况下，Copilot 甚至无法提供任何实质性的帮助。我们有时会遇到这样的情况：Copilot 反复提供注释，却从未真正地为我们编写代码。

在本章中，我们将学习如何将复杂的大问题拆分为更易于管理的子问题。随后，我们可以利用 Copilot 逐一解决这些子问题，最终解决真正关心的大问题。

## 7.1　问题分解简介

问题分解是指从一个可能尚未完全明确的大型问题着手，将其拆分成一系列定义清晰且有助于解决整体问题的子问题。我们的目标是为每一个这样的子问题编写相应的函数。对于一些子问题，我们或许能够直接编写出相应的函数。然而，对于那些仍然过于庞大的子问题，我们可能需要进一步将其细分为更小的子问题（正如第 3 章所讨论的，我们倾向于保持函数的简洁性，大约在 12 至 20 行之间，这样不仅有助于从 Copilot 那里获得高质量的代码，也便于

我们进行测试和必要的错误修复)。如果某个子问题依然庞大到无法在单一函数中实现，则需要将其进一步拆分成更细小的子问题。到了这一步，这些更小的子问题应该已经足够小了，但如果还不够小，我们将继续这一拆分过程。我们之所以这样做，是为了有效地控制复杂度。每个函数都应该足够简单，以便我们能够清晰地理解其功能，并且让 Copilot 能够顺利地解决它。当我们要求自己或 Copilot 编写极为复杂的代码时，无论是我们自己还是 Copilot，都容易出错。

问题分解的过程称为“自顶向下设计”。一旦完成这个设计，就可以在代码中实现相应的功能。我们将会提供一个核心函数来处理整个问题，它将依次调用处理各个子问题的函数。这些子问题函数将根据实际需要，进一步调用它们自己的子函数，去解决更细分的子问题，如此循环往复。

正如在第 3 章中讨论的，我们的目标是构建一些在整体程序中承担较小职责的函数，并且它们的行为是清晰明确的。我们还在寻找机会设计一些小巧的函数，这些函数能够被其他多个函数所调用，以此降低那些更为复杂的函数的复杂度，同时避免代码的冗余重复。此外，我们还希望设计一些参数数量不多的函数，这些函数能够向调用它们的函数提供有价值且有用的结果。

## 7.2 自顶向下设计的小示例

我们即将深入探讨一个真实的示例，以展示自顶向下设计是如何进行的，但在此之前，我们想借助一些先前的示例为读者介绍一下背景。先回顾在第 3 章中编写的函数 get_strong_password，看看它的设计如何。该函数会不断提示用户输入密码，直至用户输入一个符合安全标准的强密码。请不要回头查看那段代码——我们希望在这里重新出发。

试想，我们采用自顶向下的设计方法构建这个函数。如果任务单一且定义明确，我们或许能够直接将它作为一个独立的函数实现。然而，对于这个函数，我们确实看到了一个子任务——何为强密码？其背后的规则又是什么？这似乎是一个可以从父函数中分离出来的子任务，以便简化问题。实际上，我们在第 3 章中编写此函数时，确实调用了之前定义的 is_strong_password 函数，该函数负责判断输入内容是否符合强密码的标准。

我们可以将这种自顶向下的设计以图 7.1 的方式进行描述。为了便于在本章后面展示更大的图形，我们将统一采用从左到右而不是从上到下的图形布局，但不管怎样，核心思想都是一样的。

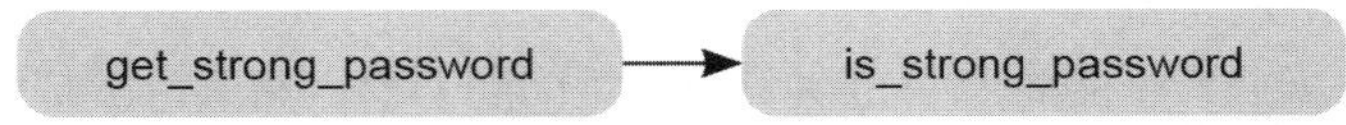


图 7.1　get_strong_password 的函数关系图（get_strong_password 调用 is_strong_password）

图 7.1 展示了我们追求的目标：让 get_strong_password 函数调用 is_strong_password 函数来分担其部分工作。

另外，在第 3 章中，我们还构思了一个名为 best_word 的函数，它将接收的一个单词列表作为输入参数，并从中筛选出得分最高的单词。再次强调，我们不建议回头查看原有代码——我们期望在此重新推敲其逻辑。让我们考虑一下，这段代码应是什么样子。它很可能会采用循环结构来逐个审视列表中的单词，并在循环过程中持续追踪目前发现的最佳单词。对于列表中的每个单词，我们须计算其总得分，而这又需要将其每个字母的得分逐一进行累加。例如，字母 A 计为 1 分，B 为 3 分，C 同样为 3 分，D 为 2 分，E 为 1 分，如此等等。

我们在"每个单词值多少分"这个问题上花了不少工夫。这似乎就是一个需要处理的子任务。如果我们能够调用一个函数来获取每个单词的分值，那么在 best_word 函数中无须为分数问题操心。在第 3 章中，我们编写了一个名为 num_points 的函数，它能够精确完成这份工作：将接收的一个单词作为输入参数，并返回该单词的总得分。如图 7.2 所示，我们可以在 best_word 函数中调用 num_points 函数，这样做简化了 best_word 函数的实现过程。

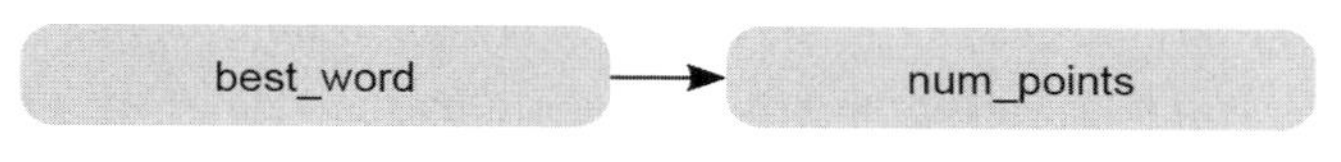


图 7.2　best_word 的函数关系图

在第 3 章中，我们不经意间按照从子任务到主任务的顺序编写了这两个函数，也就是先写叶子函数，再写父函数。在本章中，我们将继续沿用这一方法，但首先会采用自顶向下的设计思路来明确需要创建哪些函数。

我们刚刚讨论的两个示例都不算大，你确实有可能通过单个函数直接编写它们的代码。然而，接下来我们将看到，面对大型示例，采用自顶向下的设计方法才是有效控制复杂度的关键手段。

我们选择接下来的这个大型示例有这样两个原因。第一，自顶向下的设计过程本身相当抽象，我们认为通过这个真实的示例可以使其变得更加具体。第二，我们希望与你共同解决一个我们认为具有激励效果的问题，这个问题既真实又具有吸引力，是你可能想要亲自动手解决的问题。我们将着手编写一个程序，目标是为一本不知道出自何人之手的神秘图书推断其作者。这将是一个利用 AI 进行预测的程序实例。

我们期望你在本章中能学会如何将一个复杂问题拆分成若干更小的子问题。我们将利用 Copilot 编写整个解决方案的代码，但这并不意味着我们要求你深入理解所有代码是如何相互衔接的。实际上，我们展示代码的目的是证明，在完成自顶向下的设计之后，我们能够分别实现每个函数，最终得到一个能够正常运行的完整程序。

## 7.3　作者特征识别

这个问题源自本书作者的同事 Michelle Craig 设计的一份作业。先来看看如下两段书摘。

书摘一如下。

I have not yet described to you the most singular part. About six years ago—to be exact, upon the 4th of May 1882—an advertisement appeared in the Times asking for the address of Miss Mary

Morstan and stating that it would be to her advantage to come forward. There was no name or address appended. I had at that time just entered the family of Mrs. Cecil Forrester in the capacity of governess. By her advice I published my address in the advertisement column. The same day there arrived through the post a small card-board box addressed to me, which I found to contain a very large and lustrous pearl. No word of writing was enclosed. Since then, every year upon the same date there has always appeared a similar box, containing a similar pearl, without any clue as to the sender. They have been pronounced by an expert to be of a rare variety and of considerable value. You can see for yourselves that they are very handsome.

书摘二如下。

It was the Dover Road that lay on a Friday night late in November, before the first of the persons with whom this history has business. The Dover Road lay, as to him, beyond the Dover mail, as it lumbered up Shooter's Hill. He walked up hill in the mire by the side of the mail, as the rest of the passengers did; not because they had the least relish for walking exercise, under the circumstances, but because the hill, and the harness, and the mud, and the mail, were all so heavy, that the horses had three times already come to a stop, besides once drawing the coach across the road, with the mutinous intent of taking it back to Blackheath. Reins and whip and coachman and guard, however, in combination, had read that article of war which forbade a purpose otherwise strongly in favour of the argument, that some brute animals are endued with Reason; and the team had capitulated and returned to their duty.

假如我们要求你判断这两段文本是否有可能出自同一作者之手。你可能会做出这样的假设：不同的作者写作风格不同，而这些风格上的差异将在我们对文本的分析中，通过可量化的指标显现。

比如，通过观察可以发现，书摘一的作者在字数上运用了较多的短句，与书摘二形成鲜明对比。在书摘一中，我们可以找到诸如“There was no name or address appended.”和“No word of writing was enclosed.”等简短的句子；而这样的句式在书摘二中并未出现。此外，书摘一中的句子结构相对简单，而书摘二则充斥着逗号和分号，显示出更为复杂的句式结构。

这些分析可能会让你相信这两段文本出自不同作者之手，而事实上也确实如此。书摘一是由阿瑟 · 柯南 · 道尔（Arthur Conan Doyle）爵士撰写的，而书摘二则摘自查尔斯 · 狄更斯（Charles Dickens）的杰作。

公平地说，我们确实特意挑选了这两段书摘。柯南 · 道尔确实写过一些长而复杂的句子。狄更斯也确实使用过短句。但是，平均来说，至少在本节书摘的这两本书中，柯南 · 道尔的句子比狄更斯的句子明显更为简短。更广泛地说，如果我们观察两位不同作者写的两本书，我们可能会期望在平均水平上发现一些可以量化的差异。

假设我们拥有一大批已知作者的图书。例如，这一本是柯南 · 道尔写的，那一本是狄更斯写的，等等。然后，突然有一部神秘作品出现在我们面前。哦不！我们竟然不知道它的作者是谁。它会不会是柯南·道尔遗失已久的福尔摩斯探案故事？抑或狄更斯《雾都孤儿》的失传续集？我们渴望揭开这位未知作者的真正身份。

我们的策略是根据每位作者曾经写过的书提炼出他们各自的“签名”。这些签名称为“已知签名”。每个签名将捕捉图书文本中的关键指标，例如句子的平均单词数和句子的平均复杂度。接着，为那本作者未知的神秘图书也提炼一个签名，我们称之为“未知签名”。我们将逐一审视所有已知签名，并与未知签名进行比对。我们将根据最相似的签名推测未知作者的身份。

当然，我们无法确定这位未知作者是否真的处于已知签名的作者之列。他或许是一位不知名的作者。即便这位未知作者确实是我们的已知签名作者之一，我们的猜测仍有可能出错。毕竟，同一作者可能会以多种不同的风格进行书写，这使他们的作品呈现出截然不同的签名特征；或者，我们根本没有精确捕捉到每位作者独特的写作风格。实际上，本章的目标并非开发一个专业水准的作者识别系统。即便如此，考虑到这个任务的难度，我们认为接下来展示的方法在运作效果上仍然值得称道。

**机器学习**

作者特征识别，正如我们在这里所做的，隶属于机器学习（Machine Learning，ML）领域。ML是人工智能的一个分支，旨在赋予计算机通过数据进行“学习”并做出预测的能力。机器学习有多种类型，我们所采用的方法称为监督学习。在监督学习过程中，我们有权访问训练数据，这些数据由具有已知类别（或标签）的对象组成。以本节的情况为例，这些对象是图书文本，而每本书的类别则是其作者。我们可以通过计算每本书的特征（例如，句子的平均单词数、句子的平均复杂度等）对训练数据进行训练（或者说学习）。之后，当遇到一本作者未知的图书时，就可以利用在训练过程中获得的知识做出推断。

## 7.4　采用自顶向下设计实现作者特征识别

好的，我们打算“编写一个程序来确定一本书的作者”。这个任务乍看起来似乎相当艰巨，而且如果我们试图仅用一个函数就一次性解决它的话，那确实会是这样。但我们并不打算这么做。我们将有条不紊地将这个难题拆分成若干更易于处理的子问题。

在第2章中，我们了解到许多程序都遵循了一种标准模式：输入数据→加工数据→输出结果。同样，我们的作者特征识别程序也可以按照这一模式来考虑。

- 在输入数据环节，我们需要请求用户提供那本神秘图书的文件名。
- 在加工数据环节，我们的任务是计算出神秘图书的签名（也就是未知签名），以及我们已知作者身份的图书的签名（这些是已知签名）。此外，我们还要将未知签名与所有已知签名进行比对，以确定哪一个最相似。
- 在输出结果环节，我们需要向用户展示与已知签名最接近的未知签名。

也就是说，要解决作者特征识别这个整体问题，我们需要先解决这3个子问题。接下来我们正式启动自顶向下设计。

我们将顶层函数命名为 make_guess。在它的内部，我们将解决上面确定的 3 个子问题。

在输入数据环节，我们的工作仅仅是向用户索取文件名。这似乎是一个可以通过几行代码轻松完成的任务，因此可能无须为此专门编写一个函数。在输出结果环节，情况也大致相同：一旦确定最接近的已知签名，将这一结果告知用户即可。相比之下，加工数据环节的任务看起来相当繁重，我们无疑需要进一步细化这个子问题。这正是我们下一步的工作重点。

## 7.5 将加工数据环节分解为子问题

我们将整个数据处理过程的核心函数命名为 process_data。此函数将接收的一个神秘图书的文件名和一个包含已知作者图书的目录名作为输入参数，返回与该神秘图书最接近的已知签名。

观察上面对加工数据环节的描述，似乎这里有 3 个子任务需要解决。

- 计算出这本神秘图书的签名。它是我们的未知签名。我们将这个子问题的函数命名为 make_signature。
- 计算出已知作者的每本书的签名。这些是我们的已知签名。我们将这个子问题的函数命名为 get_all_signatures。
- 将未知签名与每个已知签名进行比较，找出最接近的已知签名。由于签名越接近，差异越小，我们将此函数命名为 lowest_score。

我们将依次对这些子问题进行自顶向下的设计。图 7.3 展示了目前的工作进展。

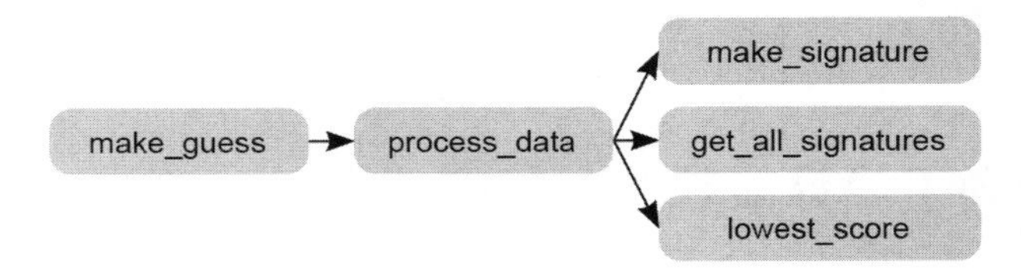


图 7.3 process_data 的函数关系图（其中包含 3 个子任务）

### 7.5.1 计算出神秘图书的签名

执行此任务的函数名为 make_signature，它将接收的图书文本作为输入参数，并返回该书的签名。在这个阶段，我们需要决定哪些特征用来定义每本书的签名。回顾一下之前讨论的示例段落，然后拆解这个问题。我们注意到，根据句子的复杂度和长度衡量，不同作者的写作风格存在差异。你或许也注意到，作者在用词长度和用词习惯上也可能存在差异，例如，某些作者可能比其他人更倾向于重复使用某些单词。因此，我们希望某些特征能反映作者句子结构的特点，而其他特征则能体现作者用词的习惯。我们将对这些特征进行详尽的探讨。

### 1. 与句子结构相关的特征

在之前对柯南 · 道尔与狄更斯作品的比较分析中，我们提到将句子的平均单词数视作一个关键特征。该特征的计算方法是将文本中的单词总数除以句子总数。以下是一段文本示例。

The same day there arrived through the post a small card-board box addressed to me, which I found to contain a very large and lustrous pearl. No word of writing was enclosed.

如果数一下其中的单词和句子，会发现总共有 32 个单词（这里将 card-board 算作一个单词）和 2 个句子。据此，我们可以得出每个句子的平均单词数，即 32/2 = 16。这个数值代表了“句子平均单词数”这一特征。

我们同样发现，不同作者的句子复杂度存在差异（例如，一些作者使用的句子中包含更多的逗号和分号）。因此，将这一点作为另一个特征是合情合理的。复杂句子通常包含更多短句，这些短句是句子中的连续片段。将句子拆分为组成它的多个短句本身就是一个艰巨的挑战，尽管可以尝试进行更精确的分解，但在这里我们选择采用一个简化的方法来解决问题。具体来说，我们将句子中的短句定义为由逗号、分号或冒号分隔的独立部分。回顾前面的文本示例，我们可以看到第一句话包含两个短语：“ The same day there arrived through the post a small card-board box addressed to me”和“ which I found to contain a very large and lustrous pearl”。而第二句话由于没有使用逗号、分号或冒号，因此只包含一个短句。鉴于这段文本中有 3 个短句和两句话，我们可以计算出句子复杂度的平均值为 3/2 = 1.5。这便构成了“平均句子复杂度”这一特征。

我们希望这些基于句子的特征能够直观地体现出其实际含义，从而可以帮助识别不同作者的写作风格。接下来，我们进一步探讨作者在用词习惯上的差异。

### 2. 与用词偏好相关的特征

你或许可以构思出自己的单词层面特征的关键指标，不过这里将使用以下 3 种，它们在我们的经验中表现良好。

第一，可以推测某些作者在平均单词长度上比其他作者更短。为了衡量这一点，我们将采用平均词长这一指标，即单词中字母数的平均值。接下来，我们将分析一段特别编写的文本示例。

A pearl! Pearl! Lustrous pearl! Rare. What a nice find.

计算一下字母数和单词数，会发现总共有 41 个字母和 10 个单词（注意，不要把标点符号也算作字母）。这样就可以得出平均单词长度为 41/10 = 4.1。这个数值将代表“平均词长”这一特征。

第二，我们注意到某些作者在写作时可能会比其他作者更频繁地重复使用某些单词。为了衡量这一现象，我们采用了去重后单词含量这一指标，即去除重复项后的单词数与单词总数的比值。在上面的文本示例中，所有单词在去重后仅有 7 个：a、pearl、lustrous、rare、what、nice 和 find。鉴于文本示例中共有 10 个单词，我们算出这一指标值为 7/10 = 0.7。

第三，可能存在这样的现象：一些作者在文本中对许多单词仅使用一次，而另一些作者则倾向于多次重复使用特定的单词。为了衡量这一特征，我们将仅出现一次的单词数除以单词总数。以前面的文本示例为例，有 5 个单词仅使用了一次：lustrous、rare、what、nice 和 find。鉴于文本示例中总共有 10 个单词，我们算出的这一指标值为 5/10 = 0.5。这个指标反映了在所有单词中，仅使用一次的单词所占的比例，即“单次单词占比”。

综合来看，构成每个签名的特征共有 5 个。为了将这些数值集中存储，我们采用一个包含 5 个数字的列表来表示每个签名。

接下来，我们将详细探讨这些特征的实现方法。首先从单词层面的特征着手，随后处理句子层面的特征。执行顺序如下。

（1）计算平均词长。

（2）计算去重后单词含量。

（3）计算单次单词占比。

（4）计算句子平均单词数。

（5）计算平均句子复杂度。

对于每一个特征，我们最终都将编写相应的函数。在图 7.4 中我们更新了包含这 5 个新函数的函数关系图，这些函数将协助 make_signature 函数实现其功能。那么是否需要对这些问题进行更细致的分解，或者说当前的状态已经足够好？下面进一步探讨。

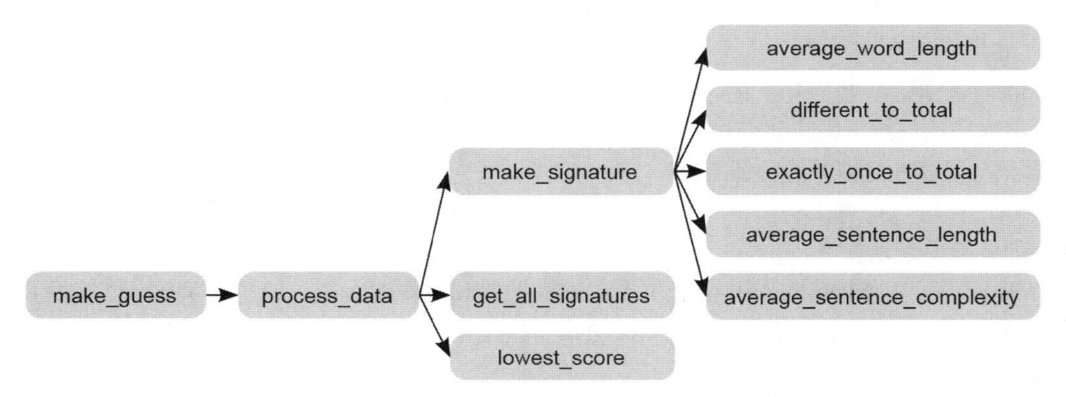


图 7.4　函数关系图（扩充了 make_signature 函数的 5 个子任务）

### 3. 计算平均词长

执行此任务的函数名为 average_word_length，它将图书全文作为输入参数，计算并返回该文本的平均单词长度。

可以使用文本的 split 方法来解决这个任务。提醒一下，split 方法可以将一个字符串分割成一个列表。默认情况下，split 方法会根据空格进行分割。本质上，图书文本是一个字符串，通过在空格处进行分割，就能提取出文本中的单词。这正是我们所需要的。接下来，我们可以遍历这个单词列表，统计其中字母和单词的总数。

这确实是一个不错的开始，但也需要更加谨慎，以免错误地将标点符号等特殊字符计入字母数。例如，pearl 这个词含有 5 个字母，而 pearl.、pearl!! 或 (pearl) 同样如此。这听起来又是一个子任务。也就是说，我们可以将清理单词的任务划分为一个独立的子任务，并创建一个专用的函数来完成这份工作，它将服务于 average_word_length 函数。我们将这个清理单词的函数命名为 clean_word。

clean_word 函数还有一个好处，那就是帮助我们识别文本中某些看似“单词”实际上并非有效词汇的片段。以“...”为例，当我们将此字符串传给 clean_word 函数时，返回结果将是空字符串。这明确说明它实际上并不是一个有效词汇，因此在计数时我们将其排除在外。

**4. 计算去重后单词含量**

执行此任务的函数名为 different_to_total，它以一本书的文本内容作为输入参数，并计算出去重后单词数与单词总数的比值。

正如在 average_word_length 函数中一样，我们需要小心，只能统计字母，不能计算标点符号。但是，等等，我们刚刚提到一个 clean_word 函数，这个函数在 average_word_length 函数中是必需的。我们在这里也可以用上这个函数。实际上，在这 5 个特征任务中，大部分会用到 clean_word 函数。这正是一个高效通用函数的体现。我们的自顶向下设计进展得很顺利。在更新后的函数关系图中，我们可以看到 clean_word 函数如何被两个函数调用，如图 7.5 所示。

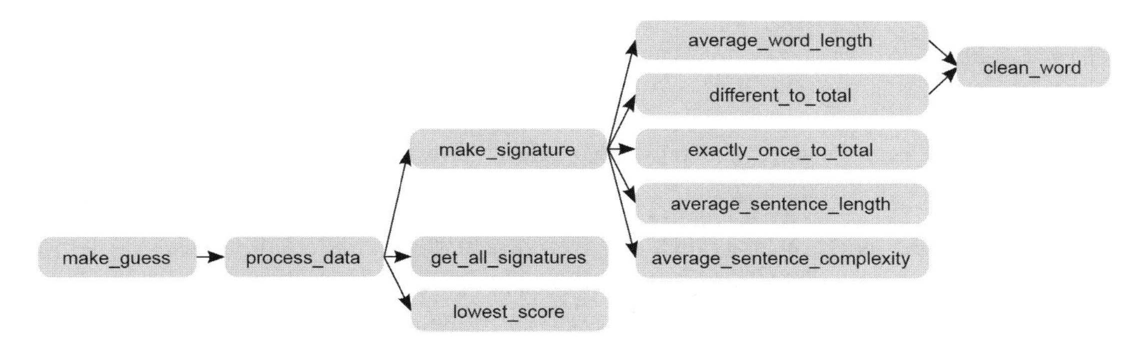


图 7.5 函数关系图（其中，clean_word 函数被另外两个函数调用）

不过，这里还有一个问题需要考虑——类似 pearl、Pearl 和 PEARL 这样的情况。我们希望将它们视为相同的单词，但如果只是简单地使用字符串进行比较，它们会被当作不同的单词。解决这个问题的一个思路是将其划分为另一个子问题——将字符串转换为全小写形式。此外，我们还可以将这一过程视为单词清理的一部分，与去除标点符号同时进行。我们决定采用第二种方案，也就是让 clean_word 函数在去除标点符号的同时，将单词转换为全小写形式。

你可能会好奇，我们是否应该在这里为“统计去重后的单词数”划分一个额外的子任务。实际上，这么做是合理的，完全没有问题。但如果坚持不作划分，则会发现函数在缺少这个子任务的情况下，依然结构清晰、易于管理。随着时间的推移，实践和经验将教会你如何判断合适的时机来对任务进行更细致的拆分。

#### 5. 计算单次单词占比

执行此任务的函数名为 exactly_once_to_total，它将接收的一本书的文本作为输入参数，计算并返回仅出现一次的单词数占单词总数的比例。

我们在这里同样需要使用 clean_word 函数，原因与前两个任务相似——确保仅处理字母，排除标点符号的干扰。

另外，与上个任务讨论的情况类似，尽管可以将“统计仅出现一次的单词数”作为一个子任务进行划分，但考虑到用 Python 实现这一点并不复杂，我们决定不再对当前任务进行进一步的拆分。

#### 6. 计算句子平均单词数

执行此任务的函数名为 average_sentence_length，它将接收的一本书的文本作为参数，计算并返回句子的平均单词数。

在之前的 3 个任务中，我们利用字符串的 split 方法将文本分割为单词。但是，我们如何将文本分割成句子呢？有没有一个字符串方法可以做到这一点？

遗憾的是，并非所有情况都能如愿。因此，“把文本字符串分割为句子”这个操作就很有必要作为一个子任务划分出来。我们为这一子任务定义了一个函数，名为 get_sentences。该函数将接收的整本书的文本作为输入参数，返回一个包含文本中所有句子的列表。

那么，什么是“句子”呢？我们将句子定义为由点号（.）、问号（?）或感叹号（!）分隔出来的文本片段[①]。这个规则虽然方便简单，但它也可能带来一些误判。例如，下面这段文本有几个句子？

I had at that time just entered the family of Mrs. Cecil Forrester in the capacity of governess.

答案是只有一个。不过我们的程序会错误地识别出两个句子。原因在于它会被单词“Mrs.”结尾的点号所误导。如果在本章之后继续深入研究作者识别这个主题，则可以通过进一步完善相应规则，或者采用更为先进的自然语言处理（Natural Language Processing，NLP）技术来提升效果。不过，对于当下的需求，我们可以接受这个偶尔出错的规则，因为大多数情况下它能够正确完成工作。即便偶尔出现错误，这些小瑕疵对我们的整体指标也不会造成太大的影响。

#### 7. 计算平均句子复杂度

执行此任务的函数名为 average_sentence_complexity。它将接收的一个句子的文本作为参数，并返回该句子复杂度的指标值。

正如我们之前所讨论的，我们打算通过句子中的短句数衡量句子的复杂度。与之前使用标点符号分割句子的方式类似，我们将采用另一些标点来分割句子中的各个短句。具体来说，我们认为短语是由逗号（,)、分号（;）或冒号（:）分隔形成的。

我们在上个任务中将“把文本字符串分割成句子”拆分为一个子任务，那么在这里将“把

① 需要说明的是，由于函数处理的文本为英文，因此这里的标点符号应为半角状态。

句子分割为短句”定义为一个子任务似乎也是相当合理的。我们将执行这个子任务的函数命名为 get_phrases。这个函数将接收的书中的一个句子作为输入参数，并输出该句子分割后的短句列表。

让我们暂停片刻，思考一下 get_sentences 和 get_phrases 这两个函数所做的工作。它们在本质上颇为相似，区别仅在于它们用于分割文本的字符有所不同。get_sentences 需要用点号、问号和感叹号来分割，而 get_phrases 则需要用逗号、分号和冒号来分割。我们发现了简化这两个任务的好机会。

试想一下，假设有一个名为 split_string 的函数，它将接收的文本和分隔符作为参数，然后返回由这些分隔符划分出的文本片段列表。如此一来，我们在调用该函数时，传入 '.?!' 就可以将文本分割成句子，或者传入 ',;:' 就可以将文本分割成短句。这样的设计不仅简化了 get_sentences 和 get_phrases 的实现过程，还有效减少了代码的冗余。这无疑是一个明智的选择。

至此，我们已经完全设计出实现更高级别函数 make_signature 所需的所有辅助函数，如图 7.6 所示。接下来，我们将着手研究 get_all_signatures 函数。

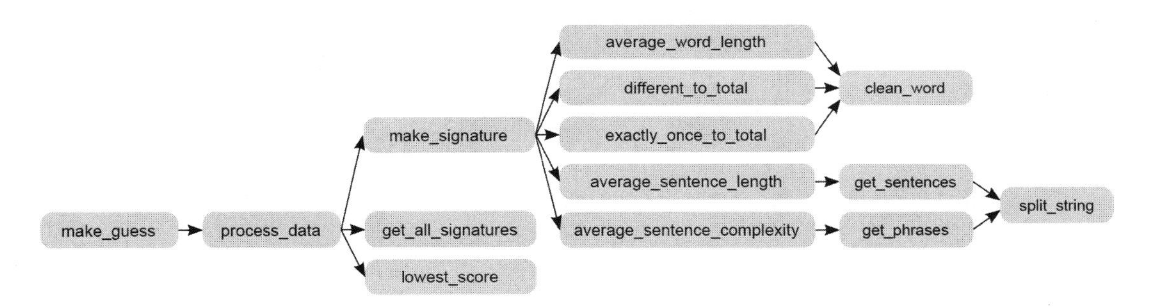


图 7.6 函数关系图（补全了 make_signature 函数所需的所有辅助函数）

## 7.5.2 计算出所有已知签名

我们刚刚花了不少精力，将 make_signature 函数分解为 5 个核心任务，每个任务都对应签名的一个特征。我们设计这个函数是为了确定未知签名，也就是我们试图识别作者特征的神秘文本的签名。

接下来的任务是计算出那些已知作者的图书签名。在这里，我们准备了多个以作者姓名命名的文件。每个文件都包含了对应作者所著的一本书。例如，如果打开名为 Arthur_Conan_Doyle.txt 的文件，将看到柯南 · 道尔所著的《血字的研究》（*A Study in Scarlet*）一书的全文。我们需要为每一个文件确定它的签名。

出人意料的是，我们解决这个问题所需的工作量远比看起来的要少。原因在于，我们能够使用之前设计的那个 make_signature 函数，它原本用来确定神秘图书的特征签名，但它同样可以用来为任何已知图书确定签名。

我们将执行这个任务的函数命名为 get_all_signatures。这个函数如果只将接收的一本书的文本作为参数，则是不合理的，因为它应该能够获取我们所有已知图书的签名。因此，它将接收的一个包含已知图书的目录作为参数。该函数的功能是遍历目录内的所有文件，并为每个文件计算对应的签名。

我们需要这个函数告知哪个签名对应哪本书。换句话说，这个函数需要将每本书与它的签名关联起来。这种关联正是 Python 字典发挥作用的地方。因此，我们应该让这个函数返回一个字典，其中的键代表文件名，而值则代表相应的签名。

在解决 get_all_signatures 函数的问题时，我们的函数关系图并没有引入任何新的函数。因此，在图 7.7 所示的函数关系图中，我们只须标记 get_all_signatures 函数是如何调用 make_signature 函数的。

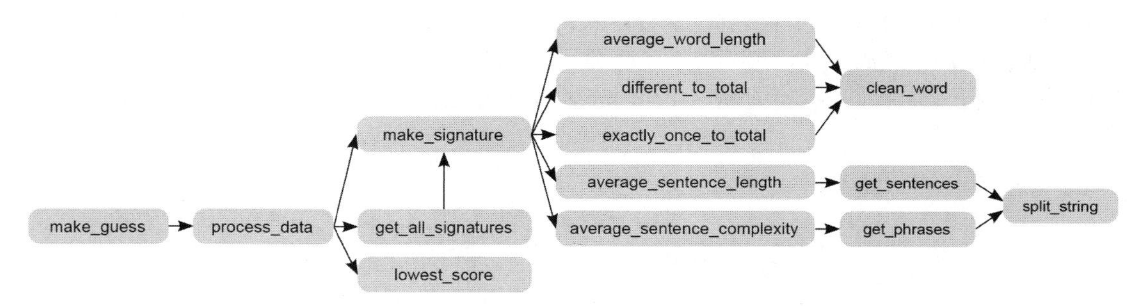


图 7.7 函数关系图（添加了 get_all_signatures 对 make_signature 的调用）

### 7.5.3 寻找最接近的已知签名

先来回顾一下到目前为止的设计成果。

- 我们设计了 make_signature 函数以获取神秘图书的未知签名。
- 我们设计了 get_all_signatures 函数以获取所有图书的签名，并作为已知签名。

接下来，我们需要开发一个新的函数，它能够告诉我们哪一个已知签名（与未知签名）最符合，也就是说，哪一个已知签名与未知签名最接近。

我们的每个签名都将是一个包含 5 个数字的列表，这些数字分别代表 5 个特征的量化结果。我们按照以下顺序排列这些特征：平均词长、去重后单词含量、单次单词占比、句子平均单词数、平均句子复杂度。

假设我们有两个签名。第一个签名是 [4.6, 0.1, 0.05, 10, 2]。这意味着这本书的平均单词长是 4.6，去重后的单词数与单词总数的比值是 0.1，以此类推。第二个签名是 [4.3, 0.1, 0.04, 16, 4]。

有许多方法可以计算签名之间的差异并给出一个总得分。我们打算采用的方法是为每个特征计算一个差异得分，然后将这些得分相加得到总得分。

观察一下这两个签名在第一个特征上的数值：4.6 和 4.3。通过相减，我们得出差值为 0.3（4.6 – 4.3 ）。虽然可以直接使用 0.3 作为这个特征的得分，但实践表明，如果为每个差值分配不同的“权重”，效果会更好。每个权重代表了各个特征的不同重要性。我们打算采用如下权重组合：[11, 33, 50, 0.4, 4]。根据我们多年的经验，这个权重组合在实际应用中表现良好。你可能会好奇这些权重究竟从何而来。实际上，这些权重并非神秘莫测，而是我们在与学生合作的过程中逐步摸索出来的。如果要打造出更高级的作者识别系统，这还只是一个起点。在此类研究中，研究者们通常会对训练过程进行持续“调参”，即通过调整权重来获得更好的结果。

当我们说打算采用 [11, 33, 50, 0.4, 4] 这一权重组合时，表示我们会将第一个特征的差值通过乘以 11 来放大，将第二个特征的差值乘以 33，以此类推。也就是说，对于第一个特征的分值，我们最终返回的不是 0.3 这个差值，而是 3.3（0.3 ×11 ）。

在处理像第四个特征这样的负差值时，我们必须格外小心。我们不能按照 10 – 16 = –6 来计分，因为负分值会**抵消**其他特征的正分值。因此，需要先将这个分值转换为正数，再乘以相应的权重。将负数的负号去掉，这个操作称为求绝对值，用 abs 表示。根据这个规则，第四个特征的完整计算过程就是 abs(10 – 16) ×0.4 = 2.4。

表 7.1 详细给出了每个特征的计算过程。将这 5 个得分汇总，我们得出了一个总计 14.2 分的综合评分。

**表 7.1　计算两个签名之间的差值**

| 特征序号 | 第一个签名的特征值 | 第二个签名的特征值 | 特征权重 | 计算过程 |
|---|---|---|---|---|
| 1 | 4.6 | 4.3 | 11 | abs(4.6 – 4.3) × 11 = 3.3 |
| 2 | 0.1 | 0.1 | 33 | abs(0.1 – 0.1) × 33 = 0 |
| 3 | 0.05 | 0.04 | 50 | abs(0.05 – 0.04) × 50 =0.5 |
| 4 | 10 | 16 | 0.4 | abs(10 – 16) × 0.4 = 2.4 |
| 5 | 2 | 4 | 4 | abs(2 – 4) × 4 = 8 |
| 总分 | | | | 14.2 |

别忘了我们目前在自顶向下设计中所处的位置：我们现在需要一个函数，用来判断哪个已知签名是最接近的。现在，我们已经知道如何对两个签名进行比较并计算得分。接下来，我们将对未知签名与所有已知签名逐一进行比较，以便找出最匹配的那个。得分越低，意味着签名之间的相似度越高；反之，得分越高，则表明签名之间的相似度越低。因此，我们的目标就是挑选出得分最低的签名。

我们将执行此任务的函数命名为 lowest_score。该函数将接收 3 个参数：一个字典，用于将作者的姓名映射到相应的已知签名；一个未知签名；一个权重数组。该函数的目的是找出与未知签名相比得分最低的已知签名。

请思考一下这个函数需要完成的工作。它需要遍历所有已知签名，这可以通过 for 循环实现，这里不需要再细分子任务。此外，它还需要在循环中比对未知签名与当前已知签名。这正是一个子任务，它包含了表 7.1 中列出的评分机制。我们将这个子任务所对应的函数命名为

get_score。

我们的 get_score 函数将接收两个待比较的签名和一个权重列表，并返回这两个签名进行比较之后的得分。

## 7.6 自顶向下设计总结

我们成功地将最初的大问题拆分成多个较小的问题，这些小问题现在可以方便地以函数的形式实现。

图 7.8 展示了我们在问题分解过程中所做的所有工作。我们以 make_guess 函数为起点，它负责解决整体问题。为了帮助这个核心函数，我们开发了 process_data 函数，它将为 make_guess 做一些工作。为了帮助 process_data，我们又设计了 3 个辅助函数——make_signature、get_all_signatures 和 lowest_score，它们拥有各自的辅助函数，以此类推。我们已经勾勒出解决问题所需的所有函数，下一步就是实现它们。

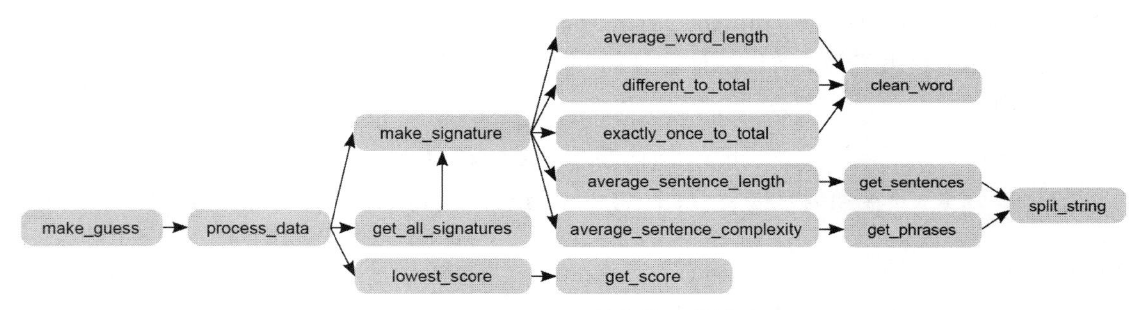


图 7.8 make_guess 的完整函数关系图

## 7.7 实现所有函数

现在，我们已经准备好让 Copilot 实现所需的各个函数了。在设计这些函数时，我们采取了自顶向下的方法——从最顶层的大问题着手，逐步细化至更细小的问题。然而，在实现这些函数时，我们将逆向操作，自底向上（或者就图 7.8 的布局而言，从右至左）。采用这种顺序，是为了确保 Copilot 在编写父任务函数时，能够利用已经实现的子任务函数。在所有子任务函数完全实现之前，我们不会着手编写任何父任务函数的代码。

在第 6 章中，我们已经深入学习了测试的相关知识。尽管我们会在本例的文档字符串中包含一些测试用例，但在本例中并不追求全面的测试——本章的重心在于贯彻自顶向下的设计方法。我们建议你运行 doctest 来执行我们提供的测试，也鼓励你添加自己的测试用例，从而增强对代码的信心。我们也不会过多探讨提示工程，而是关注那些产生了积极成果的提示词。在第 8 章中，我们会专注于调试，届时将重新探讨提示工程。

在第 4 章与第 5 章中，我们介绍了阅读 Python 代码的方法。不过，这并非本章的核心议题。因此，尽管我们加入了一些注解来解释代码的作用和原理，但无意深入探讨代码。再次强调，本章的主旨在于熟练掌握这个大型的自顶向下设计案例，我们不想因为细节而忽略了整体。

## 7.7.1 实现 clean_word 函数

我们首先从实现 clean_word 函数开始。在本章的所有代码示例中，我们会提供函数头（def 这一行）和文档字符串，然后由 Copilot 填充代码。我们还会在代码中提供一些注解，简要说明代码的工作原理。

请记住，我们希望 clean_word 函数可以去除单词前后可能出现的标点符号，并将单词统一转换为小写形式。然而，我们并不打算触碰单词中间的标点，例如 card-board 中的连字符 (-)。为此，我们在文档字符串中清晰地阐述了自己的意图，详见代码清单 7.1。

**代码清单 7.1 清洗单词的函数**

```
def clean_word(word):
    '''
    word is a string.

    Return a version of word in which all letters have been
    converted to lowercase, and punctuation characters have been
    stripped from both ends. Inner punctuation is left untouched.

    >>> clean_word('Pearl!')
    'pearl'
    >>> clean_word('card-board')
    'card-board'
    '''
    word = word.lower()                          ← 将单词转换为小写形式
    word = word.strip(string.punctuation)        ← 用到 string 模块
    return word
```

在第 3 章处理与密码相关的函数时，可以看到，Copilot 使用了 string 模块，并且它在此处再次使用了这个模块。基于第 3 章的经验，要使这段代码正常运行，必须先导入 string 模块。因此，请在函数上方添加如下一行代码。

```
import string
```

最终效果参见代码清单 7.2。

**代码清单 7.2 清洗单词的函数（完整版）**

```
import string
def clean_word(word):
    '''
```

```
    word is a string.

    Return a version of word in which all letters have been
    converted to lowercase, and punctuation characters have
    been stripped from both ends. Inner punctuation is left
    untouched.

    >>> clean_word('Pearl!')
    'pearl'
    >>> clean_word('card-board')
    'card-board'
    '''
    word = word.lower()
    word = word.strip(string.punctuation)
    return word
```

这样就实现了 clean_word 函数，接下来可以在图 7.9 所示的函数关系图中将其标记为已实现。

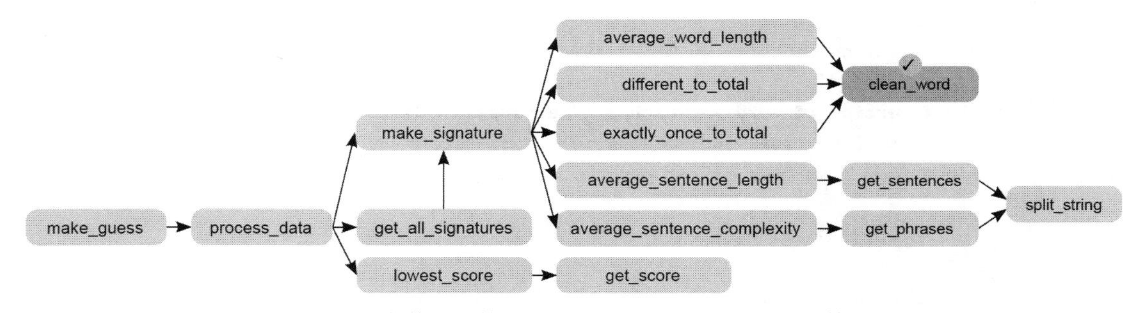


图 7.9　完整的函数关系图（已实现 clean_word 函数）

## 7.7.2　实现 average_word_length 函数

接下来，我们将着手实现 5 个签名特征函数中的第一个：average_word_length。这个函数的目的是确定文本中每个单词的平均字母数。然而，我们不希望将单词周围的标点符号计算在内，也不希望将不包含任何字母的单词纳入统计。为此，我们将在此用到刚刚写好的 clean_word 函数。像往常一样，我们精心编写了函数的文档字符串，希望引导 Copilot 实现这些功能。具体结果请参阅代码清单 7.3。

**代码清单 7.3　确定平均单词长度的函数**

```
def average_word_length(text):
    '''
    text is a string of text.

    Return the average word length of the words in text.
```

```
    Do not count empty words as words.
    Do not include surrounding punctuation.

    >>> average_word_length('A pearl! Pearl! Lustrous pearl! \
Rare. What a nice find.')
    4.1
    '''
    words = text.split()
    total = 0
    count = 0
    for word in words:
        word = clean_word(word)
        if word != '':
            total += len(word)
            count += 1
    return total / count
```

将字符串分割为单词

total 变量将统计所有单词的字母总数

count 变量将统计单词的总数

遍历每个单词

Copilot 为我们调用了 clean_word 函数

仅在单词不为空时才进行统计

把当前单词的字母数累加

计入当前单词，给单词总数加 1

返回字母总数除以单词总数的结果

在此处的 doctest 测试用例中，我们将字符串拆分成两行，第一行以反斜杠（\）结尾。这是因为，如果不这样处理，字符串将无法在图书的单行宽度内展示完整。此外，还需要确保第二行没有缩进，否则，doctest 会错误地将缩进视为字符串中的空格。你在动手实践时，可以将整个字符串输入在一行之内，无须操心反斜杠和缩进的问题。

现在，我们可以在函数关系图中将 average_word_length 函数标记为已实现，如图 7.10 所示。虽然逐一标记每个函数的实现状态很有成就感，但为了减少视觉上的干扰，我们只在重要节点回顾这幅图。

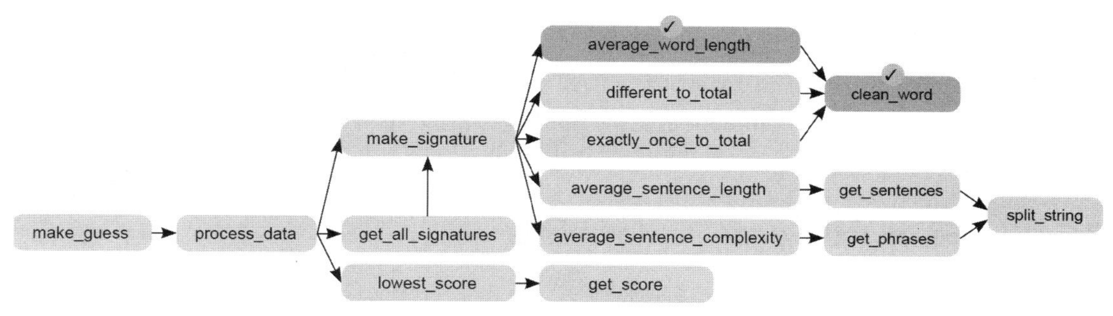


图 7.10 完整函数关系图（已实现 average_word_length 函数）

## 7.7.3 实现 different_to_total 函数

接下来处理第二个签名特征函数。我们需要利用这个函数计算去重后的单词数与单词总数的比值。同样，我们不想要单词头尾的标点符号，也不希望统计空单词。具体结果请参阅代码清单 7.4。

代码清单 7.4 计算去重后的单词数与单词总数之比的函数

```
def different_to_total(text):
    '''
    text is a string of text.

    Return the number of unique words in text
    divided by the total number of words in text.
    Do not count empty words as words.
    Do not include surrounding punctuation.

    >>> different_to_total('A pearl! Pearl! Lustrous pearl! \
Rare. What a nice find.')
    0.7
    '''
    words = text.split()          ◀ 将字符串分割为单词
    total = 0                     ◀ total 变量将统计所有非空单词的总数
    unique = set()                ◀ 这个集合用于保存所有去重后的单词
    for word in words:
        word = clean_word(word)   ◀ Copilot 为我们调用了 clean_word 函数
        if word != '':
            total += 1
            unique.add(word)      ◀ 集合类似于列表，但不接受重复元素
    return len(unique) / total    ◀ 返回去重后单词数与单词总数的比值
```

在这段代码中，我们采用了 Python 的集合（set）而非列表（list）来收集并存储这些单词去除重复项之后的结果。集合与列表在功能上相似，但区别在于集合自动排除了重复元素，因此，即使你尝试将某个单词多次添加进集合，集合也只会保留该单词一次。正因如此，我们才能够在函数的返回语句中通过 len(unique) 直接获取去重后的单词总数。

我们在这里无须深入了解 Python 集合的更多细节就可以继续往下学习。不过，如果你有兴趣了解更多，既可以向 Copilot 请求更详尽的代码解释，也可以通过 Google 搜索获取有关 Python 集合的更多资料。

### 7.7.4 实现 exactly_once_to_total 函数

我们已经准备好实现第三个签名特征函数。这个函数需要计算仅使用一次的单词数与单词总数的比值，如代码清单 7.5 所示。我们向 Copilot 提供了提示词，收到的代码如代码清单 7.5 所示。

代码清单 7.5 计算仅使用一次的单词占比的函数——第一次尝试

```
def exactly_once_to_total(text):
    '''
    text is a string of text.
```

```
    Return the number of words that show up exactly once in text
    divided by the total number of words in text.
    Do not count empty words as words.
    Do not include surrounding punctuation.

    >>> exactly_once_to_total('A pearl! Pearl! Lustrous pearl! \
Rare. What a nice find.')
    0.5
    '''
    words = text.split()
    unique = set()
    total = 0
    for word in words:
        word = clean_word(word)
        if word != '':
            if word not in unique:
                unique.add(word)
            else:
                unique.remove(word)  ◄── 从 unique 集合中移除一个单词？
            total += 1
    return len(unique) / total
```

快速浏览这段代码，我们看到它似乎想用 unique 集合记录文本中非重复使用的单词。在这段代码的结尾，程序将这些非重复使用的单词数除以单词总数，从而得到一个比值。

然而，当我们使用 doctest 来运行测试用例时，会发现代码未能通过测试。我们期望的结果是 0.5，但代码错误地返回 0.6。这说明代码存在问题，需要引起重视。

我们审视一下代码，看看它为什么是错误的。设想一个单词在文本中出现了 3 次。当第一次遇到这个单词时，代码将其加入 unique 集合中。当第二次遇到这个单词时，代码会将其从 unique 集合中**移除**，这在目前看来是合理的，因为该词的使用次数已经超过一次，所以不应再保留在 unique 集合中。然而，当第三次遇到这个单词时，代码错误地将其重新加入 unique 集合中。这导致代码错误地将一些实际上多次出现的单词误判为仅使用了一次。

我们浏览了 Ctrl+Enter 组合键所提供的建议清单，然后找到了一个正确的替代方案，如代码清单 7.6 所示。

**代码清单 7.6　计算仅使用一次的单词占比的函数——第二次尝试**

```
def exactly_once_to_total(text):
    '''
    text is a string of text.

    Return the number of words that show up exactly once in text
    divided by the total number of words in text.
    Do not count empty words as words.
    Do not include surrounding punctuation.
```

```
    >>> exactly_once_to_total('A pearl! Pearl! Lustrous pearl! \
Rare. What a nice find.')
    0.5
    '''
    words = text.split()
    total = 0                           记录已经遇到
    unique = set()  ◄                   的所有单词
    once = set()  ◄                         记录仅使用一次的单词；
    for word in words:                      这是我们最终关心的
        word = clean_word(word)
        if word != '':
            total += 1                      我们再次遇到
            if word in unique:  ◄           这个单词
                once.discard(word)  ◄—— 因此，我们需要将这个单词从 once 集合中移除
            else:
                unique.add(word)  ◄                          我们已经遇到
                once.add(word)  ◄               到目前为止，这个   这个单词
    return len(once) / total  ◄                 单词仅使用了一次
                             返回仅使用一次的单词
                             数与单词总数的比值
```

这段代码相当巧妙。要理解它，需要先关注 else 代码块。这部分代码在首次遇到一个单词时执行。该单词同时被加入 unique 和 once 这两个集合中。once 集合的作用是记录那些只出现了一次的单词。

现在设想一下再次遇到同一个单词。因为这个单词已经存在于 unique 集合中（在首次遇到它时便已加入），if 语句便会触发执行。由于这个单词出现了不止一次，因此需要将其从 once 集合中清除。if 代码段正是为此而设计的：它采用 once.discard(word) 方法，将该词从 once 集合中剔除。

简而言之，当我们第一次遇到一个单词时，会将它添加到 once 集合中。当我们再次遇到它时，会将它从 once 集合中移除，并且没有办法将它重新加入 once 集合中。因此 once 集合正确地追踪了那些只用过一次的单词。

### 7.7.5 实现 split_string 函数

我们已经完成 3 个单词层面的签名特征函数。在学习句子层面的签名特征函数之前，我们必须先编写 get_sentences 函数。然而，在实现 get_sentences 函数之前，需要先完成 split_string 函数，这就是我们现在着手要做的工作。

我们的 split_string 函数在功能上应该可以根据任意数量的分隔符分割字符串。它本质上与句子或短句无关。为了强调这一点，我们在文档字符串中包含了一个测试用例：尽管这里只是利用它来分割句子和短句，但该函数的用途实际上更加广泛。请参阅代码清单 7.7 中的具体实现。

**代码清单 7.7 基于分隔符对字符串进行分割的函数**

```
def split_string(text, separators):
    '''
    text is a string of text.
    separators is a string of separator characters.

    Split the text into a list using any of the one-character
    separators and return the result.
    Remove spaces from beginning and end
    of a string before adding it to the list.
    Do not include empty strings in the list.

    >>> split_string('one*two[three', '*[')
    ['one', 'two', 'three']
    >>> split_string('A pearl! Pearl! Lustrous pearl! Rare. \
What a nice find.', '.?!')
    ['A pearl', 'Pearl', 'Lustrous pearl', 'Rare', \
'What a nice find']
    '''
    words = []        # 更好的变量名应该是 all_strings
    word = ''         # 更好的变量名应该是 current_string
    for char in text:
        if char in separators:      # 当前字符串到此结束
            word = word.strip()     # 从当前字符串的开头和结尾移除所有空格
            if word != '':          # 如果当前字符串不为空
                words.append(word)  # 将其作为一个分割后的单词保存到单词列表中
            word = ''               # 清空当前字符串，为下一个字符串做准备
        else:
            word += char  # Adds to the current string (don’t split yet)   # 将字符添加到当前字符串中（此时不进行分割）
    word = word.strip()         # 处理最后一个分割出的字符串，如果不为空，
    if word != '':              # 则将其添加到单词列表中
        words.append(word)
    return words
```

你或许对 for 循环结束后到 return 语句之间的这段代码感到好奇。它似乎重复了循环体内的一些代码，这样做的目的是什么呢？这段代码的必要性在于，循环仅在检测到分隔符时，才会将分割后的字符串加入字符串列表中。如果文本的结尾没有分隔符，循环体就不会添加最后一个分割出的片段。因此，循环之后的代码确保了最后这个片段不会被遗漏。

已经有一段时间没有更新我们的函数关系图了，而现在正是一个好时机。这幅图也提醒我们，我们正在自底向上（在函数关系图中为从右至左）逐步完成各个函数。图 7.11 显示了目前为止已实现的函数。

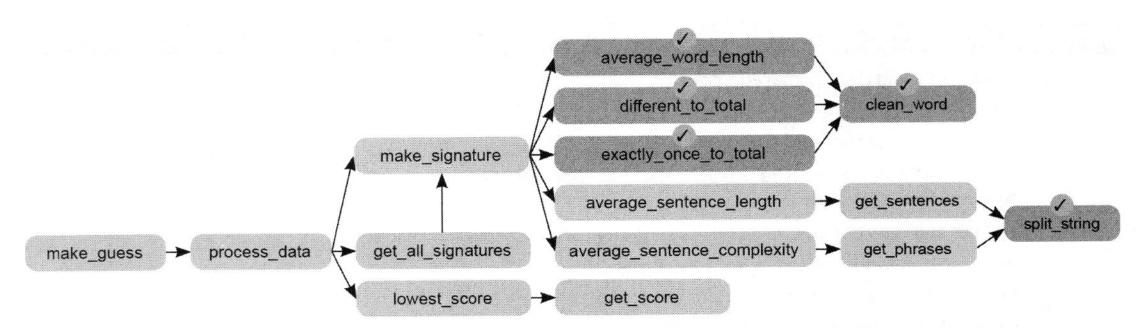


图 7.11 完整的函数关系图（已实现 different_to_total、exactly_once_to_total 和 split_string 等函数）

## 7.7.6 实现 get_sentences 函数

在自顶向下设计中，我们将大部分获取句子的工作分配给 split_string 函数。因此，我们期望 Copilot 能够合理调用 split_string 函数来实现 get_sentences 函数的功能。

我们不希望句子的开头或结尾有任何空格，也不希望有空句子。我们最初在文档字符串中提到了这些要求，但即使没有这些要求，Copilot 也能正确调用 split_string 函数，而该函数会妥善处理这些边界情况。我们得到的函数代码如代码清单 7.8 所示。

**代码清单 7.8 将文本分割为句子列表的函数**

```
def get_sentences(text):
    '''
    text is a string of text.

    Return a list of the sentences from text.
    Sentences are separated by a '.', '?' or '!'.

    >>> get_sentences('A pearl! Pearl! Lustrous pearl! Rare. \
What a nice find.')
    ['A pearl', 'Pearl', 'Lustrous pearl', 'Rare', \
'What a nice find']
    '''
    return split_string(text, '.?!')   ◄── 调用 split_string 函数并传入句子分隔符
```

## 7.7.7 实现 average_sentence_length 函数

我们已经成功实现了 get_sentences 函数，接下来可以着手开发 average_sentence_length 函数，这是第四个签名特征函数。该函数用于计算文本中每个句子的平均单词数。在向 Copilot 提供提示词之后，我们得到的函数代码如代码清单 7.9 所示。

**代码清单 7.9 计算每句话平均单词数的函数**

```
def average_sentence_length(text):
    '''
    text is a string of text.

    Return the average number of words per sentence in text.
    Do not count empty words as words.

    >>> average_sentence_length('A pearl! Pearl! Lustrous pearl! \
Rare. What a nice find.')
    2.0
    '''
    sentences = get_sentences(text)      # 获取句子列表
    total = 0
    for sentence in sentences:           # 遍历句子
        words = sentence.split()         # 将当前句子分割为单词
        for word in words:               # 遍历句子中的单词
            if word != '':
                total += 1
    return total / len(sentences)        # 返回单词总数除以句子总数的结果
```

### 7.7.8 实现 get_phrases 函数

前面提到，我们在实现 average_sentence_length 函数之前需要先实现 get_sentences 函数。与此类似，我们在实现 average_sentence_complexity 函数之前也需要先实现 get_phrases 函数。

正如我们所期望的那样，Copilot 调用了 split_string 函数来获取短语。相关代码参见代码清单 7.10。

**代码清单 7.10 将句子分割为短句列表的函数**

```
def get_phrases(sentence):
    '''
    sentence is a sentence string.

    Return a list of the phrases from sentence.
    Phrases are separated by a ',', ';' or ':'.

    >>> get_phrases('Lustrous pearl, Rare, What a nice find')
    ['Lustrous pearl', 'Rare', 'What a nice find']
    '''
    return split_string(sentence, ',;:')   # 调用 split_string 函数并传入短句分隔符
```

## 7.7.9　实现 average_sentence_complexity 函数

完成 get_phrases 函数之后，我们现在可以通过提示词生成 average_sentence_complexity 函数的代码，结果参见代码清单 7.11。

**代码清单 7.11　计算平均每个句子包含短句数的函数**

```
def average_sentence_complexity(text):
    '''
    text is a string of text.

    Return the average number of phrases per sentence in text.

    >>> average_sentence_complexity('A pearl! Pearl! Lustrous \
pearl! Rare. What a nice find.')
    1.0
    >>> average_sentence_complexity('A pearl! Pearl! Lustrous \
pearl! Rare, what a nice find.')
    1.25     ◄── 我们将最后一个点号改为逗号，以便让计算过程变成 5/4 = 1.25
    '''
    sentences = get_sentences(text)     ◄── 获取句子列表
    total = 0
    for sentence in sentences:     ◄── 遍历句子
        phrases = get_phrases(sentence)     ◄── 获取当前句子的短句列表
        total += len(phrases)     ◄── 将当前句子中的短句数加入短句总数
    return total / len(sentences)     ◄── 返回短句总数除以句子总数的结果
```

我们的进展非常顺利。如图 7.12 所示，我们已实现创建 make_signature 函数所需的所有辅助函数。

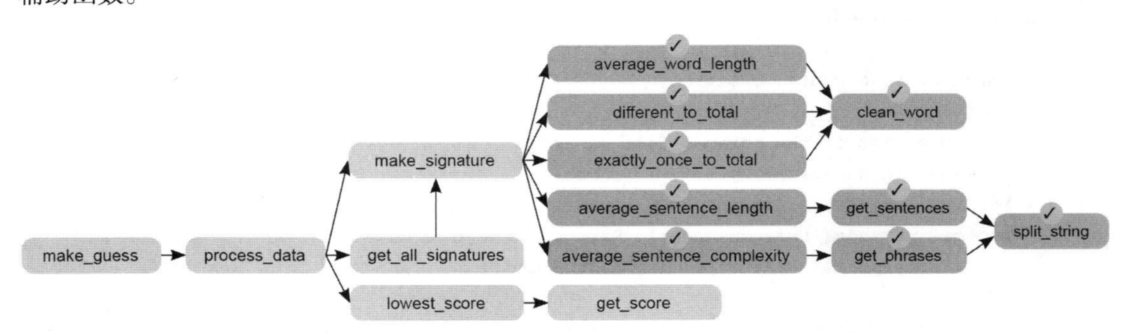


图 7.12　完整的函数关系图（已实现创建 make_signature 函数所需的所有辅助函数）

### 7.7.10 实现 make_signature 函数

到目前为止，我们已经编写了 9 个函数，它们扮演了重要的角色。但我们仍感到不太满足，因为我们尚未真正涉足文本签名的处理。我们现在拥有的这些函数，不仅能够对单词进行清洗、以各种方式拆分字符串，还可以计算出签名的单个特征，但迄今为止，还没有一个函数能够整合这些特征以生成完整签名。

现在，情况有所改变，因为我们终于准备好实现 make_signature 函数了，它将为文本生成签名。

该函数将接收一本书的文本内容，并返回一个包含 5 个数字的列表，这 5 个数字正是调用 5 个签名特征函数之后的结果，如代码清单 7.12 所示。

**代码清单 7.12 计算文本特征签名的函数**

```
def make_signature(text):
    '''
    The signature for text is a list of five elements:
    average word length, different words divided by total words, words used
    exactly once divided by total words,
    average sentence length, and average sentence complexity.

    Return the signature for text.

    >>> make_signature('A pearl! Pearl! Lustrous pearl! \
Rare, what a nice find.')
    [4.1, 0.7, 0.5, 2.5, 1.25]
    '''
    return [average_word_length(text), different_to_total(text),
            exactly_once_to_total(text),
            average_sentence_length(text),
            average_sentence_complexity(text)]
```

调用我们的 5 个签名特征函数

可以发现，仅仅依次调用这 5 个签名特征函数，就实现了 make_signature 函数的所有功能。

现在，停下来思考一下：如果没有事先采取周密的自顶向下设计，make_signature 函数将会变得多么复杂。原本需要整合在一个函数中的 5 项功能，其各自的变量与计算将会交织在一起，导致代码混乱不堪。幸运的是，我们采纳了自顶向下的设计方法，使我们的函数不仅更易于阅读，也更易于判断正确性。

### 7.7.11 实现 get_all_signatures 函数

我们的 process_data 函数有 3 个子任务需要实现，而我们刚刚完成了其中的第一个（实现 make_signature 函数）。

接下来，继续处理第二个子任务，也就是实现 get_all_signatures 函数。

从现在开始，我们假定你的工作目录中不仅存放了你的代码，还包含了我们所提供的图书子目录。我们需要 get_all_signatures 这个函数为这个已知作者目录中的每个文件生成签名。我们希望 Copilot 在这里调用 make_signature 函数，从而极大地简化 get_all_signatures 函数的实现过程。

Copilot 确实是这么做的，但它给出的代码仍然存在两个问题。我们最开始得到的代码详见代码清单 7.13。

**代码清单 7.13 获取所有已知作者签名的函数——第一次尝试**

```
def get_all_signatures(known_dir):
    '''
    known_dir is the name of a directory of books.
    For each file in directory known_dir, determine its signature.

    Return a dictionary where each key is
    the name of a file, and the value is its signature.
    '''
    signatures = {}    ◄── 我们的字典保存了从文件名到签名的映射关系
    for filename in os.listdir(known_dir):    ◄── 遍历已知作者目录中的每个文件
        with open(os.path.join(known_dir, filename)) as f:    ◄── 打开当前文件
            text = f.read()    ◄── 读取文件中的所有文本
            signatures[filename] = make_signature(text)    ◄── 为文本生成签名并保存到字典中
    return signatures
```

尝试按照下面的方式，在 Python 提示符中执行如下函数。

```
>>> get_all_signatures('known_authors')
```

我们将遇到如下错误。

```
Traceback (most recent call last):
  File "<stdin>", line 1, in <module>
  File "C:\repos\book_code\ch7\authorship.py", line 207, in get_all_signatures
    for filename in os.listdir(known_dir):
                    ^^
NameError: name 'os' is not defined
```

错误信息表明，函数尝试使用一个名为 os 的模块，但该模块尚不可用。os 模块是 Python 的内置模块，面对这种情况，我们的解决办法很明确：导入该模块。具体来说，我们需要在函数上方添加如下内容。

```
import os
```

但是，即使补上了这行代码，我们也仍然会得到下面这个错误。

```
>>> get_all_signatures('known_authors')
Traceback (most recent call last):
  File "<stdin>", line 1, in <module>
```

```
  File "C:\repos\book_code\ch7\authorship.py", line 209, in get_all_signatures
    text = f.read()
           ^^^^^^^^
  File "C:\Users\danie\AppData\Local\Programs\Python\Python311\Lib\encodings\cp1252.py",
line 23, in decode
    return codecs.charmap_decode(input,self.errors,decoding_table)[0]
           ^^^^^^^^^^^^^^^^^^^^^^^^^^^^^^^^^^^^^^^^^^^^^^^^^^^^^^^^^^^^^^^^^^^^^^^^^^^
UnicodeDecodeError: 'charmap' codec can't decode byte 0x9d in position 2913: character
maps to <undefined>
```

这个 UnicodeDecodeError 错误究竟是什么？如果你对其中的技术细节感到好奇，可以通过 Google 或 ChatGPT 详细了解。简而言之，我们打开的每个文件都是以特定方式进行编码的，而 Python 在尝试读取文件时选择了不匹配的编码方式。

不过，我们可以在函数顶部添加注释来引导 Copilot 修复这个问题（当遇到这类错误时，可以尝试在 Copilot 生成的错误代码上方直接添加注释。当移除那些错误代码之后，Copilot 往往能够重新生成正确的代码）。按照这个方法操作后，问题便迎刃而解，正如代码清单 7.14 所示。

**代码清单 7.14 获取所有已知作者签名的函数——第二次尝试**

```
import os

def get_all_signatures(known_dir):
    '''
    known_dir is the name of a directory of books.
    For each file in directory known_dir, determine its signature.

    Return a dictionary where each key is
    the name of a file, and the value is its signature.
    '''
    signatures = {}
    # Fix UnicodeDecodeError  ◄── 提示词告诉 Copilot 需要修正我们之前遇到的错误
    for filename in os.listdir(known_dir):
        with open(os.path.join(known_dir, filename),
                  encoding='utf-8') as f:
            text = f.read()
            signatures[filename] = make_signature(text)
    return signatures
```

现在，如果你运行这个函数，应该能看到一个包含作者及其签名的字典，例如下面的内容。

```
>>> get_all_signatures('known_authors')
{'Arthur_Conan_Doyle.txt': [4.3745884086670195, 0.1547122890234636, 0.09005503235165442,
15.48943661971831, 2.082394366197183],
'Charles_Dickens.txt': [4.229579999566339, 0.0796743207788547, 0.041821158307855766,
```

```
17.286386709736963, 2.698477157360406],
'Frances_Hodgson_Burnett.txt': [4.230464334694739, 0.08356818832607418,
0.04201769324672584, 13.881251286272896, 1.9267338958633464],
'Jane_Austen.txt': [4.492473405509028, 0.06848572461149259, 0.03249477538065084,
17.507478923035084, 2.607560511286375],
'Mark_Twain.txt': [4.372851190055795, 0.1350377851543188, 0.07780210466840878,
14.395167731629392, 2.16194089456869]}
```

为了保持简洁，这个函数的文档字符串中并未包含测试用例。但我们完全有能力完成这项工作，只须构建一个虚构的小型图书样本，类似于第 6 章的第二个示例中采用的方法。不过，在这里，我们打算继续专注于本章的整体目标——函数分解。如果读者对此感兴趣，我们鼓励你自行完成这一练习。如图 7.13 所示，我们顺利实现了 process_data 所需的前两个任务。

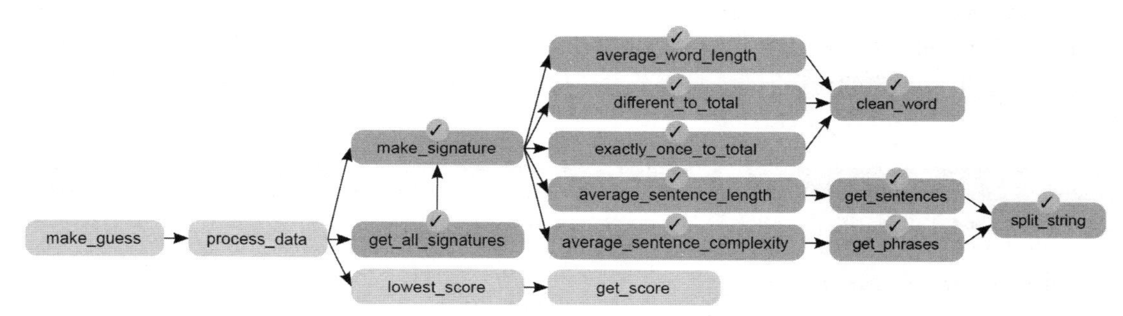


图 7.13 完整的函数关系图（已实现 make_signature 和 get_all_signatures 函数）

## 7.7.12 实现 get_score 函数

接下来，我们将实现 get_score 函数，它负责实现比较签名的功能。回想一下，我们之前是如何计算每个特征的差值，然后将这个差值乘以相应的权重，最终将这些乘积相加，从而得出总分值的。这正是 get_score 函数需要完成的任务。

在文档字符串中解释这个公式可能颇具挑战性，而且我们甚至不确定这个公式是否应该放在那里：文档字符串的本意是告诉他人如何使用函数，而不是解释函数的工作原理。实际上，调用这个函数的人可能并不关心计算公式具体是什么样的。

我们所能做的是编写常规的文档字符串，不包含具体的公式，然后看看 Copilot 会如何处理。生成的结果如代码清单 7.15 所示。

**代码清单 7.15 比较两个签名的函数**

```
def get_score(signature1, signature2, weights):
    '''
    signature1 and signature2 are signatures.
    weights is a list of five weights.
```

```
Return the score for signature1 and signature2.

>>> get_score([4.6, 0.1, 0.05, 10, 2],\
              [4.3, 0.1, 0.04, 16, 4],\
              [11, 33, 50, 0.4, 4])      ◄── [11, 33, 50, 0.4, 4] 这组权重对我们来说效果很好
14.2
'''
score = 0
for i in range(len(signature1)):      ◄── 遍历每个签名特征
    score += abs(signature1[i] - signature2[i]) * weights[i]      ◄── 将加权差值加入总分值
return score
```

Copilot 精确地实现了我们所期望的公式。

不过，在将 Copilot 的这次神奇表现归结于心灵感应或类似事情之前，不要忘了，我们在这里使用的公式是用于比较签名的一种相当常见的度量标准。多年来，许多学生和程序员已使用过这个公式来实现作者特征识别。Copilot 之所以能准确给出这个方案，是因为该公式在它的训练数据中频繁出现。

如果 Copilot 给出的公式不符合预期，可以尝试在代码中添加注释来详细描述具体需求。如果这样做还是失败了，可以亲自修改代码，从而获得期望的结果。

## 7.7.13 实现 lowest_score 函数

lowest_score 函数将补足实现 process_data 函数所需的一切。

我们刚刚实现的 get_score 函数能够计算任意两个签名之间的差异性分值。接下来，lowest_score 函数将循环调用 get_score 函数，以便对一个未知的文本签名与所有已知签名进行比较。最终，lowest_score 函数会找出与未知签名最接近的已知签名（分值最低的那一个），并将其作为结果返回。具体代码详见代码清单 7.16。

**代码清单 7.16 找出最接近的已知签名的函数**

```
def lowest_score(signatures_dict, unknown_signature, weights):
    '''
    signatures_dict is a dictionary mapping keys to signatures.
    unknown_signature is a signature.
    weights is a list of five weights.
    Return the key whose signature value has the lowest
    score with unknown_signature.

    >>> d = {'Dan': [1, 1, 1, 1, 1], 'Leo': [3, 3, 3, 3, 3]}      ◄── 在文档字符串中使用变量，使测试用例更易于阅读
    >>> unknown = [1, 0.8, 0.9, 1.3, 1.4]
    >>> weights = [11, 33, 50, 0.4, 4]
    >>> lowest_score(d, unknown, weights)      ◄── 由于我们使用了变量，因此这些测试用例更易于阅读
    'Dan'
```

```
    '''
    lowest = None
    for key in signatures_dict:          ◄── 遍历每个作者的名字
        score = get_score(signatures_dict[key], unknown_signature,
                weights)                 ◄── 获取当前已知签名与未知签名进行比较后得出的分值
        if lowest is None or score < lowest[1]:   ◄── 如果这是第一次比较，或者比现有最低分值更低
            lowest = (key, score)        ◄── 存储最佳作者的名字和相应的分值
    return lowest[0]                     ◄── 返回最佳作者的名字
```

第一个参数 signatures_dict 是一个字典，它将作者的名字映射到他们对应的已知签名。这个字典最终由 get_all_signatures 函数输出。第二个参数 unknown_signature 则来自 make_signature 函数对神秘图书的处理结果。第三个参数 weights 将由我们在调用此函数时直接提供。

### 7.7.14 实现 process_data 函数

现在仅剩两个函数有待完成。其中之一就是 process_data 函数——感觉我们为此准备了很长时间，而现在终于准备好了。

process_data 函数将接收两个参数：神秘图书的文件名和已知作者图书的目录。process_data 函数将返回最有可能创作了这本神秘图书的作者，详见代码清单 7.17。

**代码清单 7.17 寻找最接近神秘作者的签名的函数**

```
def process_data(mystery_filename, known_dir):
    '''
    mystery_filename is the filename of a mystery book whose
    author we want to know.
    known_dir is the name of a directory of books.

    Return the name of the signature closest to
    the signature of the text of mystery_filename.
    '''
    signatures = get_all_signatures(known_dir)   ◄── 获取所有已知签名
    with open(mystery_filename, encoding='utf-8') as f:   ◄── Copilot 借鉴了我们之前的代码，这次正确地设置了编码方式
        text = f.read()                          ◄── 读取神秘图书的文本
        unknown_signature = make_signature(text) ◄── 获取未知签名
    return lowest_score(signatures, unknown_signature,
                        [11, 33, 50, 0.4, 4])    ◄── 返回与未知签名最接近的已知签名
```

请再次留意上面的程序如何依赖之前的函数。这个极具价值的 process_data 函数实际上就是一套精心组织的函数调用流程。

我们准备了几个未署名作者的文本文件，例如 unknown1.txt 和 unknown2.txt。这些文件应当放置在工作目录中，与程序代码和包含已知作者作品的子目录并列。

现在，调用 process_data 函数，猜测一下 'unknown1.txt' 的作者是谁。

```
>>> process_data('unknown1.txt', 'known_authors')
'Arthur_Conan_Doyle.txt'
```

我们的程序猜测 Arthur Conan Doyle 是 unknown1.txt 的作者。如果我们查看 unknown1.txt 文件的内容，会发现这个猜测是正确的。这本书名为《四签名》(*The Sign of the Four*)，是这位著名作家的代表作之一。

## 7.7.15　实现 make_guess 函数

要猜测一本书的作者，我们目前需要输入 Python 代码来运行 process_data 函数。这对用户来说并不那么友好。如果在程序运行时让它询问用户想要处理哪个神秘图书文件，那将会好得多。

我们将为程序画上点睛之笔，完成最顶层的 make_guess 函数。该函数将请求用户输入一本神秘图书的文件名，然后通过 process_data 函数获取最佳猜测结果，并把这一猜测结果输出给用户。具体代码参见代码清单 7.18。

**代码清单 7.18　与用户交互并猜测图书作者的函数**

```
def make_guess(known_dir):
    '''
    Ask user for a filename.
    Get all known signatures from known_dir,
    and print the name of the one that has the lowest score
    with the user's filename.
    '''
    filename = input('Enter filename: ')     ◄── 请求用户输入神秘图书的文件名
    print(process_data(filename, known_dir))   ◄── 调用 process_data 函数完成所有工作，并输出猜测结果
```

现在我们只须在调用 known_authors 函数时传入 known_authors 目录的位置，即可得到结果。

这标志着我们已实现函数关系图中的所有函数。图 7.14 清晰地展示了我们自底向上一步步攻克的每一个函数。

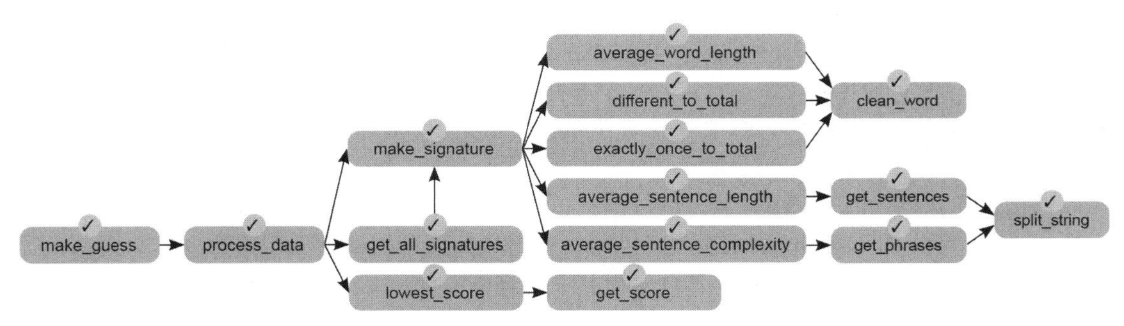


图 7.14　现在 make_guess 所需的所有函数都已实现

如果你已将所有代码保存在 Python 文件中，可以在文件底部添加以下代码。以后运行这个文件，就可以开始猜测一本神秘图书的作者了。

```
make_guess('known_authors')
```

祝贺你！你已经完成个人第一次真实世界的自顶向下设计。看看最终成果——一款任何编程新手都应引以为傲的作者识别程序。这个程序基于 AI 的技术原理，利用图书文本作为训练数据，来学习不同作者的写作习惯（例如，他们是否倾向于使用较短或较长的单词，句子是否更短或更长等）。然后，它将这些学习成果应用于对一本神秘图书的分析，从而判断哪位作者的写作风格与这本书最为接近。这真是太酷了！

我们成功解决了一个非常困难的问题，这一成就得益于我们对问题的细致拆解，以及让 Copilot 针对这些子问题编写合适的代码。

## 7.8　进一步探讨

在进行自顶向下的设计之后，程序员往往会发现重构代码的契机。重构是指在不改变程序功能的前提下，使代码更整洁、结构更合理。确实，我们的程序可以通过多种方式进行重构。例如，你可能已经注意到了，多个签名特征函数在处理字符串时都会将其分割为单词，并忽略空单词。这个操作——从字符串中提取非空单词列表——可以单独抽离成一个子任务函数，这样做不仅能够简化任何调用它的函数，还能使代码更加清晰易读。

我们还可以考虑将权重作为参数传递给 process_data 函数，而不是在该函数内部直接硬编码。这样一来，权重的硬编码将转移到 make_guess 函数中。通过这种方式，决策的逻辑被提升至函数调用层级的更高一层，当需要调整权重时，查找和修改都变得更加便捷。

在功能和效率方面，程序也有提升的空间。

就功能而言，目前的程序仅输出对神秘图书作者的最佳猜测。然而，我们对这个猜测本身并不了解。那么，是否还有第二位作者与猜测结果非常接近呢？如果有，我们或许希望了解这些信息。更广泛地讲，了解排名靠前的几个猜测，而非单一的最佳猜测，对我们来说可能更有价值。这样，即便最佳猜测出现错误，我们也能掌握更多关于作者特征的有用线索。这些都是可以为程序添加的额外功能。

在效率方面，让我们再次聚焦于 get_all_signatures 函数。此函数承担了繁重的任务。例如，我们的目录中有 5 个图书文件，该函数将逐一读取并为每本书生成签名。这似乎不足挂齿，毕竟只有 5 个图书文件，而计算机的处理速度是相当快的。然而，试想一下我们面对的是 100 个甚至 1 万个图书文件的情形。如果这是一个一次性任务，那么做一遍所有这些工作还是可以接受的，但我们的程序并非只运行一次。实际上，每当我们启动程序来猜测一本神秘图书的作者时，get_all_signatures 函数就会被触发，导致每次都需要重新生成那些签名。这无疑将浪费大量资源。如果能够将这些签名保存起来，避免重复计算，那将非常理想。确实，如果我们打算提升效率并重新设计代码，那么首要的改进措施是确保已知文本的签名计算只进行一次，并在之后的工作中重复利用。

而且，这也正是 Copilot 等 AI 工具的运转模式。OpenAI 基于海量的代码语料对 GitHub Copilot 进行训练，一次训练就需要投入成千上万甚至数百万小时的计算机运算时间。然而，一旦训练完成，它就能持续为我们编写代码，无须每次都从头开始训练。这种一次训练，然后利用训练结果进行多次后续预测的思路，是机器学习领域普遍采用的范式。

计算机科学家普遍认为，问题分解是编写高质量软件的核心技能。本章展示了问题分解的重要性：通过将复杂问题拆分为更易管理的小步骤，使原本棘手的问题变得易于解决。在使用 Copilot 和 ChatGPT 等工具时，这项技能尤为关键，因为这些工具在处理界定清晰的小问题时效率更高。然而，问题分解更像是一种艺术，而非纯粹的科学，需要通过不断实践精进。在后续的内容中，我们将继续深入探讨问题分解，从而增强你在实际应用中的直觉和技巧。

## 本章小结

- 在我们能够有效地实现一个大的编程问题之前，我们需要将其分解为更小的子问题。
- 自顶向下设计是一种系统性技术，用于将问题分解为小的子问题。
- 在自顶向下设计中，我们寻找那些解决明确定义任务的子函数，并且这些子函数可以被一个或多个其他函数调用。
- 作者特征识别是为一本神秘图书猜测作者的过程。
- 我们可以使用关于单词（例如平均词长）和句子（例如句子平均单词数）的特征来描述每个已知作者的写作风格。
- 机器学习是计算机科学的一个重要领域，它研究机器如何从数据中学习并进行预测。
- 在监督学习中，我们有一些训练数据，这些数据以对象（例如图书）及其类别（每本书的作者）的形式存在。我们可以从这些数据中进行学习，并对新对象进行预测。
- 一个签名由一系列特征组成，每个对象一个签名。
- 当我们准备实现由自顶向下设计产生的函数时，需要自底向上地实现它们。也就是说，首先实现叶子函数，然后实现依赖于这些叶子函数的函数，以此类推，直至实现最顶层的函数。
- 重构代码意味着改善代码的设计（例如，通过减少重复冗余的代码）。

# 第 8 章　调试代码并且更深入地理解代码

**本章内容概要**

- 定位 bug 的根源
- 运用 Copilot 技巧修正错误
- 借助 Copilot 进行代码调试
- 使用 VS Code 调试器观察代码运行情况

程序员在其职业生涯中难免会遇到代码没有按照预期执行的情形。这或许已经在你身上发生，但请放心，这是学习编程不可或缺的一部分。面对有问题的代码，我们该如何修复？有时，对提示词稍作调整或更好地分解问题——正如你在前面章节所学的——就足以解决问题了。但是，当你发现 Copilot 无法提供更优的代码方案，且你似乎也无法理解现有代码为何不能正常工作时，又该如何应对呢?

本章有两大目标。第一个目标是学会识别并修复代码中的错误（bug)。为了精准捕捉这些 bug，我们还需要达成第二个目标：在运行代码的过程中，加强对代码运作机制的理解。

令人欣慰的是，由于代码错误在编程领域司空见惯，诸如 VS Code 这样的开发环境都配备了相关工具，以便我们发现并解决问题。在本章中，我们将学习如何运用这一工具——调试器。

正如前几章所采用的由浅入深的教学方法那样，我们首先会通过一些简单的示例学习发现和修正错误的基本理念。随后，为了更加贴近现实，我们将深入探讨一个更大规模的示例，这种类型的代码在未来的编程实践中极有可能会遇到。

## 8.1　bug 是如何产生的

首先，快速学习一些专业术语。程序员习惯将代码中的错误称为“ bug”，这一称呼源自数十年前，当时计算机依赖真空管工作，偶尔进入真空管的小虫子会导致机器运算出错[1]。时至今日，bug 大多是由程序员的失误造成的。尽管 Python 本身的实现或者计算机硬件中也可能潜藏 bug，但这种情况极为罕见，因此可以合理推断，代码中出现的错误在绝大多数情况下都源自代码本身。

没有人会在真心实意地尝试解决问题时，还故意向代码中加入 bug。那么，bug 为什么会发生呢？原因在于软件工程师和 Copilot 都可能犯错。你可能会问：会犯什么样的错误呢？其实，bug 主要分为以下两大类。

- **语法错误**。这类错误发生在代码没有遵循 Python 的语法规则时。例如，如果在 for 循环的首行末尾遗漏了冒号，便构成了一个语法错误。当执行 Python 代码时，由于它需要根据程序描述来生成机器码，一旦遇到错误，就会因不知所措而报错。有时，这些错误信息的可读性参差不齐。在没有 Copilot 辅助的传统编程学习过程中，这类错误非常普遍。掌握 Python 的所有规则并将其内化为习惯，是需要一定的时间的。即便对我们这样有着数十年编程经验的人来说，偶尔也会写出含有语法错误的代码。幸运的是，使用 Copilot 编写代码可以极大地减少这类问题的发生！但需要注意的是，在这两种类型的 bug 中，语法错误相对容易发现和修正。
- **逻辑错误**。这类错误发生在程序的逻辑存在问题时。例如，如果代码本意是统计一个单词列表中 Dan 一词的精确出现次数，实际上却统计了含有 dan 字样（未区分字母大小写）的单词数，那么这段代码存在逻辑错误。这样的代码可能会在两方面存在错误：它不仅会错误地将 dan 和 DAN 等词视为匹配项，而且会错误地将 Daniel、danger 等包含 dan 的单词统计在内，但实际上我们并不希望将这些单词计算在内。在这种情况下，代码的某个部分没有按照预期执行，就需要找出问题及其产生的原因。通常，发现逻辑错误是最具挑战性的部分。一旦定位到这类 bug，就需要进行修复，这可能涉及简单的字符修改，也可能需要彻底重写代码。逻辑错误可能源于提示词描述不准确，或者 Copilot 因为某些问题生成了不恰当的代码。

## 8.2 如何找出 bug

寻找代码中的 bug 确实是一个具有挑战性的任务。从根源上说，无论是你还是 Copilot，在写代码时，都会认为写出来的代码是正确的。这也正是为什么同事往往会比代码的作者更容易发现代码中的 bug。由于作者创造了这些代码，反而难以看清代码中的 bug。

在本书中，bug 这个话题对我们来说并不新鲜，因为我们目睹过代码中的失误，也曾通过阅读代码和执行测试找到过这些错误。在前面的章节里，我们通过仔细阅读代码找出了 bug 的

① 作者可能记混了。bug 这个词作为计算机错误的代称而广泛流传，是源于哈佛二型计算机，当时一只小飞蛾卡在电路中导致了故障。但这台计算机并不是真空管计算机，而是继电器计算机。真空管就像是一个灯泡，小虫子应该钻不进去；继电器是机械元件，会发热并吸引小飞蛾，当时那只小飞蛾很可能卡在继电器的触点之间。此外，很多人认为在这件趣事之前，bug 这个词就已经用来指代工程缺陷了，可以追溯到爱迪生的手稿，甚至更早。——译者注

根源。在本章中，我们将探讨那些在测试过程中你已经可以识别，但仍然难以理解其出错原因的 bug。有时，你可以尝试 Copilot 提供的其他建议，或利用新的提示词纠正错误，抑或请求 Copilot 帮助修复 bug，以避免陷入探究代码为何出错的过程。然而，根据我们的经验，这些方法并不总是奏效。

接下来我们通过一些额外的工具帮助定位代码中的错误。

### 8.2.1 使用打印语句了解代码行为

本质上，逻辑错误指的是编写者预期代码要执行的功能与代码实际执行的功能之间出现了不一致。识别这种不一致的一种有效方法是使用打印语句观察程序的行为，因为这些语句能够揭示计算机实际上正在进行的操作。一种值得推崇的做法是在不同的时间节点打印变量，以便观察变量在特定时刻的具体数值。以刚刚提到的查找单词 Dan 的示例进行试验，看看这种办法是否好用。错误的代码如代码清单 8.1 所示。

**代码清单 8.1 错误示例：在单词列表中统计单词 Dan 次数的函数**

```
def count_words(words):
    count = 0
    for word in words:
        if "dan" in word.lower():    ◄── lower 方法将单词
            count += 1                   转换为全小写字母
    return count
```

你可能已经看出代码的问题所在，但暂且假装对此完全没有头绪，并且在努力查找代码出错的具体位置。假设我们是通过运行测试用例才发现代码是错误的。

```
>>> words = ["Dan", "danger", "Leo"]
>>> count_words(words)
2
```

我们原本预期的结果是 1，然而，实际得到的是 2。这个测试用例包含了 "danger" 一词，可以帮助我们捕捉到代码中的错误。到底哪里出了问题呢？为了弄清楚这一点，我们可以添加打印语句。当你决定这么做时，你需要仔细阅读代码，然后才能决定该在哪里插入打印语句。观察当前的代码，根据看到的 bug，在函数开头打印整个单词列表可能不是个坏主意，但这个 bug 似乎与计数有关，而不是与单词列表的具体内容有关。而在 for 循环的开始处打印每个单词，可以帮助验证代码是否正确地遍历了所有的单词。还可以考虑在函数返回之前打印 count 的值，不过我们对返回值已有了大致的预期。这些方法都是合理的，它们将引导你逐步接近 bug 的根源，但这可能并非首选的起点。如果从上面这些想法着手，我们也并非走错了方向，只不过可能需要经历更多的步骤，才能最终找出 bug。

由于这个 bug 将过多单词错误地当作 Dan 进行统计，我们应该在 if 语句内部，也就是计数增加的位置，加入一行打印语句。具体代码如代码清单 8.2 所示。

**代码清单 8.2 在代码中查找 bug 的打印语句示例**

```
def count_words(words):
    count = 0
    for word in words:
        if "dan" in word.lower():
            print(word,"is being counted")    ◄── 打印统计了哪些单词
            count += 1
    return count
```

再次运行代码，使用相同的测试用例，输出的内容如下。

```
>>> words = ["Dan", "danger", "Leo"]
>>> count_words(words)
Dan is being counted
danger is being counted
2
```

这些信息告诉我们，程序错误地将单词 danger 计入总数。接下来，我们可以把刚刚学到的东西融入一段新的提示词中，希望 Copilot 能够据此修复问题。以下是更新之后的提示词，随后 Copilot 对代码进行了修正，如代码清单 8.3 所示。

**代码清单 8.3 使用提示词修复已知的 bug**

```
def count_words(words):
    count = 0
    for word in words:
        # only count words that are exactly "Dan"    ◄── 引导 Copilot 生成正确代码的提示词
        if word == "Dan":
            count += 1
    return count
```

一旦知道了 bug 在哪儿，告诉 Copilot 如何修复它就变得容易多了。尽管这只是一个很基础的示例，但其中的思路同样适用于处理更为复杂的代码。这个过程通常是不断递进的。首先让代码打印一些信息，如果打印的结果与预期的行为一致，再让它打印另外一些信息，再与期望的结果进行比较。这个过程会一直持续，直到发现代码的打印结果与预期出现偏差。这便是发现 bug 的时刻。此时，可以向 Copilot 提供一段针对性的提示词，以引导它生成更优质的代码；或者，如果问题较为简单，也可以直接对代码进行修改。

不论代码的复杂度是高是低，利用打印语句进行调试通常都是一种高效的手段，并且我们经常将其作为调试的第一步。

**调试确实更像是一门艺术，而不仅仅是一门技术**

在调试过程中，迭代是必不可少的，因为我们确实不清楚代码正在做什么，以及它为什么不符合我们的预期。无须顾虑，在最开始时，完全可以通过在代码中添加大量的打印语句来验证你对代码的理解，因为这些语句会告诉你**不需要**在哪些地方寻找 bug，这是一种有效的排除法。学会在哪里寻找

bug 是一个需要时间和经验积累的过程，因此，当刚开始学习编程时，如果发现自己在这个过程中耗费了不少时间，请不要感到焦虑。

## 8.2.2 使用 VS Code 的调试器了解代码行为

VS Code 既适用于初学者也适用于专业人士，因此它提供了与调试有关的实用工具。由于 VS Code 也面向专业领域，它的调试工具功能相当丰富。考虑到本书的定位，我们将专注于其中最常用的几项功能。如果你好奇的话，欢迎自行探索更多关于 VS Code 调试器的资料（请参考 VS Code 官方网站的 Docs 中 USER GUIDE 的 Debugging 部分）。

为了展示这些工具，我们将通过几种方法对上面演示的那个函数（见代码清单 8.1）进行调试。把针对 count_words 函数的测试代码添加到程序中，就得到了本节后半部分将要使用的代码示例，如代码清单 8.4 所示。

**代码清单 8.4 用于演示调试过程的错误版 count_words 函数**

```
def count_words(words):
    count = 0
    for word in words:
        if "dan" in word.lower():
            count += 1
    return count

words = ["Dan", "danger", "Leo"]
print(count_words(words))
```

直接调用 count_words 函数的代码

### 1. 使用调试器设置断点

开始使用调试器之前，需要先设置一个“断点”并启动调试器。设置断点可以告诉调试器你希望在程序执行期间的哪个时刻开始调试。一旦程序运行至断点处，你便可以开始检查各个变量当前的值，并对程序进行逐行跟踪。设置断点非常有用。特别是，当面对像第 7 章的作者特征识别这样的大型程序时，完全没有必要一行一行地跟踪整个程序，因为那样耗时太多。因此，合理利用断点，可以让我们专注于程序中最关键的部分。

设置断点的方法是将鼠标光标悬停在代码行号左侧，此时会看到一个小红点。点击这个小红点，如图 8.1 所示，即可设置一个断点。

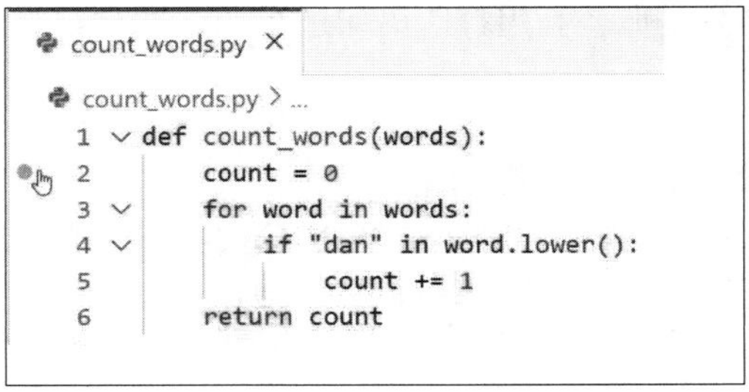

图 8.1 在 VS Code 中通过点击代码行左侧的小红点来设置断点

如果想确认断点是否已经正确设置，只须将鼠标光标移开，如果行号左侧的这个小红点仍然存在，说明已经设置好，如图 8.2 所示。

```
count_words.py ×
count_words.py > ...
1  def count_words(words):
2      count = 0
3      for word in words:
4          if "dan" in word.lower():
5              count += 1
6      return count
```

图 8.2 在 VS Code 中为 count_words.py 文件的第 2 行设置了断点

可以在程序中设置多个断点，不过，在这个示例中，我们只会用到第 2 行的这个断点（请注意，如果需要移除断点，再次点击小红点即可）。接下来，我们将启动调试器，观察它如何与这个断点协同工作。

**2. 如何逐行跟踪代码**

若要启动调试器，请点击“运行”→“启动调试”命令，如图 8.3 所示。

图 8.3 在 VS Code 中启动调试器

当调试器启动后，会看到一个与图 8.4 类似的界面。如果是首次使用调试器，它可能会提示你选择一个调试配置，此时应该选择 Python。

VS Code 调试器界面由多个部分组成。界面左侧的“运行和调试”侧边栏集成了变量面板、监视面板和调用栈面板。接下来，我们简要介绍一下这几个面板。

- **变量面板**——展示了当前作用域中（例如，本例是在 count_words 函数的上下文中）声明的所有变量及其对应的值。例如，在本例中，words 参数是一个列表，内容为 ['Dan', 'danger', 'Leo']。可以通过点击 words 左侧的“ > ”深入了解该变量的详细信息。这个面板非常有用，因为可以在此检查每个变量的值。

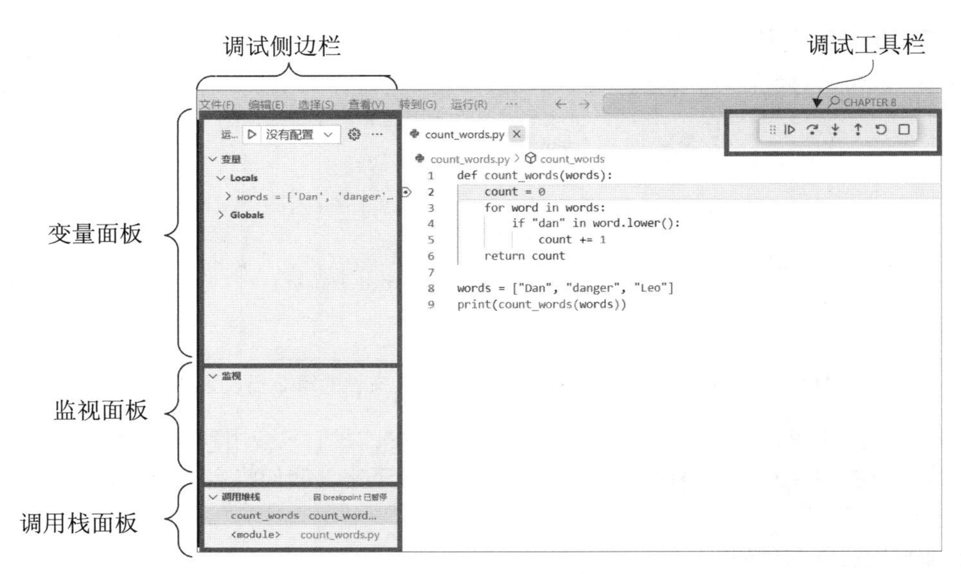


图 8.4 VS Code 的调试界面

- **监视面板**——用于指定想要特别监视的表达式。例如，可以将表达式 "dan" in word.lower() 加入监视列表中，这样就能实时观察随着 word 值的不同，该表达式返回的是 True 还是 False。如果想添加新的监视表达式，只须将鼠标光标移动到监视面板内部，然后点击出现的“+”图标。
- **调用栈面板**——记录了触发当前代码的所有函数调用关系。在本例中，main 函数（在 VS Code 中以 <module> 表示）在第 9 行中调用了 count_words 函数。而在 count_words 函数内部，我们正位于第 2 行。可以通过观察当前高亮的代码行确认这一点。

说到这一点，在右侧的代码编辑器区域，可以看到 count = 0 这一行处于高亮状态。这表示该行代码目前**还未被**执行。之所以这行代码还未被执行，是因为我们在这行代码上设置了断点，断点由一个带点的箭头表示。当我们启动调试器时，程序会在运行到 count = 0 这一行之前暂停。

调试工具栏也相当重要，因为它将在调试期间主导整个流程。借助它，我们可以推进指令、重启调试或者停止调试。相关的按钮从左到右依次介绍如下。

- **继续（按 F5 键）**——点击此按钮，程序将运行至下一个断点。在本例中，程序不会再运行到 count_words 函数的第 2 行了，因此，点击“继续”按钮将使整个程序和调试会话一直运行到结束。
- **单步跳过（按 F10 键）**（也称作“逐过程”）——点击此按钮，程序将推进到当前函数的下一行代码。如果函数中的某一行调用了另一个函数（例如，本例在第 4 行调用了 word.lower 函数），调试器不会离开当前函数（即 count_words），这个被调用函数（word.lower）会自动执行完毕。
- **单步进入（按 F11 键）**（也称作“逐语句”或“单步调试”）——点击此按钮，程序将推进到下一行代码，遇到被调用的函数时也会进入其中。与“单步跳过”不同，当点击此按钮时，调试器会进入当前函数调用的任何函数中。例如，如果在调用另一个函数的代码行上使用了“单步进入”，调试器将进入那个函数，并在内部开始逐行调试。默认情况下，它不会进入标准库函数的调用（例如 word.lower 函数），但会进入你自定义的函数的调用。

- **单步跳出（按 Shift + F11 组合键）**——点击此按钮，程序将执行完当前函数的所有代码，并在该函数的退出点之后继续调试。
- **重启**——点击此按钮将重新启动整个调试过程，程序将重新运行，直至达到第一个断点。
- **停止**——点击此按钮将立即结束当前的调试会话。

**3. 逐行跟踪代码**

掌握调试器的操作后，通过“单步跳过”按钮继续完成本节示例。点击“单步跳过”按钮，观察 VS Code 界面发生了怎样的变化，如图 8.5 所示。

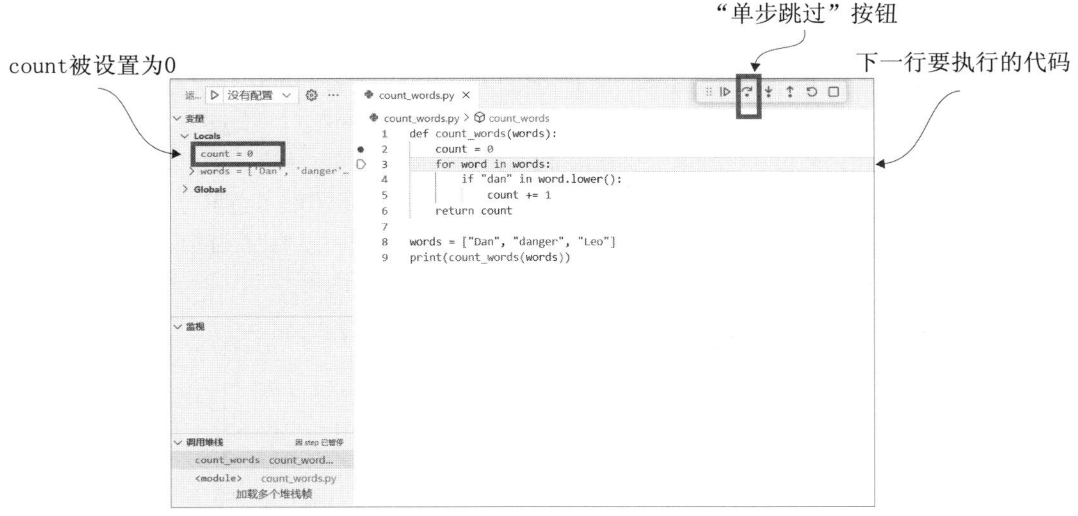


图 8.5　点击“单步跳过”按钮后调试器的状态（当前高亮显示的是第 3 行）

“单步跳过”按钮将我们带到了代码的下一行，也就是第 3 行。这表示它已经运行完这行（第 2 行）代码。

```
count = 0
```

并即将运行下面这行（第 3 行）代码。

```
for word in words:
```

通过界面上的线索，我们可以清晰地看到已经执行 count = 0 这行代码。在右侧的编辑区中，for 循环被高亮标注，左侧的箭头也指向了这一行。在左侧的调用栈面板中，显示当前处于 count_words 函数的第 3 行。最关键的是，在左侧的变量面板中，我们发现变量 count 已经出现在局部变量列表中，其值确实为 0。这一点非常了不起，因为当我们仔细阅读代码并追踪其行为时，可以看出第 2 行的 count = 0 表示一个名为 count 的变量被创建并初始化为 0。而这与 VS Code 调试器所展示的信息完全一致。希望你能逐步感受到这款工具的强大之处。

再次点击“单步跳过”按钮，我们将在执行以下这行（第 4 行）代码之前暂停。

```
if "dan" in word.lower():
```

可以看到，这里出现了一个新的变量 word，其值被设定为 'Dan'，这正是我们预期的结果：word 变量被赋予了 words 列表中第一个元素的值。在这里，我们顺便透露一个小技巧：除了在变量面板中查看变量值以外，简单地将鼠标光标悬停在任何已经声明的变量上，系统也会展示其当前的值。

再次点击“单步跳过”按钮后，我们应该可以看出 if 语句的判断条件 "dan" in word.lower() 的求值结果为 True，因此，当再次点击“单步跳过”按钮时，将执行下面这行（第 5 行）代码。

```
count += 1
```

现在我们对这个过程已经熟练了解，下面继续点击“单步跳过”按钮几次。第一次点击时，将回到 for 循环并执行，此时可以观察到 count 变量的值已递增至 1。再次点击“单步跳过”按钮，程序会在 if 语句处暂停，此时 word 变量的值变为 'danger'。在这一步，可以暂停一下，并添加一个监视表达式来进一步观察 if 语句的行为。添加监视表达式的方法是将鼠标光标悬停在监视面板上，然后点击面板右上角的加号图标。这样，就可以输入任何想要监视的表达式了。例如，输入“"dan" in word.lower()”并按 Enter 键，就添加了一个监视表达式，如图 8.6 所示。

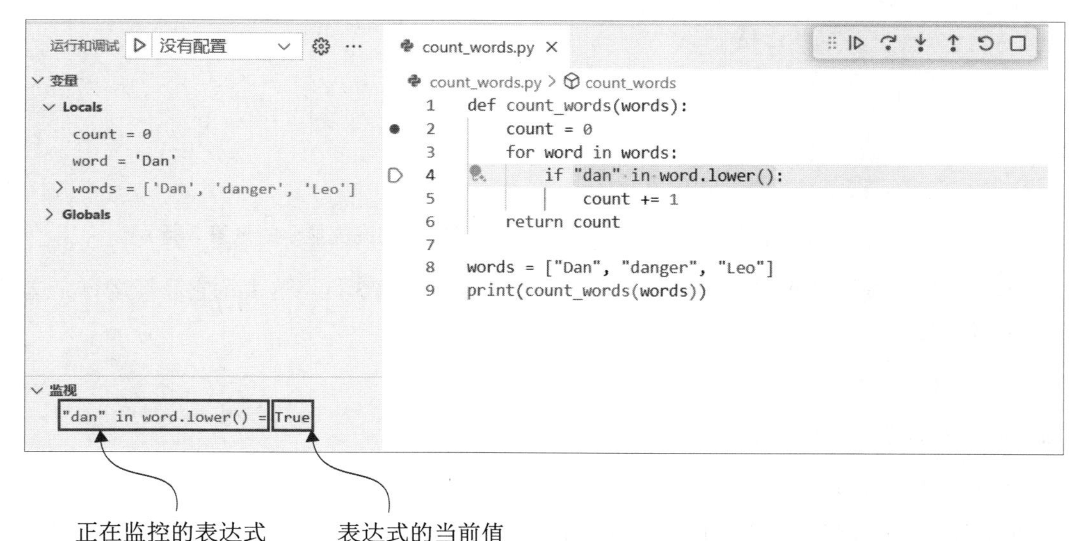


图 8.6 添加监视表达式后的调试器界面

如果我们没有在本章开头发现这个 bug，那么现在肯定能够发现它。表达式 "dan" in word.lower() 的计算结果为 True，这将导致计数再次递增。然而，我们的意图是仅当完全匹配单词 "Dan" 时才增加计数，而不是将 "danger" 也计算在内。

这是一种调试函数的合理方式。可以在函数执行之初设置一个断点，然后逐行往下执行。除非遇到那种 for 循环运行成千上万次之后才出现错误的情况，这种方法都相当管用。如果真的遇到那种情况，可能需要在代码的关键位置设置断点，以避免在调试器中花费大量时间。现在，停止调试器（点击调试工具栏上的“停止”按钮），移除第 2 行的断点（点击该行左侧的小红点），并尝试设置一个新的断点。

**4. 利用断点进行针对性调试**

这次，我们将断点放在想要更密切监视的位置。测试用例显示，列表中有两个单词被计数了，而我们预期只有一个单词应该计数，因此应该尝试将断点放置在计数器递增的那一行，正如图 8.7 展示的那样。

```
count_words.py ●
count_words.py > ...
1   def count_words(words):
2       count = 0
3       for word in words:
4           if "dan" in word.lower():
5 ●             count += 1
6       return count
7
8   words = ["Dan", "danger", "Leo"]
9   print(count_words(words))
```

图 8.7　在代码的第 5 行设置新断点后的界面

启动调试器后，代码将持续运行，直到第一次 if 语句的判断条件为 True，并准备执行 count += 1 操作。图 8.8 展示了调试器启动时的界面。

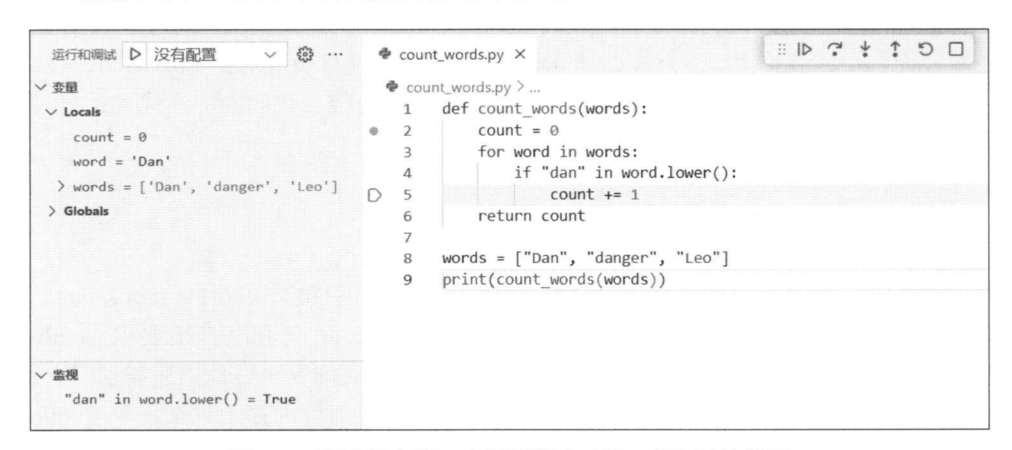


图 8.8　调试器在第一次遇到断点（第 5 行）时的界面

我们将断点放置在 count 变量递增的代码处，以便观察是列表中的哪一项触发了 count 的增长。检查局部变量时，我们发现 word 的值是 'Dan'，这正是我们期望 count 变量增加的时刻。由于这就是我们期望发生的效果，因此我们暂时还没有发现代码中的 bug。

现在正是充分利用这个新断点位置的关键时刻。我们希望代码继续执行直到再次遇到断点。操作很简单，只须点击调试工具栏上的“继续”按钮。点击“继续”按钮后，调试器界面会呈现图 8.9 所示的状态。

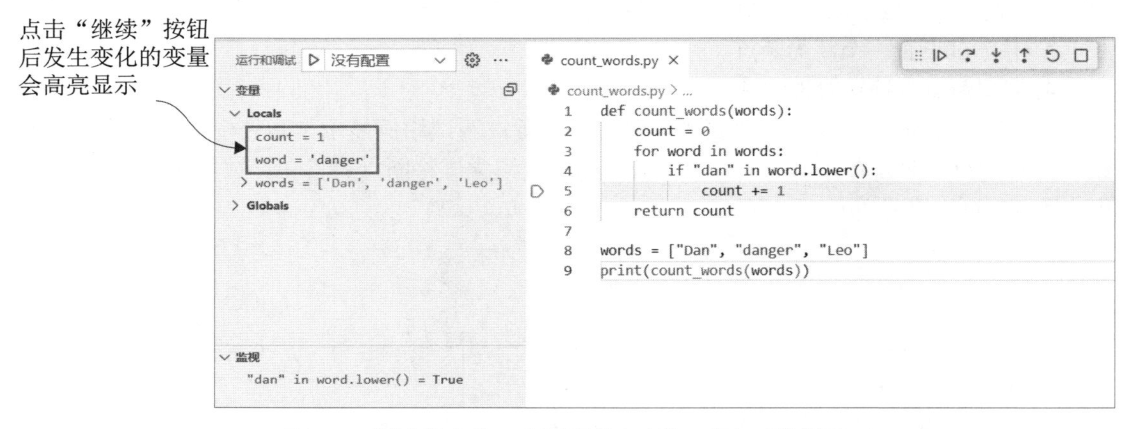


图 8.9 调试器在第一次遇到断点（第 5 行）时的界面

在变量面板中，你会发现 count 和 word 的值都被高亮显示。这是为了告诉你，自从点击“继续”按钮后，这两个变量的值就发生了变化。count 的值如预期般增加到 1，这是在识别到单词 'Dan' 之后的结果。而 word 的值更新为 'danger'。虽然 'danger' 确实是单词列表中的下一项，但我们并不希望看到程序因为 'danger' 而触发 count 的增加。正是在这一时刻，我们发现了程序中的 bug。请注意，恰当地设置断点能让我们更快地发现 bug。需要提醒的是，知道在哪里放置断点最为精准，就如同在调试时知道打印哪些变量一样，这是一门需要时间和经验积累才能精通的技艺。

在本节内容中，我们见识了 VS Code 调试器的强大功能。设置断点和启动调试会话的操作也并不复杂。得益于调试器对函数内部的变量进行持续监控，我们能够在代码运行过程中，通过“运行和调试”侧边栏对它们进行细致的观察。

## 8.3 发现 bug 后如何修复

在传统的编程学习路径中，这部分内容通常较为简略，仅被告知要自行修复 bug。然而，随着 Copilot 的加入，我们现在拥有了更多的选择。例如，我们可以直接要求 Copilot 修复 bug；也可以为整个函数给出一段新的提示词，因为当提示词能够更好地描述需求时，得到的新代码往往可以避免 bug；还可以在错误代码的上方给出针对性的提示词来指导 Copilot 进行修复。当然，对于小问题的修正，你也可以亲自动手完成。现在，是时候探讨一下这些方法的具体实施步骤了。

## 8.3.1 要求 Copilot Chat 修复 bug

**Copilot Chat 的功能**

在下面的示例中，我们将与 Copilot Chat 插件进行交互。这一功能使你能够与 Copilot 进行对话，就像你与 ChatGPT 对话一样，但仅限于编程领域的话题。

在撰写本书时，这项功能需要单独申请并排队，但我们预计这项功能很快会全面开放。如果你在阅读本书时该功能尚不可用，可以使用 ChatGPT 替代，其交互方式与本节介绍的方法基本类似。我们更倾向于使用 Copilot Chat，因为它的界面是集成在 VS Code 中的，使用起来更为便捷。

下面就来试用一下 Copilot Chat，看看它能否有所帮助。为了便于理解，我们将用 Human 代表输入的提示词，而用 GitHub Copilot 代表 Copilot 的回应。

Human　下面有一个函数，它的本意是统计参数 words 列表中出现 Dan 一词的次数。但看起来它统计的是列表中出现 dan 字符的次数。你能帮我修复这个问题吗？

```
def count_words(words):
    count = 0
    for word in words:
        if "dan" in word.lower():
            count += 1
    return count
```

GitHub Copilot　当然可以。计算列表中单词 Dan 出现的次数，可以修改 if 语句，使其验证整个单词是否等于 Dan（不区分字母大小写）。以下是修改后的代码。

```
def count_words(words):
    count = 0
    for word in words:
        if word.lower() == "dan":
            count += 1
    return count
```

这段代码能够统计列表中单词 Dan 的出现次数（不区分字母大小写）。

Copilot Chat 返回的答案把如下这一行代码：

```
if "dan" in word.lower():
```

改写为如下形式：

```
if word.lower() == "dan":
```

代码的变更看似微不足道，但实际上它产生了显著的效果。那行旧代码会在单词中查找字符串 "dan" 出现的次数，这一查找是在单词通过 lower 方法转换为全小写字母后进行的，而且在任意位置包含都算作出现。而新代码行则是在验证单词（同样经过 lower 方法转换为全小写字母）是否与字符串 "dan" 完全相同。

Copilot 提供的这个答案使我们距离正确答案更近了一步，因为它只会匹配完整的单词，而不是在单词中的任意位置查找 "dan"。但是，在调用 lower 方法时将使匹配不区分字母大小写，这导致程序也会匹配 "dan"，而不是像之前的解决方案（见代码清单 8.3）那样区分字母大小写（即必须与 "Dan" 完全一致）。为了实现区分字母大小写的匹配，我们可以继续与 Copilot Chat 交流，让它帮助修正这一点。

**Human** 你能否给出与之前相同的代码，但这次只统计 Dan 一词（区分字母大小写）出现的次数吗？

**GitHub Copilot** 当然可以。以下是修改后的代码，它只统计单词 Dan 出现的次数，而且是区分字母大小写的。

```
def count_words(words):
    count = 0
    for word in words:
        if word == "Dan":
            count += 1
    return count
```

这段代码将统计列表中单词 Dan（区分字母大小写）出现的次数。

在这个示例中，只要我们能够清楚地描述代码存在什么故障，Copilot Chat 就能帮助解决这一问题。我们并没有明确指出具体是哪一行代码出了问题，但如果你确实知道，也完全可以将这个信息传达给 Copilot Chat。知道具体是哪行代码出错的好处在于，可以更准确地核对 Copilot 的方案是否修改了出错的那一行。现在，让我们继续探索其他修复 bug 的方法。

## 8.3.2 为整个函数给出新的提示词

在本书中，我们已经多次展示如何重写函数的提示词。这一过程包括重新编写函数的提示词，并观察 Copilot 能否提供更优的解决方案，偶尔还会使用 Ctrl+Enter 组合键浏览 Copilot 提供的其他方案。鉴于你已多次体验过这一过程（见 6.5.2 节），在此不赘述。

## 8.3.3 基于函数的部分代码给出针对性的提示词

在代码清单 8.3 节中，我们曾经介绍过这种方法。我们在这里再次列出那段代码，即代码清单 8.5。

**代码清单 8.5 使用提示词修复已知的 bug（再次展示）**

```
def count_words(words):
    count = 0
    for word in words:
        # only count words that are exactly "Dan"   ← 引导 Copilot 生成正确代码的提示词
        if word == "Dan":
            count += 1
    return count
```

我们已经确认之前版本的如下这行代码并没有达到想要的效果。

```
if "dan" in word.lower():
```

于是，我们移除不正确的代码，并特别添加了一段提示词，明确告诉 Copilot 要做什么，然后它就能够生成正确的代码。

### 8.3.4 自己动手修改代码来修复 bug

我们之前没有提过这种修复代码 bug 的方法。但由于你在本书的学习过程中已阅读了足够多的代码，你完全有能力通过直接修改代码来自行修复一些 bug。例如，假设我们编写了一段代码，如代码清单 8.6 所示。

**代码清单 8.6 一个用于统计列表中在两个值之间的数字总数的函数**

```
def count_between(numbers, x, y):
    count = 0
    for number in numbers:
        if number >= x and number <= y:
            count += 1
    return count
```

在本书的前半部分，我们已经接触过类似的函数。该函数遍历数字列表中的每一个数字，并判断它们是否满足大于或等于 x 且小于或等于 y 的条件。每发现一个在 x 和 y 之间的数字，计数器就会增加。函数执行完毕后，它会输出最终的统计结果。如果我们的目的是统计列表中所有在 x 和 y 之间的数字，包括 x 和 y 本身，那么这段代码是正确的。

然而，“在……之间”这个说法可能存在一定的模糊性。你是希望包括 x 和 y 的值，还是只希望包括 x 和 y 之间的数值（不包括它们本身）？试想，当你设计这个函数时，初衷可能是排除 x 和 y。例如，给定一个列表 [2, 4, 8]，并且你设定 x 和 y 的值为 3 和 8，按你的预期，计数结果应该是 1（只计算 4，而排除 8）。或许你已经看出来，这个函数与你的预期有所偏差，并且已经清楚如何修正它，但请暂时假设你还没有意识到代码存在问题。

不管是 Copilot 还是我们自己创建的函数，对其进行测试都是必要的。值得庆幸的是，在编写第一个测试用例时，我们在列表中包含了刚好与 x（下限）和 y（上限）相等的两个数值。

```
>>> numbers = [1, 2, 3, 4, 5, 6, 7, 8, 9]
>>> print(count_between(numbers, 3, 7))
5
```

在提示符下测试代码时，我们发现该函数的返回结果是 5，但我们期望的答案是 3。按照我们对“在两者之间”的理解，我们认为只有数字 4、5 和 6 才算真正位于 3 和 7 之间的数字，因此正确的答案应该是 3。然而，代码将 5 作为输出结果。正是通过这些测试用例，我们意识到代码的实际表现存在偏差。

无论是通过查看代码还是采用本章介绍的调试技巧，我们都会发现下面这行代码是罪魁祸首。

```
if number >= x and number <= y:
```

为此，我们需要彻底修改这个 if 语句，把它改为如下形式。

```
if number > x and number < y:
```

这项修改我们完全可以自行完成，无须求助于 Copilot（尽管 Copilot 完全有能力在此提供帮助）。代码清单 8.7 展示了修改后的正确函数。

**代码清单 8.7 一个用于统计列表中在两个值之间的数字总数的函数（修正后）**

```
def count_between(numbers, x, y):
    count = 0
    for number in numbers:
        if number > x and number < y:    <-- 手动将 >= 改为 >，将 <= 改为 <
            count += 1
    return count
```

## 8.4 根据新技能调整工作流程

现在我们已经了解如何更有意识地寻找并修复 bug，那么再次回顾一下在第 6 章中探讨的工作流程。请注意，这个工作流程仅专注于单个函数的设计，它假定你已经完成第 7 章描述的函数分解工作，从而拟定了合适的函数关系。新的工作流程如图 8.10 所示。

尽管图 8.10 所示的这幅图开始变得有点复杂，但我们在第 6 章中已经了解了其中的大部分内容。这里唯一的新增内容是加入了调试过程。具体而言，如果已经尝试过修改提示词，但代码依然无法正常工作，那么此时可以尝试调试。借助于本章学到的工具，你很可能会成功识别出一些 bug，但可能不是所有潜在的 bug。一旦定位到 bug 并确信已经将其修复，流程图会引导重新进行测试，以便验证修复是否有效（同时确保没有影响到其他测试用例）。如果在尝试修改提示词和进行调试后，代码仍然无法正常工作，我们的经验告诉我们，将问题继续分解通常是下一步的最佳策略。换句话说，如果你竭尽全力也无法使某个函数正常运作，那么这个函数很可能需要被拆分为多个更小的函数，这样在编写它们时才更有可能取得成功。

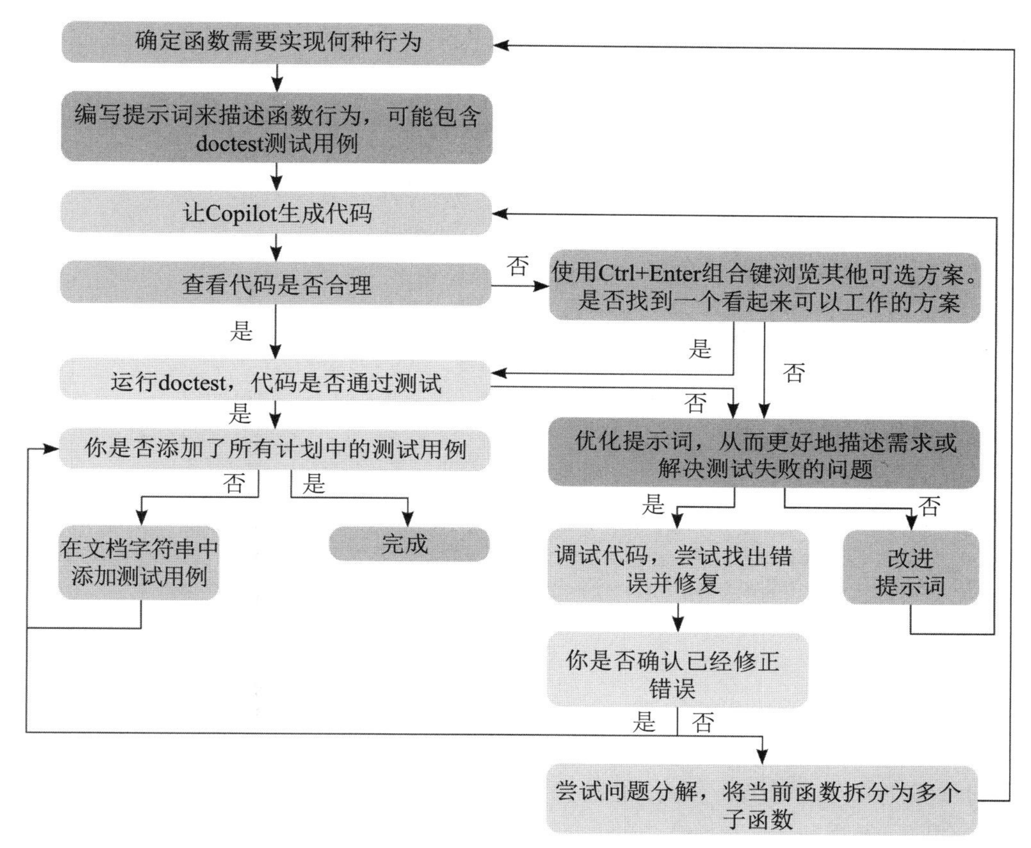


图 8.10　与 Copilot 协作设计函数的流程图（最终升级版），补充了调试环节

## 8.5　将调试技巧应用于新的挑战

在掌握新技能和新工作流程之后，我们尝试一个更具挑战性的调试问题。还记得在第 6 章中，我们曾尝试找出教室中每排空座位数量的最大值吗？我们将在这里解决一个类似的问题。

与寻找空座位不同，这里假设这次需要找出每一排中连续坐着的学生数量的最大值，因为我们想在考试前更好地安排他们的座位。我们编写了一段提示词和一个基本的 doctest 测试用例，然后 Copilot 生成了一个解决方案，相关代码如代码清单 8.8 所示。

**代码清单 8.8 计算一排中连续坐着的学生数量的最大值的函数（第一次尝试）**

```
def most_students(classroom):
    '''
    classroom is a list of lists
    Each ' ' is an empty seat
    Each 'S' is a student

    Find the most students seated consecutively in a row

    >>> most_students([['S', ' ', 'S', ' ', 'S', 'S'],\
                       ['S', ' ', 'S', 'S', 'S', ' '],\
                       [' ', 'S', ' ', 'S', ' ', ' ']])
    3
    '''
    max_count = 0
    for row in classroom:
        count = 0
        for seat in row:
            if seat == 'S':
                count += 1
            else:
                if count > max_count:
                    max_count = count
                count = 0
    return max_count

import doctest
doctest.testmod(verbose=True)
```

我们提供给 Copilot 的提示词

第一个测试用例

Copilot 生成的代码

我们添加的用于运行 doctest 的代码

鉴于本章是关于调试的，你或许已经猜到这段代码并不能正确工作。我们在审视 Copilot 所提供的代码时捕捉到这个难以察觉的 bug，并认为它很容易被忽略。如果你已经察觉到了这一点，非常好，不过还请麻烦在本章的后续内容里假装没看到。如果你尚未发现，那么本章接下来的内容对你来说将更有价值。

设想我们刚刚写好了这段提示词和这个测试用例。我们审视了代码，它似乎确实在追踪连续坐着的学生的数量。只要它看到一个座位上的学生，计数就会递增。当遇到空座位时，程序便会检查当前计数是否超过了之前的所有记录，并相应地重置计数。这个函数至少看起来是正确的。我们加入了一个测试用例，并运行了代码，测试用例顺利通过。我们目前对代码感觉很好，但我们也很清楚，为了确保万无一失，我们需要更多的测试用例，尤其是那些能够捕捉到边界情况的测试用例——这些不常见的情况有时会引发代码故障。

我们记得，在处理列表时，最好能验证代码在列表的开头和结尾处能否正确运行。为了检测到列表结尾这一边界情况，我们需要添加一个新的测试用例，让连续学生数量最多的情况出现在那一排的结尾，然后重新运行代码。以下是新加到文档字符串中的测试用例。

```
>>> most_students([['S', ' ', 'S', 'S', 'S', 'S'],\
                   ['S', ' ', 'S', 'S', 'S', ' '],\
                   [' ', 'S', ' ', 'S', ' ', ' ']])
4
```

连续坐着的学生的数量最多的情况是 4

再次运行代码，出乎意料的是，测试用例并未通过。以下是它给出的反馈（为了提高可读性，我们对输出结果进行了重新排版）。

```
Trying:
   most_students([['S', ' ', 'S', 'S', 'S', 'S'],
                  ['S', ' ', 'S', 'S', 'S', ' '],
                  [' ', 'S' , ' ', 'S' , ' ', ' ']])
Expecting:
   4
**********************************************************************
File "c:\Copilot\max_consecutive.py",
line 12, in __main__.most_students

Failed example:
   most_students([['S', ' ', 'S', 'S', 'S', 'S'],
                  ['S', ' ', 'S', 'S', 'S', ' '],
                  [' ', 'S', ' ', 'S', ' ', ' ']])
Expected:
   4
Got:
   3
```

真是奇怪，代码看起来应该可以正常运行。然而，这个边界情况的测试用例揭露了问题。这时，我们需要提出一些假设来解释代码为何未能正常运行，以便为调试工作提供指引（如果你确实没有头绪，也可以选择在函数的第一行代码设置断点并逐步执行代码，而不需要硬着头皮猜测）。以下是你脑海中可能浮现的两个假设：

- 计数器的更新跳过了列表的最后一个元素；
- 最大值的更新漏掉了列表的最后一个元素。

为了简化调试过程，我们去掉了能通过的测试用例（只是暂时移走，稍后会恢复）。代码清单 8.9 展示了启动调试流程之前的完整代码。

**代码清单 8.9 做好准备，以便调试这个计算一排中连续坐着的学生数量的最大值的函数**

```
def most_students(classroom):
    '''
    classroom is a list of lists
    Each ' ' is an empty seat
    Each 'S' is a student

    Find the most students seated consecutively in a row
```

仅列出失败的测试用例

```
    >>> most_students([['S', ' ', 'S', 'S', 'S', 'S'],\
                       ['S', ' ', 'S', 'S', 'S', ' '],\
                       [' ', 'S', ' ', 'S', ' ', ' ']])
    4
    '''
    max_count = 0
    for row in classroom:
        count = 0
        for seat in row:
            if seat == 'S':
                count += 1
            else:
                if count > max_count:
                    max_count = count
                count = 0
    return max_count

import doctest
doctest.testmod(verbose=True)
```

仅保留这个测试用例

首先验证第一个假设：计数器在列表结尾的更新可能并未正确进行，在计数器更新的位置设置一个断点。图 8.11 展示了在第一次更新计数之前暂停时调试器的界面。

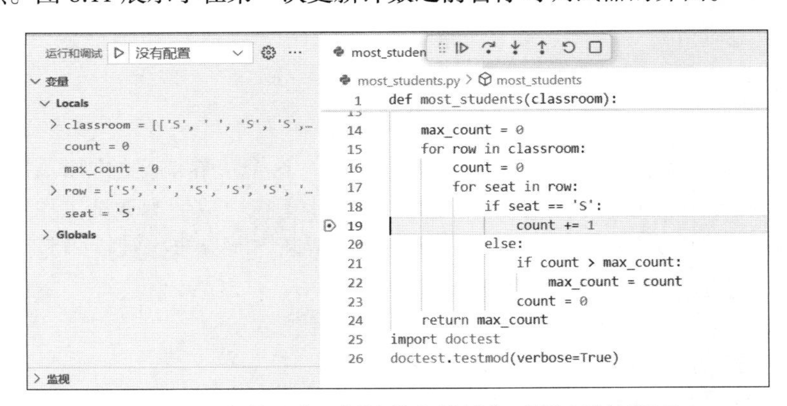


图 8.11　在第一次更新计数之前暂停时调试器的界面

在调试器中，我们观察到 count 的值仍旧保持为 0，这意味着它尚未变动。当前我们正位于第一个测试用例的首行，具体表现为 row 包含的元素为 ['S', ' ', 'S', 'S', 'S', 'S']。我们所关注的座位标记为 'S'，这正是 count 值递增的原因。要查看 count 的下一个变化，可以选择在调试工具栏上点击“继续”按钮。随后，调试器的界面如图 8.12 所示。

自上次更新计数以来，似乎发生了相当多的变化，因为当前的 max_count 已经达到 1。这很可能是在处理空座位时发生的，此时 max_count 被设定为 1，而 count 被重新置为 0。现在，我们正位于行中的第三个座位，那里坐着一名学生，count 即将进行更新。我们需要确保 count

随着每新增一名学生而持续更新。我们点击了“继续”按钮，count 相应地增加到 1。再次点击“继续”按钮，count 增加到 2。继续点击“继续”按钮，count 增加到 3。目前，我们正处在行中最后一名学生的位置，我们需要验证 count 是否能够正确增加到 4。为此，我们执行了一次“单步跳过”操作，count 确实如预期般更新为 4。图 8.13 展示了此刻调试器的界面。

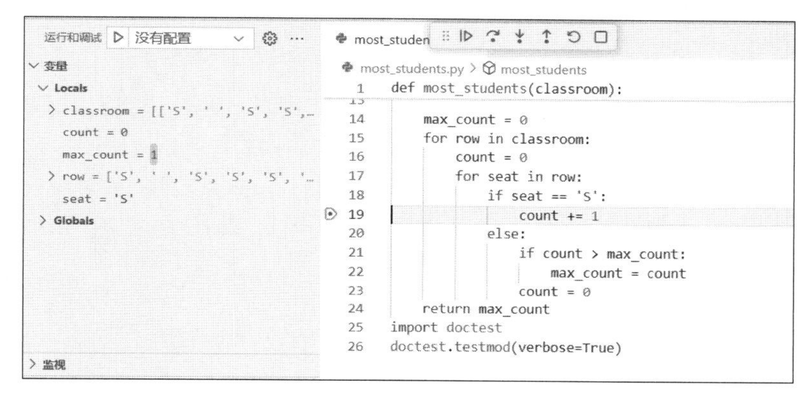


图 8.12　在第二次更新计数之前暂停时调试器的界面

```
运行和调试    没有配置
变量
Locals
> classroom = [['S', ' ', 'S', 'S', 'S', 'S'], ['...
  count = 4
  max_count = 1
> row = ['S', ' ', 'S', 'S', 'S', 'S']
  seat = 'S'
> Globals
> 监视
> 调用堆栈

most_students.py > most_students
1  def most_students(classroom):
9      >>> most_students([['S', ' ', 'S', 'S', 'S', 'S'],\
10                        ['S', ' ', 'S', 'S', 'S', ' '],\
11                        [' ', 'S', ' ', 'S', ' ', ' ']])
12     4
13     '''
14     max_count = 0
15     for row in classroom:
16         count = 0
17         for seat in row:
18             if seat == 'S':
19                 count += 1
20             else:
21                 if count > max_count:
22                     max_count = count
23                 count = 0
```

图 8.13　调试器在第 4 次更新计数之前暂停时调试器的界面

好的，到这一步我们既有好消息也有坏消息。好消息是，计数器的更新是正确的。坏消息是，前面的第一个假设并不准确，bug 的真身尚未浮出水面。我们本可以将断点设置在 max_count 更新的那一行，然后点击“重启”按钮来重新启动针对第二个假设的调试流程。但是，鉴于目前调试器中计数已经达到 4，我们决定继续跟踪代码，确保 max_count 能够正确更新。或者更准确地说，我们知道它并不会更新，但我们想要找出其中的原因。

在执行“单步跳过”操作之前，我们发现了调试器中已经存在的一个线索。这个线索源于即将执行的下一行代码 for seat in row。但我们刚刚已经提到当前学生已经是该行中最后一名学生，这意味着 for 循环即将结束（也就是说，循环体将不再被执行，进而 max_count 也不会得到更新）。我们通过点击“单步跳过”按钮验证这一情况。此刻调试器的界面如图 8.14 所示。

我们刚刚处理完第一行，但 max_count 没有得到更新。接下来的代码行将指向下一排座位，而紧随其后的代码会再次将 count 重置为 0。尽管我们发现了一个比当前 max_count 更高的 count 值，但上一排循环结束后 max_count 依然没有更新。如果你尚未察觉到问题所在，建议继续逐行执行代码，直到 max_count 下一次更新，此时错误的原因或许会更加清晰。

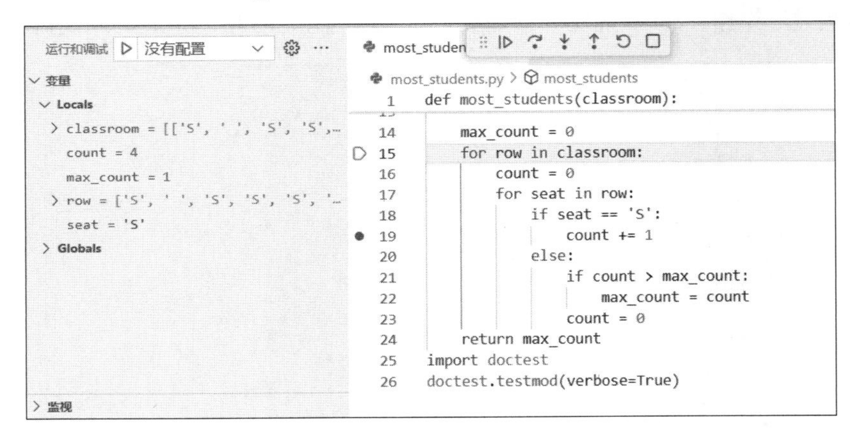


图 8.14 在处理完第一排后暂停时调试器的界面

代码中的错误在于，它只在遇到空座位时才更新 max_count 变量。这导致了这样一种情况：如果某一排的最后一个座位上有学生，那么用于判断 max_count 是否需要更新的代码不会被执行。进一步审视代码，可以发现，判断 max_count 是否需要更新的逻辑及 max_count 的更新操作应该放置在 if/else 语句的外部，或者在 count 变量更新之后立即执行。

这应该是一个我们自己能快速修复的问题，只须将两行代码移动到更合适的位置。代码清单 8.10 展示了经过修正后的函数代码（略去了测试用例和提示词）。

**代码清单 8.10 计算一排中连续坐着的学生数量的最大值的函数（修正版）**

```
def most_students(classroom):
    max_count = 0
    for row in classroom:
        count = 0
        for seat in row:
            if seat == 'S':
                count += 1
                if count > max_count:
                    max_count = count
            else:
                count = 0
    return max_count
```

将 count 和 max_count 的对比移动到 count 更新之后

这段新代码不仅可以通过了之前旧代码无法通过的补充测试用例，而且不影响最开始的基础测试用例。如果再添加一个测试用例，用于覆盖最长连续坐着的学生出现在行首的边界情况，并且代码能顺利通过的话，我们对代码的正确性将更加充满信心。

## 8.6 利用调试器来更深入地理解代码

相信你已经被调试器的功能深深打动了。我们也是如此。在传统的编程教学中，学生会花费大量时间学习如何像调试器一样追踪代码，详细描述所有变量的状态，并且在每一行代码执行后更新它们。事实上，网上还有一款名为 PythonTutor 的免费工具，它能够生成比调试器更易于理解的内存状态图，目的是辅助初学者更好地理解代码的执行过程。

无论你是喜欢调试器，还是想尝试像 PythonTutor 这样的工具，建议用这些工具重新体验你在本书前几章中编写的代码。基于我们讲授编程的经验，逐行分析程序并观察变量状态如何变化，是一个极具启发性的过程。我们相信，这种体验同样会为你带来深刻的认识和理解。

## 8.7 调试注意事项

在与学生的交流中，我们发现，调试对初学者来说可能是一场令人沮丧的经历[1]。在学习编程的过程中，每个人都希望自己的代码能够顺利运行，而当问题出现时，寻找并修复代码中的 bug 往往需要投入大量时间。为了削弱这种挫败感，有几个策略可以尝试。首先，将问题合理分解，可以在很大程度上帮助你从 Copilot 那里获得大量无须调试即可使用的代码。其次，要认识到，即使是经验丰富的程序员，他们的代码有时也会出现问题。这是编程过程中不可避免的一部分，只有不断实践才能逐渐掌握。最后，也是至关重要的一点，务必对自己编写的每一个函数进行测试。我们发现，每当学生在调试中遇到难题时，原因往往是没对每个函数进行单独测试，导致多个函数在交互中出现 bug。这种情况一旦发生，定位和修复 bug 将变得极为困难。因此，为了避免这种令人痛苦的调试经历，我们自己也始终坚持对每个函数都进行充分测试。

好消息是，只要你对编写的每个函数进行测试，并且认真地将问题拆分成小而易于处理的步骤，就不太可能频繁地陷入调试的困境。即便不得不进行调试，也只是在解决单个函数的错误，而这是全世界的程序员都在做的事情。通过持续的练习，你将逐渐掌握调试的技巧。

## 本章小结

- 调试是一项重要技能，它可以帮助我们找出并修正代码中的错误。
- 使用打印语句是一种有效的手段，它可以帮助了我们解代码的运行过程。
- 利用 VS Code 调试器，可以深入了解代码的执行细节，它具备监控变量值变化等强大功能。
- 当发现错误后，有多种方法可以引导 Copilot 帮助修复这些错误。如果这些方法不起作用，也可以直接对代码进行修改。
- 调试已经成为函数设计工作流程的一部分，掌握调试技能将使你更有可能编写出符合预期的软件。
- VS Code 调试器是一款强大的工具，除了用于调试以外，它还可以帮助我们更深入地理解代码的工作原理。

# 第 9 章　烦琐事务自动化

**本章内容概要**

- 探究程序员为何要开发工具
- 确定编写特定工具所需的模块
- 自动化清理包含 >>> 符号的电子邮件
- 自动化处理 PDF 文件
- 将你和伴侣的手机照片整理到同一个位置

假设你需要为 100 个人创建 100 份报告。你可能是位教师，需要给每名学生发送一份报告；或者你可能在人力资源部门工作，需要给每位员工发送一份年度绩效评估报告。不管你的角色是什么，摆在你面前的问题都是制作这些报告，并且以 pdf 格式保存。此外，你还需要为每份报告准备一张定制的封面，这些封面是由你的一名同事（一名平面设计艺术家）设计的。

你和你的同事独立地完成了各自的工作，终于，工作完成。但且慢，事情还没有完全结束。因为接下来，你还需要将每份报告的封面整合到每份报告中。

此时，非程序员可能会紧咬牙关，开始这个耗时的任务：手动将第一张封面与第一份报告合并，然后是第二张封面与第二份报告，以此类推。由于不知道可能还有其他方法，非程序员可能只是硬着头皮一直做下去，直到完成工作。

但现在，你已经是一名程序员了。包括我们作者在内，绝大多数程序员都不会选择手工完成这样的工作。

本章的第一个示例将展示如何编写程序来自动化地处理那些烦琐事务。本章的第二个示例将传授如何自动化处理“封面与报告合并”这个任务。此外，我们还有其他示例。例如，你是否收到过一封转发多次的电子邮件：

```
> > > > > > 例如看起来
```

就像

> > > > > > 这样?

再如，你家里是否有多部手机，每部手机中都存储着成百上千张照片，而你希望能够将这些照片集中管理，以便安全地存档而不必担心丢失其中任何一张呢？在本章中，我们将展示如何通过编程将这类单调且耗时的工作自动化。

## 9.1 程序员为何制作工具

程序员们常常表达一种普遍的情绪：我们很懒惰。这并不是说我们不愿意工作，而是我们不愿意做那些“重复性”“枯燥无味”“烦琐”的工作，因为这些正是计算机所擅长的。程序员们对于这类苦差事有着敏锐的感知能力。例如，如果小李子拥有数百张照片，并希望删除其中的重复项，他绝不会选择手动操作。同样，如果 Dan 需要向他的每名学生发送个性化的电子邮件，面对众多学生，他也不会选择手动完成。程序员们一旦意识到自己在键盘上反复敲击相同的键，或不断重复相同的操作步骤，他们就会停下来，创造工具以实现自动化。

程序员们在提及“工具”时，他们指的是那些能够节省他们时间的程序。虽然工具往往不是最终目的，编写工具的过程可能也会显得有些单调乏味，但拥有工具之后，我们便能够利用它来节约宝贵的时间。有时，我们可能只为了一个特定的任务使用一次工具，之后就不再使用它了。然而，大多数情况下，一款工具会反复地发挥价值，无论是完全按照原始设计意图使用它，还是通过一次小调整让它派上别的用场。以 Dan 为例，每结束一门课程，他都会运用自己编写的程序汇总学生的分数，并将它们提交给大学。他每次都会根据需要对程序进行小幅度的调整（例如，调整各项作业的比重），然后利用这个改造过的版本完成手头的工作。

使用 Copilot 的最大好处在于它使快速开发这些工具变得更加容易。某位软件工程师的见解是：“我们都知道工具很重要，但有效的工具创建起来具有挑战性，而且管理层并不关心或理解工具的必要性……我无法充分描述这种感觉，自从我能够每天构建两款高质量的工具来解决我遇到的每一个具体问题时，编程的体验变得截然不同。”

## 9.2 如何使用 Copilot 编写工具

正如我们在第 5 章讨论模块时所学到的，我们有时会需要借助模块来编写想要的程序。Python 内置了一些模块。例如，在第 5 章中，我们利用 Python 内置的 zipfile 模块创建 zip 格式的压缩包。然而，并非所有模块都是内置的，有些模块需要安装后才能使用。这正是我们在第 5 章中利用 matplotlib 模块展示四分卫数据时所遇到的情形。

在开发工具的过程中，我们常常需要与特定的数据格式打交道（ZIP 文件、PDF 文件、Excel 电子表格、图像等），或者执行特定的任务，例如，发送电子邮件、与网站进行交互、移动文件等。面对这些需求，我们通常需要借助特定的模块实现。但是，应该选择哪个模块呢？它是 Python 内置的，还是需要我们额外安装？这些问题是开始开发工具之前必须解答的。

幸运的是，可以通过 Copilot 的 Chat 功能（或者 ChatGPT）帮助起步。在第 8 章中，我们已经见识了 Copilot Chat 的魅力。这里再次提醒，我们之所以选择使用 Copilot Chat，是因为它能够与 VS Code 编辑环境紧密集成，并且能够访问当前正在编写的代码，进而将这些必要的上下文信息融入它生成的答案中。

我们的计划是与 Copilot 进行深入的对话，从而确定需要使用哪个模块。明确了这一点并根据需要安装相应模块之后，就可以着手编写工具的代码了。我们将遵循一贯的做法：编写函数的头部声明和文档字符串，然后让 Copilot 进行代码的填充。一旦 Copilot 开始编写代码，我们便需要遵循前几章介绍的步骤，包括验证代码的正确性、修复 bug，甚至可能涉及问题的分解。为了聚焦于编写自动化工具，我们将尽量减少在这些步骤上花费的时间。

或许我们可以请求 Copilot 或 ChatGPT 为我们编写完整的工具，甚至不需要将其放入函数中。然而，我们在这里不会这样做，因为我们坚信使用函数所带来的好处是值得的。函数不仅能帮助对代码添加文档，说明其功能，还能在日后需要时调整工具的行为（例如，增加额外的参数），从而提供更大的灵活性。

## 9.3 示例一：清理电子邮件内容

有时候，一封电子邮件回复和转发了很多次之后会变得杂乱无章，每行文本开头可能充斥着大量的大于号（>）和空格。以下示例展示了这种情况。

> > > Hi Leo,
> > > > Dan -- any luck with your natural language research?
> > > Yes! That website you showed me
> > > is very useful. I found a dataset on there that collects
a lot
> > > of questions and answers that might be useful to my research.
> > > Thank you,
> > > Dan

假设需要保存这封电子邮件的内容以备将来参考。你或许打算手工清除每行开头的 > 和空格字符。尽管这封邮件并不长，手工操作看似可行，但请不要这样做。相反，你可以把握这个机会，开发一款多功能工具，这样每当需要整理电子邮件格式时，它都可以为你提供服务。这款工具的便利之处在于，它并不计较邮件的长度——无论是 5 行、100 行，还是 100 万行内容，使用起来同样简单快捷。

### 9.3.1 与 Copilot 对话

为了让开发的清理工具能够处理杂乱的电子邮件，我们需要先将电子邮件文本复制到剪贴板。这可以通过操作系统提供的“复制到剪贴板”功能完成，例如，在大多数系统中，这可以通过按 Ctrl+C 组合键实现。接下来，我们启动清理工具，它会对电子邮件内容进行整理，并将其替换为一个整洁的版本，这样就可以使用操作系统的粘贴命令（如 Ctrl+V 组合键）将整理好的电子邮件内容粘贴到任何需要的地方。在这个过程中，我们假设剪贴板已经有了电子邮件文本。工具的任务是移除每一行开头的 > 和空格字符，以便可以轻松地将清理后的内容粘贴到任何地方。在 Python 编程中，这意味着需要将剪贴板上的内容读取到一个字符串中，并对其进行处理，然后再次将处理后的内容写回剪贴板，覆盖掉之前的杂乱版本。

那么，我们怎样才能在 Python 程序里访问剪贴板呢？这就是我们需要弄清楚的，而我们与 Copilot 之间的对话将带来答案。与第 8 章类似，我们将使用 Human 代表输入的提示词，而 GitHub Copilot 则代表 Copilot 的回答。请记住，如果在阅读这篇文章时，Copilot Chat 插件暂不可用，可以使用 ChatGPT 进行类似的交流。我们将会把这些提示词输入 Copilot Chat 的聊天窗口中。

在与 Copilot 的交流中，我们打算在确定最终方案之前进行广泛的探索。在通过这个示例掌握其中的要点之后，我们会解释为何要采用这种乍一看不那么直接的方法。Copilot 通常会在其回答中提供大量代码示例。在探索阶段，你可以快速浏览这些代码，但无须深究。一旦我们完成探索并决定了行动方案，我们会深入探讨这些代码中的具体细节。现在，让我们开启学习之旅吧。

Human　我想写一个 Python 程序，它能够访问剪贴板并让我使用剪贴板进行复制和粘贴操作。我该怎么做？

GitHub Copilot　你可以使用 pyperclip 模块在 Python 中访问剪贴板。这里有一个代码示例，它允许使用剪贴板进行复制和粘贴。

````
```python
import pyperclip

# Copy to clipboard
pyperclip.copy('Hello, world!')

# Paste from clipboard
text = pyperclip.paste()

print(text)
```
````

这段代码首先导入了 pyperclip 模块。然后，它使用 copy 函数将字符串 'Hello, world!' 复制到剪贴板。最后，它使用 paste 函数将剪贴板的内容粘贴到 text 变量，并打印结果。

你可以在终端中运行 pip install pyperclip，即通过 pip 安装 pyperclip 模块。

Copilot 的回答告诉我们，可以使用 pyperclip 模块在开发的 Python 程序中与剪贴板进行交互。它提供的代码示例甚至展示了如何从开发的程序中复制内容到剪贴板，并将剪贴板的内容粘贴到一个变量。我们迈出了重要的一步。

回复的结尾部分展示了安装 pyperclip 模块的方法。哦，原来 pyperclip 并不是 Python 自带的。尽管我们知道如何安装模块（我们从第 2 章开始使用 matplotlib 时就这样做了），但如果能够避免这个额外步骤显然更好。因此，我们继续与 Copilot 进行对话，探询是否存在更好的方法。

Human 我能否在不安装 Python 模块的情况下做到这一点？

GitHub Copilot **当然。你可以利用 Python 自带的 tkinter 模块操作剪贴板。这里提供了一个代码示例，展示了如何在不额外安装任何模块的情况下，实现剪贴板的复制和粘贴功能。**

````
```python
import tkinter as tk

# Create a Tkinter window
root = tk.Tk()

# Hide the window
root.withdraw()

# Copy to clipboard
root.clipboard_clear()
root.clipboard_append('Hello, world!')

# Paste from clipboard
text = root.clipboard_get()

print(text)
```
````

首先，这段代码使用 Tk 函数创建了一个隐藏的 Tkinter 窗口，并使用 withdraw 方法将其隐藏；然后，使用 clipboard_clear 方法清除剪贴板，并使用 clipboard_append 方法将字符串 'Hello, world!' 添加到剪贴板；最后，使用 clipboard_get 方法获取剪贴板的内容，并打印结果。

请注意，这种方法仅在图形环境可用时才有效，例如在 Linux 操作系统或 macOS 的桌面环境中，或者在 Windows 操作系统的 Windows 桌面中。如果只能在终端环境下运行 Python，则需要使用其他方法来访问剪贴板。

看来我们有得有失。“得”的是，这个 tkinter 模块内置于 Python ；“失”的是，“这种方法仅在图形环境可用时才有效”。我们的 Python 配置中是否具备图形环境呢？虽然我们完全可以通过运行代码验证这一点，但这个前提条件让我们犹豫。毕竟，前面的 pyperclip 方案并没有这个要求，这或许说明我们并不需要用到它（不管它到底意味着什么）。接下来再试一次。

Human　是否有其他方式，允许我在不安装 Python 模块的情况下完成这个操作？

GitHub Copilot　有。你可以使用 Windows 标准库中所包含的 win32clipboard 模块访问剪贴板。以下是一个代码示例，它允许你在不安装任何额外模块的情况下使用剪贴板进行复制和粘贴操作。

````
```python
import win32clipboard

# Copy to clipboard
text = "Hello, world!"
win32clipboard.OpenClipboard()
win32clipboard.EmptyClipboard()
win32clipboard.SetClipboardText(text)
win32clipboard.CloseClipboard()

# Paste from clipboard
win32clipboard.OpenClipboard()
pasted_text = win32clipboard.GetClipboardData()
win32clipboard.CloseClipboard()
print(pasted_text)
```
````

这段代码首先导入了 win32clipboard 模块。为了将文本内容复制到剪贴板，你需要先使用 OpenClipboard 函数开启剪贴板，之后利用 EmptyClipboard 函数清空剪贴板的所有数据，再通过 SetClipboardText 函数将所需的文本设置于剪贴板。文本设置完成后，别忘了调用 CloseClipboard 函数关闭剪贴板。

为了从剪贴板粘贴文本，需要先通过调用 OpenClipboard 函数打开剪贴板，之后调用 GetClipboardData 函数提取剪贴板的文本。完成文本的提取之后，别忘了调用 CloseClipboard 函数关闭剪贴板。在这个代码示例中，先将文本 "Hello, world!" 复制到剪贴板，之后将其粘贴并打印到控制台。

“Windows 标准库”？嗯……这又是一个令人担忧的问题，因为这意味着上面开发的工具可能在其他操作系统上无法运行。我们得进一步了解这个问题。

Human　它在 Linux 操作系统或 macOS 上也能运行吗？

GitHub Copilot　不能。win32clipboard 模块是专为 Windows 操作系统设计的，它不兼容 Linux 操作系统或 macOS。若要在 Linux 操作系统中操作剪贴板，可以使用 xclip 命令行工具。以下是一个代码示例，它展示了如何在 Linux 环境中通过剪贴板执行复制和粘贴操作。

~~~~
```python
import subprocess

# Copy to clipboard
text = "Hello, world!"
subprocess.run(['xclip', '-selection', 'clipboard'], input=text.encode('utf-8'))

# Paste from clipboard
p = subprocess.Popen(['xclip', '-selection', 'clipboard', '-o'], stdout=subprocess.PIPE)
pasted_text = p.stdout.read().decode('utf-8')
print(pasted_text)
```
~~~~

这段代码通过 subprocess 模块运行 xclip 命令行工具。若要将文本复制到剪贴板，可调用 subprocess.run 方法，并传入 xclip 命令及 -selection clipboard 参数来指定剪贴板的选择区域，同时使用 input 参数输入希望复制的文本。至于从剪贴板粘贴文本，可以通过调用 subprocess.Popen 方法，并传入 xclip 命令及 -selection clipboard -o 参数来读取剪贴板的内容，随后通过 Popen 对象的 stdout 属性获取命令执行的结果。在这个代码示例中，首先将文本 "Hello, world!" 复制到剪贴板，随后将其粘贴并打印到控制台。

而在 macOS 中，可以使用 pbcopy 和 pbpaste 这两款命令行工具操作剪贴板。它们的使用方法与 xclip 命令行工具的使用方法类似。

虽然我们已经获得了不同操作系统中的特定解决方案。但我们对此并不满意。我们希望开发的工具能够跨平台运行，无论用户选择哪种操作系统（虽然我们自己目前只使用 Windows 操作系统，但未来有可能将该工具分享给使用其他操作系统的用户）。

我们本可以继续对话，但回过头看，安装那个单独的 pyperclip 模块其实并不是一件坏事。那就采用它吧。通常，在决定如何开始编写一款工具时，值得探索不同的选项，而 Copilot 的对话功能对于这种探索同样非常有帮助。

**为什么应该探索和理解这些选项**

以下几种原因表明，我们不应仅仅依赖 Copilot Chat 推荐的第一个模块。

- 这个模块可能并不兼容所有操作系统。通常寻求那些能够跨平台运行的模块，以确保我们（假设我们未来有可能更换操作系统）或接受我们分享的工具的其他人能够顺利使用。
- 这个模块最终可能并不符合人们的实际需求，或者我们可能会在开发阶段遇到难题。因此，拥有其他备选方案，在对这些可能成功也可能失败的策略投入大量时间之前先进行尝试，显得尤为重要。
- 模块更新是常有的事。这通常意味着新功能的添加和 bug 的修复，但有时也会伴随着功能的移除或变更。当一个模块的功能被程序员废弃时，我们称为功能“被弃用”。一旦功能被弃用，它可能不再有效，这时需要寻找替代方案。由于 Copilot 的训练并非实时进行而是定期进行的，因此，如果 Copilot 训练后模块发布了新版本，Copilot 可能并不了解这些最新变动。这可能导致 Copilot 提供的代码建议依赖于旧版本。我们将在本章后续内容中探讨如何克服这一问题。但无论如何，拥有多种备选方案，可以在遇到问题时灵活应对。

## 9.3.2 编写电子邮件清理工具

首先需要做的是安装 pyperclip 模块。为此，在 VS Code 界面底部的终端中输入命令“ pip install pyperclip”即可安装（还记得吗？在第 2 章中，我们也是采用这种方法安装 matplotlib 模块的）。

安装完成后，就可以引入该模块，着手编写函数头和文档字符串。该函数将去除每行开头的 > 和空格。导入模块的目的是在 Copilot 生成函数代码时，引导它使用该模块。代码清单 9.1 展示了我们使用的提示词及 Copilot 所生成的代码。

**代码清单 9.1 第一次尝试：清理剪贴板的电子邮件文本**

```
import pyperclip

def clean_email():
    '''
    The clipboard contains lines of text.
    Clean up the text by removing any > or space
    characters from the beginning of each line.
    Replace the clipboard with the cleaned text.
    '''
    text = pyperclip.paste()
    lines = text.splitlines()
    for i in range(len(lines)):
        lines[i] = lines[i].lstrip(' >')
    text = '
'.join(lines)

    pyperclip.copy(text)

if __name__ == '__main__':
    clean_email()
```

将剪贴板的当前内容存入 text 字符串

将字符串以行为单位拆分为列表

遍历文本的每一行

移除每行开头的空格和 >

这里看起来有点怪

将清理后的文本复制到剪贴板中

这里是一个常见的 Python 约定（见后面的讨论）

调用函数，自动清理剪贴板的电子邮件内容

观察代码的执行流程，我们发现它正按照既定的步骤进行：首先获取剪贴板的内容，其次对这些电子邮件文本进行清理，最后将清理后的文本重新复制回剪贴板。正如我们之前在与

Copilot 的对话中所了解的，我们期望 Copilot 编写的代码能够调用 pyperclip 模块的复制和粘贴功能，它确实做到了这一点。在代码的倒数第二行，我们遇到了在本书中从未见过的内容。

```
if __name__ == '__main__':
```

如果愿意的话，完全可以移除这行代码（如果这么做，请记得将紧接着的一行代码取消缩进）。这样做可以确保 clean_email 函数仅在执行程序时被触发，而不是在将程序作为模块导入时被触发。试想，如果计划将这个程序作为一个模块导入（以便在更大的程序中使用），应该仅在需要时才调用 clean_email 函数，而非导入它之后就立即执行（此外，无论何时想要更深入地理解代码中的某一行，都可以向 Copilot 询问）。遗憾的是，这段代码存在问题。如果运行它，我们将收到如下错误信息。

```
File "C:\repos\book_code\ch9\email_cleanup.py", line 14
   text = '
          ^
SyntaxError: unterminated string literal (detected at line 14)
```

这个语法错误表示程序不符合有效的 Python 代码规范。我们现在就来解决这一问题。有几种解决方案。其中一种是选中代码，然后点击 Copilot Labs 插件中的 Fix Bug 按钮。当我们进行试验时，这个功能确实帮助解决了问题。如果这个功能暂不可用，可以尝试在 Copilot Chat 或 ChatGPT 中询问："请帮我修复以下代码中的 bug < 此处插入你的代码 >"。这是一个有用的小技巧，当 Copilot 给出的代码无法正常工作时，可以尝试这种办法。

Copilot 帮助修复了代码中的语法错误。修正后的代码参见代码清单 9.2。

**代码清单 9.2 第二次尝试：清理剪贴板的电子邮件文本**

```
import pyperclip

def clean_email():
    '''
    The clipboard contains lines of text.
    Clean up the text by removing any > or space
    characters from the beginning of each line.
    Replace the clipboard with the cleaned text.
    '''
    text = pyperclip.paste()
    lines = text.splitlines()
    for i in range(len(lines)):
        lines[i] = lines[i].lstrip(' >')
    text = '\n'.join(lines)    ◄── 将这些独立的文本行合并到一个字符串

    pyperclip.copy(text)

if __name__ == '__main__':
    clean_email()
```

之前那一行奇怪的代码已经换为以下这行新代码。

```
text = '\n'.join(lines)
```

这行代码的目的是将所有文本行合并为单一的字符串，程序随后会将这个字符串复制到剪贴板。那么 '\n' 代表什么呢？可以使用 join 方法做些实验，进而理解它的含义。以下代码示例展示了如何使用空字符串代替 '\n' 进行字符串的合并。

```
>>> lines = ['first line', 'second', 'the last line']   ← 这里准备了3行文本
>>> print(''.join(lines))   ← 调用 join 方法，传入空字符串
first linesecondthe last line
```

可以注意到，有些单词是挤在一起的。这并不是所期望的效果——我们希望它们之间有间隔。那么空格怎么样？再次尝试使用 join 方法，这次在连接字符串时加入空格，而非使用空字符串。

```
>>> print(' '.join(lines))
first line second the last line
```

或者可以使用 '*'。

```
>>> print('*'.join(lines))
first line*second*the last line
```

这样处理之后，单词不再紧密地挤成一团。而且星号（*）可以告知每行的结束位置，不过，如果能保持电子邮件原本的 3 行格式，那就更好了。

在 Python 编程中，我们需要表示在文本中换行的方式，而不是使用空格或者星号(*)。直接按 Enter 键是不可取的，因为这会导致字符串分割为两行，违背了合法的 Python 语法规则。正确的做法是使用转义字符 '\n' 表示换行。

```
>>> print('\n'.join(lines))
first line
second
the last line
```

我们的工具已经准备就绪，可以投入使用了。只须将杂乱无章的电子邮件文本复制到剪贴板，启动程序并执行粘贴操作，便会发现电子邮件内容已经变得井然有序。以之前提供的电子邮件内容样本为例，经过程序处理后，将获得如下整洁的版本。

```
Hi Leo,
Dan -- any luck with your natural language research?
Yes! That website you showed me
is very useful. I found a dataset on there that collects
a lot
of questions and answers that might be useful to my research.
Thank you,
Dan
```

当然，这段代码还有进一步优化的空间。例如，那封电子邮件中的换行处理并不尽如人意——a lot 这一行过于简短，实在没有必要换行。可以向 Copilot 提出新的需求，着手改善这些细节。虽然我们已经实现了电子邮件清理的基础目标，但仍然鼓励你继续深入挖掘，寻找更为完善的解决方案。

## 9.4　示例二：为 PDF 文件添加封面

回顾一下本章开头提到的场景。我们已经完成了 100 份报告，并且这些报告都被保存为 pdf 格式。与此同时，我们的同事也已经精心设计了 100 张相应的封面，它们同样采用 pdf 格式。我们的目标是将这些封面与报告内容合并，确保每个最终的 PDF 文件都能以封面作为第一页，紧接着是报告的正文。图 9.1 展示了所需的操作过程。

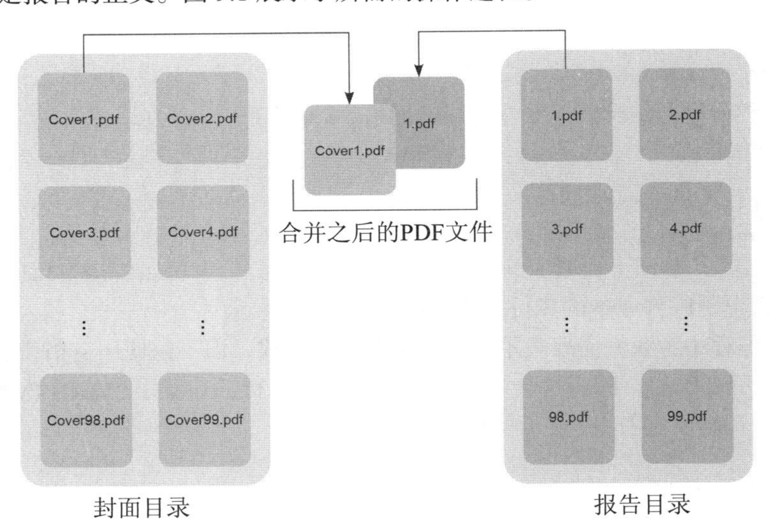


图 9.1　操作过程图示：将封面目录中的封面与报告目录中的报告合并为最终的 PDF 文件（注意：报告可能不止一页）

**PDF 文件（还包括 Word 文件和 Excel 文件）并非文本文件**

你可能会好奇，为什么我们不直接使用 Python 的读取和写入方法来操作 PDF 文件。毕竟，这就是在第 2 章中处理 CSV 文件时所采用的方法。

CSV 文件与许多文件格式的重要区别在于它们是纯文本文件，这意味着人们无须任何格式化或特殊指令就能阅读它们。然而，很多其他文件格式并非文本文件。以 PDF 文件为例，它无法被人类直接阅读，需要借助特定的程序来识别和处理其格式。同样的情况也出现在 Word 文档和 Excel 电子表格上：它们也都不是文本文件，因此处理这些文件需要用到专门的工具。

本书配套资料的 ch9 目录中有两个子目录：一个命名为 reports，内含 100 份报告文件，格式均为 pdf；另一个命名为 covers，同样包含 100 个封面文件，格式均为 pdf，每个报告都有对应的封面。报告文件按照序号命名，如 1.pdf、2.pdf、3.pdf 等；封面文件则以 cover1.pdf、cover2.pdf、cover3.pdf 等方式命名，与报告一一对应。例如，1.pdf 报告的封面文件是 cover1.pdf，2.pdf 对应的封面文件是 cover2.pdf，以此类推。在本节中，我们将学习如何将这些报告与封面合并。

请打开其中一些封面的 PDF 文件和一些报告的 PDF 文件（可以使用 Adobe Acrobat 程序，或者任何习惯使用的其他阅读软件）。此时会观察到封面始终是严格的单页，而报告则可能不止一页。当我们着手编写代码时，需要特别注意向 Copilot 明确说明报告可能包含多页内容，以避免 Copilot 写出仅考虑单页报告的代码。

你可能想知道我们是如何制作出这 100 份组合了封面和报告的文件的。如果这些工作是通过手工逐个完成的，你可能会感到失望。请放心，我们采用了自动化的方式，这与我们接下来将采用的合并过程非常相似。

### 9.4.1　与 Copilot 对话

我们的程序需要能够找到所有报告及其对应的封面，然后将封面添加到每份报告的开头。最终，每份报告都应生成一个完整的 PDF 文件，其中既包含封面也包含报告的所有内容页面。

如何使用 Python 实现 PDF 文件的合并呢？我们来一探究竟。

**Human**　我需要编写一个合并 PDF 文件的 Python 程序。我该怎么做呢？

**GitHub Copilot**　你可以使用 PyPDF2 这个库在 Python 中合并 PDF 文件。以下是一个代码示例，它展示了如何合并两个 PDF 文件。

```
```python
import PyPDF2

# Open the PDF files to be merged
pdf1 = open('file1.pdf', 'rb')
pdf2 = open('file2.pdf', 'rb')

# Create a PDF reader object for each file
reader1 = PyPDF2.PdfFileReader(pdf1)
reader2 = PyPDF2.PdfFileReader(pdf2)

# Create a PDF writer object
writer = PyPDF2.PdfFileWriter()

# Loop through the pages of each PDF and add them to the writer object
for i in range(reader1.getNumPages()):
    page = reader1.getPage(i)
```
```

```
        writer.addPage(page)

    for i in range(reader2.getNumPages()):
        page = reader2.getPage(i)
        writer.addPage(page)

    # Write the merged PDF to a file
    output = open('merged.pdf', 'wb')
    writer.write(output)

    # Close the input and output files
    pdf1.close()
    pdf2.close()
    output.close()
```

在这个示例中，首先，使用 open 函数打开要合并的两个 PDF 文件。其次，使用 PyPDF2 中的 PdfFileReader 函数为每个文件创建一个对应的 PDF 阅读器对象。

接着，利用 PdfFileWriter 函数生成一个 PDF 写入器对象。随后，通过读取器对象提供的 getNumPages 和 getPage 方法，对每个 PDF 文件中的页面进行遍历，并通过 addPage 方法将它们逐一加入写入器对象中。

最后，我们利用写入器对象的 write 方法将合并完成的 PDF 写入磁盘文件，并调用 close 方法关闭所有涉及的输入与输出文件。

我们找到了一条可行的线索。PyPDF2 模块似乎能够满足我们的需求。它提供了 PdfFileReader 来读取现有的 PDF 文件，以及 PdfFileWriter 来生成新的 PDF 文件。代码示例展示了使用 getPage 方法从现有 PDF 文件中提取页面，并通过 addPage 方法将页面添加到新文件中。看起来很靠谱。

不过，还有没有 Python 自带的功能可以利用？这样就不必操心安装 PyPDF2 模块的事情了。

**Human** 我能否不安装 Python 模块就做到这一点？

**GitHub Copilot** 可以。你可以使用 subprocess 模块调用命令行工具 pdftk 来实现 PDF 文件的合并。以下代码示例展示了如何使用 pdftk 合并两个 PDF 文件。

```python
import subprocess

# Call pdftk to merge the PDF files
subprocess.call(['pdftk', 'file1.pdf', 'file2.pdf', 'cat', 'output', 'merged.pdf'])
```

在这个示例中，我们使用 subprocess.call 函数调用了 pdftk，并通过适当的参数合并

file1.pdf 和 file2.pdf 这两个 PDF 文件。cat 参数告诉 pdftk 将输入文件进行串联，而 output 参数则指定输出文件的名称为 merged.pdf。

请留意，为了使这段代码能够正常运行，系统中必须安装 pdftk。如果还没有安装 pdftk，可以访问其官方网站进行下载和安装。

这种方法最后肯定行得通，但它不能算作一个真正的 Python 自带解决方案。毕竟，最后一段也提到了，我们需要安装一款名为 pdftk 的新软件。

如果是这样的话，那似乎还是第一个选项 PyPDF2 更理想一些。不过，为了不遗漏任何其他的好选择，我们将继续与 Copilot 一道深入探索。

**Human**　我还可以考虑哪些其他的 Python PDF 库吗？

**GitHub Copilot**　是的。还有一些其他的 Python 库可以用来处理 PDF 文件。以下是一些比较流行的。

- ReportLab：一个从头开始创建 PDF 文件的库，支持文本、图形和图像。
- FPDF：一个从头开始创建 PDF 文件的库，支持文本、图形和图像。
- PDFMiner：一个从 PDF 文件中提取文本和元数据的库。
- PyMuPDF：一个用于处理 PDF 文件的库，支持文本、图形和图像。
- pdfrw：一个用于读取和写入 PDF 文件的库，支持文本、图形和图像。

每个库都有其自身的优势和劣势，因此，你应根据实际需求挑选最合适的那一款。如果你的目的仅仅是合并 PDF 文件，PyPDF2 或 pdftk 应该就足够了。但是，如果你打算进行更为复杂的 PDF 文件创建或编辑工作，那么你可能需要考虑其他一些功能更全面的库。

最后一段内容指出，如果要执行的任务仅仅是合并 PDF 文件，PyPDF2 确实是一款相当合适的工具。不过，在结束这次对话之前，我们还是分别了解一下这些工具的优缺点。这样，即使我们在使用 PyPDF2 的过程中遇到难题，也能清楚地知道接下来应该寻求哪些替代方案。

**Human**　能总结一下这些库的优缺点吗？

**GitHub Copilot**　当然可以。以下是这些库的优缺点概述。

（1）PyPDF2：一个用于处理 PDF 文件的库，支持文本、图形和图像。

优点：

- 便于执行如合并 PDF 文件这类简单操作；
- 提供良好的文档和示例；
- 对 PDF 特性支持范围广。

缺点：

- 对高级 PDF 特性如表单和注释的支持有限；

- 在处理大型 PDF 文件时速度可能较慢。

（2）ReportLab：一个从头开始创建 PDF 文件的库，支持文本、图形和图像。

优点：

- 非常强大且灵活，可用于创建复杂的 PDF 文件；
- 对 PDF 特性支持范围广；
- 提供良好的文档和示例。

缺点：

- 对于初学者，学习曲线陡峭；
- 在处理大型 PDF 文件时速度可能较慢。

（3）FPDF：一个从头开始创建 PDF 文件的库，支持文本、图形和图像。

优点：

- 轻量级，易于使用；
- 提供良好的文档和示例；
- 对 PDF 特性支持范围广。

缺点：

- 对高级 PDF 功能如表单和注释的支持有限；
- 在处理大型 PDF 文件时速度可能较慢。

（4）PDFMiner：一个从 PDF 文件中提取文本和元数据的库。

优点：

- 非常强大且灵活，用于从 PDF 文件中提取文本和元数据；
- 对 PDF 特性支持范围广；
- 提供良好的文档和示例。

缺点：

- 对于初学者，学习曲线陡峭；
- 对创建或操作 PDF 文件的支持有限。

（5）PyMuPDF：一个用于处理 PDF 文件的库，支持文本、图形和图像。

优点：

- 非常快速且高效地处理 PDF 文件；
- 对 PDF 特性支持范围广；
- 提供良好的文档和示例。

缺点：

- 对于初学者，学习曲线陡峭；
- 对创建或操作 PDF 文件的支持有限。

（6）pdfrw：一个用于读取和写入 PDF 文件的库，支持文本、图形和图像。

优点：

- 非常强大且灵活，用于读写 PDF 文件；
- 对 PDF 特性支持范围广；
- 提供良好的文档和示例。

缺点：

- 对于初学者，学习曲线陡峭；
- 在处理大型 PDF 文件时速度可能较慢。

不要被其中的“对于初学者，学习曲线陡峭”的警告所吓倒。既然 Copilot 已经对该库进行了训练，那么你仍然有可能成功。

依据在此所掌握的知识，我们可能会将 PDFMiner 排除在外，因为它对创建或编辑 PDF 文件的“支持有限”。然而，我们会保留其他选项，以防万一。目前，我们计划采用 PyPDF2 以便继续探索，并观察其效果。

## 9.4.2 编写工具

我们继续，先安装 PyPDF2。请注意模块名的字母大小写规范：准确的模块名是 PyPDF2，不要使用 pypdf2、pyPDF2 或其他任何形式的大小写形式。

在前一个示例中，我们创建了一个函数，用于整理剪贴板的电子邮件内容。该函数无须接收任何输入信息，因此没有设置任何参数。然而，在本示例中，我们认为该函数设置 3 个参数会比较实用，分别用于存放报告的目录名、封面的目录名及最终合并版 PDF 文件的目标目录名。

在文档字符串中，必须阐明每个目录的具体用途和目录中的文件命名规则。归根结底，Copilot 需要明确理解报告与封面之间的对应关系。

### 1. 尝试使用 PyPDF2

我们将采用 PyPDF2 这个 Python 库完成这个任务。回顾一下 Copilot Chat 提供的关于 PyPDF2 库的相关信息。在它给出的代码示例中，使用 PdfFileReader 读取已有的 PDF 文件，使用 PdfFileWriter 生成新的 PDF 文件。此外，它还使用 getPage 和 addPage 方法操作页面。当 Copilot 生成代码时，我们要密切注意这些细节是否出现，因为它们很可能预示着代码处在正确的轨道上。代码清单 9.3 展示了使用的提示词及 Copilot 给出的代码。

**代码清单 9.3 为 PDF 文件添加封面的函数**

```
import PyPDF2

def add_covers(report_dir, cover_dir, final_dir):
    '''
    report_dir is a directory of reports named 1.pdf, 2.pdf, and so on.
    These files may be one page or more than one page.
```

```
    cover_dir is a directory of covers, with one cover per report.
      The filenames in this directory are cover1.pdf, cover2.pdf, and so on.
    Each of these files is one page.

    Add the cover to the beginning of each report,
    and store all resulting pdfs in final_dir.
    '''
    report_files = os.listdir(report_dir)        # 获取 PDF 文件的列表
    for report_file in report_files:             # 遍历所有 PDF 文件
        report = open(os.path.join(report_dir, report_file), 'rb')
        report_reader = PyPDF2.PdfFileReader(report)      # 可以使用 report_reader 读取报告的页面
        report_writer = PyPDF2.PdfFileWriter()            # 可以使用 report_writer 将页面写入新的 PDF 文件
        for page_num in range(report_reader.numPages):    # 遍历报告的每一页
            report_writer.addPage(report_reader.getPage(page_num))  # 将页面添加到新的 PDF 文件中
        cover = open(os.path.join(cover_dir,
                                  'cover' + report_file), 'rb')  # 打开与该报告对应的封面
        cover_reader = PyPDF2.PdfFileReader(cover)        # 可以使用 cover_reader 读取封面
        report_writer.insertPage(cover_reader.getPage(0), 0)  # 将封面添加到新的 PDF 文件的开头
        result = open(os.path.join(final_dir, report_file), 'wb')
        report_writer.write(result)                       # 保存新的 PDF 文件
        report.close()
        cover.close()
        result.close()

if __name__ == '__main__':
    add_covers('reports', 'covers', 'final')      # 调用函数以执行所有的合并操作
```

### 谨慎对待自动化程序

虽然上面编写的合并 PDF 文件的程序能够非常快速地处理成百上千个文件，但如果程序运行出现问题，可能会导致文件损坏或数据丢失。在使用 open 函数时，如果把第二个参数设置为 'w' 或 'wb'，则表示正在覆盖现有文件。

让我们把注意力集中在代码清单 9.3 的如下这行代码。

```
result = open(os.path.join(final_dir, report_file), 'wb')
```

它正在使用 open 函数打开一个文件。具体来说，它正在打开位于 final_dir 目录的 report_file 文件。在此处，传递给 open 函数的第二个参数 'wb' 表示我们希望打开文件以进行写入操作（'w' 的含义），而且写入的文件是一个二进制格式的文件（'b' 的含义），而非文本文件。如果该文件尚未存在，那么我们设置的 'w' 选项将创建该文件。这并不是我们所担心的部分。真正需要警惕的是，当文件已经存在时会发生什么。在这种情况下，'w' 会抹去文件中的所有内容，留下一个空文件以供写入。当然，如果我们的程序能够正确运行，并且仅在 final_dir 目录中执行这一操作，就没有问题了。但我们必须在完全公开程序之前，仔细地确认这一点。

> 我们强烈建议先在一个无关紧要的小型目录中进行测试。甚至，建议将代码中使用 'w' 或 'wb' 模式打开文件的行改为打印一个无害的输出信息，以便能够确切地了解哪些文件即将被覆盖或创建。例如，在我们的程序中，需要注释掉下面这两行。
>
> ```
> result = open(os.path.join(final_dir, report_file), 'wb')
> report_writer.write(result)
> ```
>
> 取而代之的是，采用 print 函数输出那些原本打算创建或覆盖的文件名。
>
> ```
> print('Will write', os.path.join(final_dir, report_file))
> ```
>
> 接下来，在运行程序时，程序将输出程序**打算**写入的文件名。如果输出信息看起来不错——程序确定的目标文件完全符合预期，就可以重新启用之前注释掉的代码段了。
>
> **请务必小心谨慎，永远记得备份重要文件。**

在代码清单 9.3 的最后一行，我们设定了 3 个目录的名称：存放报告的目录名为 'reports'，存放封面的目录名为 'covers'，以及存放最终生成的 PDF 文件的目录名为 'final'。

现在你可以创建最终的输出目录了。要确保它与你的报告和封面目录位于同一位置。

目前，代码的整体结构看起来很有希望：它首先收集了所有 pdf 格式的报告文件列表，随后针对每一份报告，将其页面与封面合并。程序采用 for 循环遍历报告的每一页，这样做的好处在于能够一次性捕获所有页面。相比之下，封面的 PDF 文件并未采用 for 循环，这同样合理，毕竟我们明确知道封面仅有一页。

但是，Copilot 给出的函数代码第一行似乎在调用 os 模块中的 listdir 函数。其他几行代码也用到了这个模块。我们确实需要导入 os 模块。这一点可以通过运行代码得到验证。如果此时执行代码，会遇到下面这个错误。

```
Traceback (most recent call last):
  File "merge_pdfs.py", …
    add_covers('reports', 'covers', 'final')
  File " merge_pdfs.py",  …
    report_files = os.listdir(report_dir)
                   ^^
NameError: name 'os' is not defined
```

为了修复这个问题，必须在程序的开头处添加 import os。代码清单 9.4 列出了更新后的代码。

**代码清单 9.4　为 PDF 文件添加封面的函数（改进版）**

```
import os     ← 我们之前漏掉了这个导入语句
import PyPDF2
def add_covers(report_dir, cover_dir, final_dir):
    '''
    report_dir is a directory of reports named 1.pdf, 2.pdf, and so on.
```

```
    These files may be one page or more than one page.

    cover_dir is a directory of covers, with one cover per report.
      The filenames in this directory are cover1.pdf, cover2.pdf, and so on.
    Each of these files is one page.

    Add the cover to the beginning of each report,
    and store all resulting pdfs in final_dir.
    '''
    report_files = os.listdir(report_dir)
    for report_file in report_files:
        report = open(os.path.join(report_dir, report_file), 'rb')
        report_reader = PyPDF2.PdfFileReader(report)
        report_writer = PyPDF2.PdfFileWriter()
        for page_num in range(report_reader.numPages):
            report_writer.addPage(report_reader.getPage(page_num))
        cover = open(os.path.join(cover_dir, 'cover' + report_file), 'rb')
        cover_reader = PyPDF2.PdfFileReader(cover)
        report_writer.insertPage(cover_reader.getPage(0), 0)
        result = open(os.path.join(final_dir, report_file), 'wb')
        report_writer.write(result)
        report.close()
        cover.close()
        result.close()

if __name__ == '__main__':
    add_covers('reports', 'covers', 'final')
```

然而，我们还没有完全摆脱困境。更新后的程序依然无法正常运行。以下是执行程序时出现的错误信息。

```
Traceback (most recent call last):
  File "merge_pdfs.py", line 34, in <module>
    add_covers('reports', 'covers', 'final')
  File "merge_pdfs.py", line 20, in add_covers
    report_reader = PyPDF2.PdfFileReader(report)   <-- 这是导致错误的那行代码
                    ^^^^^^^^^^^^^^^^^^^^^^^^^^^^
  File "...\PyPDF2\_reader.py", line 1974, in __init__
    deprecation_with_replacement("PdfFileReader", "PdfReader", "3.0.0")
  File "...\PyPDF2\_utils.py", line 369, in deprecation_with_replacement
    deprecation(DEPR_MSG_HAPPENED.format(old_name, removed_in, new_name))
  File "...\PyPDF2\_utils.py", line 351, in deprecation
    raise DeprecationError(msg)
PyPDF2.errors.DeprecationError: PdfFileReader is deprecated and   <-- 我们不能再使用PdfFileReader了——它已经被弃用
was removed in PyPDF2 3.0.0. Use PdfReader instead.
```

我们遇到的问题似乎是这样的：Copilot 认为“嘿，让我们使用 PdfFileReader，因为我的训练语料告诉我它是 PyPDF2 的一部分”，但是，在 Copilot 训练之后到我们撰写本书的这段时间中，PyPDF2 的维护者已经移除了 PdfFileReader 并用别的东西（根据错误信息的最后一行，是 PdfReader）替换了它。这种不一致的问题可能在你阅读本书时已经修复，但我们打算在这里假设它尚未解决，以便讲解在面对这种情况时应当采取何种措施。这时，我们有如下 3 种解决方案。

**解决方案一：安装 PyPDF2 的早期版本**。错误信息的最后两行告知，我们需要的 PdfFileReader 函数在 PyPDF2 3.0.0 版本中已被移除。因此，如果安装一个版本号早于 3.0.0 的 PyPDF2，应该能够找回所需的函数。不过，通常来说，不推荐安装库的早期版本，因为它们可能存在安全漏洞或功能性 bug，而在更新的版本中通常这些问题已得到修复。在决定是否回退到旧版本之前，通过搜索引擎查询该库近期的更新记录并评估安全风险，是一个明智的做法。在这个示例中，我们已经做了这项功课，并且没有发现使用 PyPDF2 的旧版本存在明显的风险。

**解决方案二：根据错误信息中的建议，手动修复代码**。也就是说，我们需要把 PdfFileReader 替换为 PdfReader，并重新运行程序。在这个过程中，我们可能还会遇到其他的弃用警告，需要按照相同的方法进行处理。PyPDF2 的程序员在错误信息中提供了明确的指导，这一点非常值得称赞。作为练习，你可以尝试根据错误信息中的建议逐一修改。虽然我们希望所有的错误信息都能如此详尽，但现实情况并非总是如此。有时，某些函数的移除可能不会提供替代方案。面对这种情况，考虑其他选项或许更加便捷。

**解决方案三：使用其他库**。在此之前，我们已经向 Copilot 咨询了关于 Python 中 PDF 库的其他选项，并收到了一些建议。如果我们发现前两个方案并不可行，那么尝试它建议的其他库可能是个不错的选择。

我们将选择其中的两个方案来演示这个问题的解决之道，分别是方案 1（使用 PyPDF2 的早期版本）和方案 3（使用其他库）。

### 2. 使用 PyPDF2 的早期版本

在使用 pip install 安装 Python 库时，默认获取该库的最新版本。这通常也是我们所期望的——安装最新且最优质的版本。当然，我们也可以明确要求安装一个较旧的版本。

在这里，我们需要安装的是 PyPDF2 3.0.0 之前的一个版本。通常使用 pip 安装 PyPDF2 方式如下。

```
pip install PyPDF2
```

而我们需要改为如下方式。

```
pip install "PyPDF2 < 3.0.0"
```

这里的 "< 3.0.0" 用来指定希望获取的库版本号——低于 3.0.0 的最高级版本。该命令应该会产生如下输出结果。

```
Collecting PyPDF2<3.0.0
  Installing collected packages: PyPDF2
  Attempting uninstall: PyPDF2
    Found existing installation: PyPDF2 3.0.1 ◄── 已安装一个高于3.0.0的版本
    Uninstalling PyPDF2-3.0.1: ◄── 正在移除该版本
      Successfully uninstalled PyPDF2-3.0.1
Successfully installed PyPDF2-2.12.1 ◄── 正在安装2.12.1版本
```

现在，我们已经安装了一个较早版本的 PyPDF2。到此，我们的程序应该可以正常运行了。运转几秒，工作就完成了。可以检查 final 目录，查看新创建的 PDF 文件。不妨打开几个文件进行验证，确保程序做对了：每个 PDF 文件应该以封面开始，然后包含报告的所有页面（如果报告包含多页，这里看到的应该不只是第一页）。

试想，如果亲自动手完成这个任务会是多么的烦琐乏味，而现在计算机已完全代劳了。此外，在未来的工作场合中（例如，需要为更多人员制作更多报告时），我们已经拥有了一款得力的工具，它将助力我们迅速完成任务。

**3. 使用其他库**

接下来，我们尝试换用另一个库来解决上述问题，它也是 Copilot 在我们咨询 PDF 库的对话中向我们推荐的选项之一。

我们无意对决定接下来尝试哪个库的具体过程展开详细说明，但会概述这一过程中的亮点。我们首先询问 Copilot Chat 如何使用 ReportLab 这个 Python 模块合并 PDF 文件，但它的回答让我们重新回到了 PyPDF2。对于 FPDF，我们得到的答复也是相同的：Copilot 告诉我们 FPDF 不能合并 PDF 文件，但 PyPDF2 可以。随后，我们转而询问 PyMuPDF，并在这一轮对话中取得了成果。

**Human** 如何使用 Python 的 PyMuPDF 库合并 PDF 文件？

**GitHub Copilot** 你可以使用 PyMuPDF 库中的 fitz 模块合并 PDF 文件。以下是一个代码示例，它展示了如何使用 PyMuPDF 合并两个 PDF 文件。

````
```python
import fitz

# Merge the two PDF files
pdf_files = ['file1.pdf', 'file2.pdf']
pdf_writer = fitz.Document()
for pdf_file in pdf_files:
    pdf_reader = fitz.open(pdf_file)
    for page in pdf_reader:
        pdf_writer.insert_pdf(page)
pdf_writer.save('merged.pdf')
pdf_writer.close()
```
````

这段代码首先创建了一个要合并的 PDF 文件列表（file1.pdf 和 file2.pdf）。然后，它使用 fitz 创建了一个新的 Document 对象，代表合并后的 PDF 文件。它遍历列表中的每个 PDF 文件，使用 fitz 打开它们，并使用 insert_pdf 方法将每个 PDF 文件的每一页插入 pdf_writer 对象中。最后，它使用 save 方法将合并后的 PDF 文件保存到一个新文件中，名为 merged.pdf。

你可以对这段代码进行调整，以便利用 PyMuPDF 向合并后的 PDF 文件添加任何其他内容。只须创建一个新的 Page 对象，将内容添加到页面上，然后使用 insert_page 方法将页面插入 pdf_writer 对象中。

这段代码示例采用了 insert_pdf 方法，用于将每个 PDF 文件整合到最终的 PDF 文件中。我们同样需要关注稍后 Copilot 给出的代码是否也采用了这一方法。

可以使用以下命令安装 PyMuPDF 库。

```
pip install PyMuPDF
```

但是，为什么必须使用 import fitz 而不是 import PyMuPDF 导入它呢？显然，这个库的设计者更喜欢 fitz 这个名称，而不是 PyMuPDF，所以我们需要使用前者。这不太常见，但有时我们也确实会使用一个名称来安装库，使用另一个名称导入它。如果 Python 抛出了一个 NameError 错误，并指向你尝试导入的库，那很可能表示你没有成功导入该库。原因或许是库实际上并未安装，或者需要使用另外一个名称来导入它。如果发现已安装了一个库却无法导入，不妨向 Copilot Chat 咨询一番。

现在一切就绪，开始编写代码。代码清单 9.5 展示了要使用的提示词及 Copilot 提供的代码。

**代码清单 9.5　为 PDF 文件添加封面的函数（替换版）**

```
import os
import fitz

def add_covers(report_dir, cover_dir, final_dir):
    '''
    report_dir is a directory of reports named 1.pdf, 2.pdf, and so on.
    These files may be one page or more than one page.

    cover_dir is a directory of covers, with one cover per report.
    The filenames in this directory are cover1.pdf, cover2.pdf, and so on.
    Each of these files is one page.

    Add the cover to the beginning of each report,
    and store all resulting pdfs in final_dir.
```

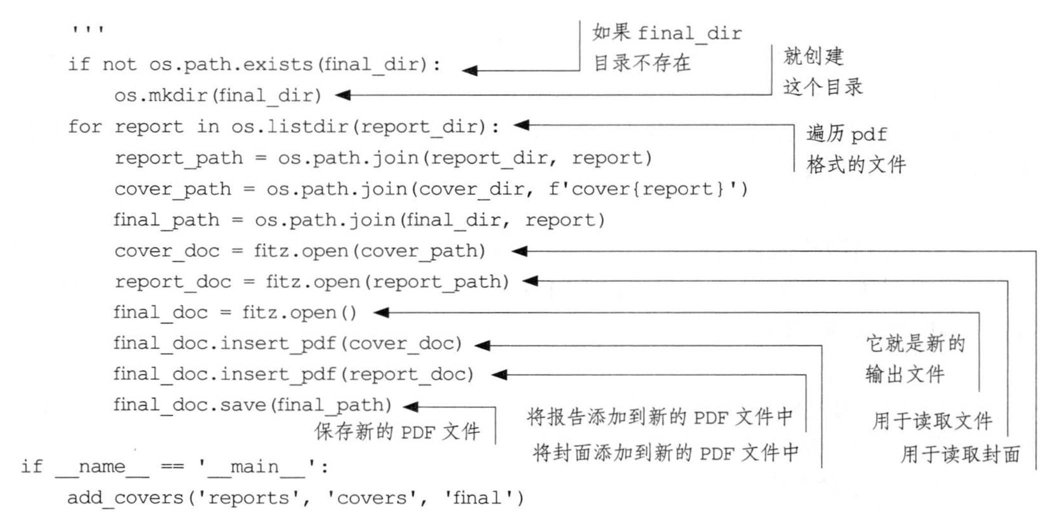


```
    '''
    if not os.path.exists(final_dir):
        os.mkdir(final_dir)
    for report in os.listdir(report_dir):
        report_path = os.path.join(report_dir, report)
        cover_path = os.path.join(cover_dir, f'cover{report}')
        final_path = os.path.join(final_dir, report)
        cover_doc = fitz.open(cover_path)
        report_doc = fitz.open(report_path)
        final_doc = fitz.open()
        final_doc.insert_pdf(cover_doc)
        final_doc.insert_pdf(report_doc)
        final_doc.save(final_path)

if __name__ == '__main__':
    add_covers('reports', 'covers', 'final')
```

这个程序的开头有几句相当贴心的代码——如果输出文件的目录尚不存在，程序将自动创建。接下来，程序的步骤与我们之前使用 PyPDF2 时的程序相似，尽管所调用的函数有所差异（这是合情合理的，因为 PyPDF2 和 PyMuPDF 作为两个不同的库，它们提供的功能和函数也有所不同）。但无论是哪种情况，获取报告的 PDF 文件名列表使用的都是 listdir 函数。在 for 循环中，我们对这些报告逐一进行处理；循环中的代码负责生成一个包含封面和随后报告内容的新的 PDF 文件。在之前的 PyPDF2 代码中，我们使用一个嵌套的 for 循环遍历报告的所有页面。不过，在当前的程序中，这种逐页处理已不再必要，因为 Copilot 采用了 insert_pdf 函数，该函数能够将一个完整的 PDF 文件一次性插入另一个 PDF 文件中。

无论你是选择安装旧版本的库，还是决定使用另外一个库，我们都成功解决了问题，并且让原本烦琐的工作流程实现了自动化。

请注意，我们需要对第 8 章中描述的工作流程进行轻微的调整，以便适应各种 Python 模块，这些模块将协助完成任务。图 9.2 展示了修改后的工作流程。

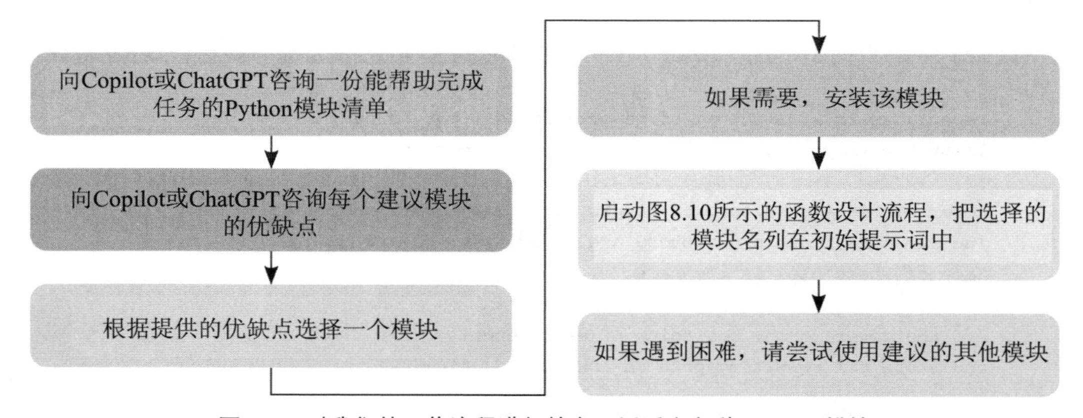


图 9.2　对我们的工作流程进行补充，以适应各种 Python 模块

## 9.5 示例三：合并手机图片库

假设你用手机拍摄了很多照片。同样，你的伴侣（或兄弟姐妹、父母或孩子）也在他们的手机上拍摄了很多照片。你们各自拥有数百甚至数千张照片。在日常生活中，你们还会互相分享照片，因此彼此手中都拥有了对方部分而非全部的影像记忆。

你以这种方式生活一段时间后，发现局面开始变得杂乱无章。很多时候，当你想找到某张照片时，却发现它并不在你这里——那是伴侣用他的手机拍摄的，并且没有分享给你。此外，你发现各处都存在大量重复的照片。

你突然灵光一现。“如果我们把手机中的所有照片，”你满怀激情地说，“以及你手机中的所有照片汇集起来怎么样？我们可以创建一个融合所有这些照片的图片库。如此一来，所有的图片就能汇聚于一处了。”

请记住，你们每个人的手机里都可能有数百张照片，所以手动完成这份工作是不可能的。因此，我们将采取自动化的方式来解决这一问题。

为了更精确地定义上述任务，我们假设有两个存放图片的目录（可以想象每个目录代表一部手机中的内容），目标是将它们整合到一个新的目录中。由于 png 是图片的常用文件格式，我们将以此为基础进行操作。然而，你的手机实际上可能使用的是 jpg 图片文件格式，对此不必担心。你完全可以根据个人喜好将这里的方法推广到 jpg 或其他任何图片文件格式上。

本书配套资料的 ch9 目录中有两个存放图片的子目录。这两个目录分别名为 pictures1 和 pictures2。试想，pictures1 中存放的是你的手机中的照片，共有 98 张；而 pictures2 中则存放你的伴侣的手机中的照片，共有 112 张。我们的目标是将这两个手机照片目录整合到一个新的目录中。

就像平时浏览计算机上的照片或图片那样，打开这些 png 格式的文件看一看。这些图片都是我们用程序生成的随机图形，但无论图片是什么内容，我们编写的程序都可以正常处理。

我们在开头提到，由于两部手机上可能存在相同的照片，因此我们在图片目录中也生成了一些重复的文件（我们拥有的图片文件总共有 210 张，但其中 10 张是重复的，因此实际上只有 200 张独一无二的照片）。例如，在名为 pictures1 的目录中，存在一个名为 1566.png 的文件，而在名为 pictures2 的目录中，存在一个名为 2471.png 的文件。尽管这两个文件的名称不同，但它们的内容完全相同，而在整合两部手机的图片目录时，我们只打算保留其中一份。这里的棘手之处在于，尽管这两张图片的文件名不同，但它们的内容是相同的。

两个相同的文件名是否就意味着它们包含的图片内容也一样呢？以 pictures1 和 pictures2 目录中都存在的 9595.png 文件为例。人们可能想当然地认为，既然文件名相同，那么文件中的图片也应该一样。然而，事实并非如此。当具体查看这些图片时，会发现它们实际上是不同的。这种情况在现实生活中同样可能发生：你和你的伴侣可能分别拍摄了不同的瞬间，尽管概率不大，但你们的手机自动生成的文件名偶然相同也是有可能的。

如果操作不当，我们可能会将 pictures1 目录的 9595.png 复制到新目录中，随后又用 pictures2 目录中的同名文件覆盖它。我们必须确保在复制文件时，不会无意中覆盖了目录中已经存在的、具有相同文件名的不同图片。我们在图 9.3 中展示了这个过程的一个示例。

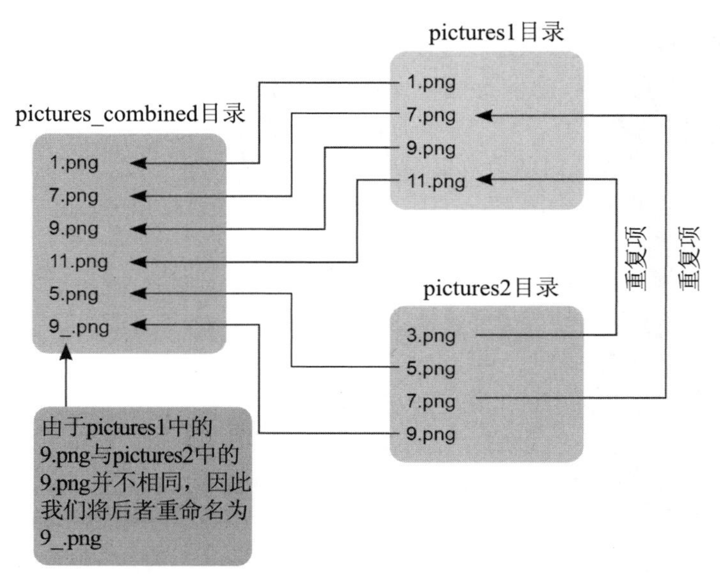


图 9.3 将 pictures1 和 pictures2 目录的照片合并到 pictures_combined 目录中，同时清除重复照片

**操作的是目录，并非真正的手机设备**

这里假设计算机上已经存在两个图片目录。这些目录的来源可以是任何地方，并且接下来的操作与手机没有直接的关系。

但是，如果你想真正执行这个任务来处理手机中的照片，需要先将这些照片传输到计算机中。你可以使用 ChatGPT 讨论这个话题。由于这些细节因手机型号而异，并且超出了我们希望 Copilot 处理的自动化任务范畴，因此在此不详细展开讨论。

## 9.5.1 与 Copilot 对话

我们的工具将要创建一个新目录，它将合并 pictures1 和 pictures2 目录中的图片，但不包含重复的图片。如果原始图片目录中存在多份相同的图片，我们希望在新目录中仅保留一份副本。

这时，我们至少有两个问题需要弄清楚：如何利用 Python 复制文件，以及如何判断两个文件是否为同一张照片？下面先问问 Copilot Chat 如何复制文件。

Human 我需要编写一个复制文件的 Python 程序。我该如何做到这一点？

GitHub Copilot 你可以使用 Python 中的 shutil 模块复制文件。以下是一个代码示例。

```
```python
import shutil
```
```

```
# Replace the source and destination paths with your own
source = '/path/to/source/file'
destination = '/path/to/destination/file'
# Copy the file
shutil.copy(source, destination)
```
```

这个程序会把文件从源路径复制到目标路径。若目标路径已有同名文件，原有文件将被新复制进来的文件替换。

非常好。我们可以利用 shutil 模块复制文件，不过，别忘了它需要先导入才能使用。Copilot 回复的最后一句话是一个重要的提醒，复制文件时需要格外注意，避免覆盖已经存在的文件。

接下来，我们确认 shutil 模块是否为 Python 的内置模块。

Human shutil 模块内置于 Python 吗？

GitHub Copilot 是的。shutil 模块是 Python 的内置模块，因此你无须额外安装即可使用。

你可能会问，我们为什么选择复制文件到新目录而不是直接从原始目录移动文件。这样做的原因是，我们希望保留原始目录的完整性，以防在复制过程中出现任何问题或 bug，导致无法将所有文件成功转移到新目录。这样，即使新目录出现了问题，我们的原始目录仍然完好无损。

我们已经掌握了关于文件复制的所有要点。接下来，继续探索如何判断两个文件是否为同一张图片。

我们提到过，单纯依赖文件名来确定图片是否完全相同是行不通的。那么，我们应该如何更准确地进行识别呢？

Human 在 Python 中，我如何判断两个 png 格式的文件是否相同？

GitHub Copilot 你可以使用 Python 中的 filecmp 模块对比两个文件，从而判断它们是否相同。以下代码示例用于比较两个 png 格式的文件。

````
```python
import filecmp
# Replace these file paths with the actual file paths of the .png files
# you want to compare
file1 = '/path/to/file1.png'
file2 = '/path/to/file2.png'
if filecmp.cmp(file1, file2):
    print('The files are the same.')
````

```
    else:
        print('The files are different.')
```

这段代码将对比两个文件的内容，如果两个文件的内容一致，则返回 True；如果不一致，则返回 False。

顺便提一句，Copilot 回复的最后一句话有误。这段代码并没有在任何地方返回 True 或 False 的值。正如 Copilot 可能在提供的 Python 文件中生成有缺陷的代码一样，Copilot Chat 有时也会提供不准确的解答。

我们提出的问题并没有明确指出具体需要对比的文件数量。我们是要对比两个文件，还是数百个？我们的提问并未给出具体要求。Copilot 已经告知如何对比两个文件，这是一个合理的起点。但这并不完全满足我们的需求。我们需要在数百个文件中识别出哪些文件是其他文件的重复项，以便能够检测到重复文件并避免将其复制到新目录中。让我们再问一次。

**Human**　如果我手头有成百上千个 png 格式的图像文件，想要识别出其中的重复项，你之前提供的方法是否依然有效?

**GitHub Copilot**　如果你有成百上千个 png 格式的图像文件，并且想要找出重复项，可以使用 os 模块遍历目录中的所有文件，然后把每个文件与目录中的其他文件进行对比。以下是一个实现该功能的代码示例。

````
```python
import os
import filecmp

# Replace this with the actual directory path where your .png
# files are located
directory = '/path/to/directory'

# Iterate over all the files in the directory
for filename1 in os.listdir(directory):
    if filename1.endswith('.png'):
        for filename2 in os.listdir(directory):
            if filename2.endswith('.png') and filename1 != filename2:
                file1 = os.path.join(directory, filename1)
                file2 = os.path.join(directory, filename2)
                if filecmp.cmp(file1, file2):
                    print(f'{filename1} and {filename2} are duplicates.')
```
````

这段代码将对目录中的所有文件逐一进行遍历，并将每个 png 格式的图像文件与目录中的其他 png 格式的图像文件进行对比。一旦检测到两个文件内容完全相同，程序便会输出一条信息，提示用户这些文件是重复的。需要注意的是，对包含大量文件的大型目录来说，这种方法的处理速度可能会很慢。

外层的 for 循环负责遍历目录中的所有文件。那么，如何识别当前文件是否拥有副本呢？答案是：遍历目录中的所有其他文件，并与当前文件进行对比。这正是内层 for 循环的职责所在：它利用 filecmp.cmp 函数对当前文件（file1）与目录中的每一个其他文件（file2）进行逐一对比。

由于我们在提问中并未提及需要在多个目录中查找重复文件，因此 Copilot 目前仅针对单个目录进行解答。如果这一点成为实现目标的阻碍，我们应当对提问进行更精确的描述。

Copilot 在这里同时使用了 os 和 filecmp 两个模块。因此还需要询问 Copilot 这些模块是否属于 Python 的内置模块，不过为了节约篇幅，我们干脆直接揭晓答案：它们确实是内置的。

现在，让我们将注意力集中在 Copilot 的最后一句话上："需要注意的是，对包含大量文件的大型目录来说，这种方法的处理速度可能会很慢。"所谓的"慢"究竟有多慢？而"大量文件"又是指多少？这些问题我们尚不清楚。

你可能想从 Copilot 那里寻求一个更好的解决方案，以免在处理那些包含大量文件的大型目录时出现"慢"的问题。但很多程序员通常不会立即这么做。在尝试这种未优化的方法之前就急于优化，往往是不明智的，原因有两个。第一，我们所谓的"慢"很可能在实际上已经足够快速，可以满足需求。因此，我们不妨先试一试。第二，优化后的程序往往更复杂，这可能会增加正确实现它们的难度。虽然并非总是如此，但确实存在这种可能性。再次强调，如果未优化的程序已经足够顺利完成任务，完全没必要再去操心一个更优化的版本。

如果最终发现我们的程序运行速度确实不够理想，或者你需要频繁地使用这个程序，那么可能值得投入更多的精力与 Copilot 协作并开发出一个处理速度更快的解决方案。不过暂时还没有这个必要。

### 9.5.2　自顶向下设计

此任务相较于我们之前的两个任务而言，涉及更多的考量。一方面，我们需要谨慎行事，避免覆盖新目录中已经存在的文件；另一方面，还需要在实际操作之前判断哪些文件需要复制（别忘了，我们的目标是仅复制那些在新目录中尚未有相同副本的文件）。这两点与刚顺利完成的 PDF 文件合并任务有所不同，在那个程序中，我们不需要担心这些额外的问题。

为此，我们打算在这里运用自顶向下的设计方法。别担心，这不会演变成我们在第 7 章所经历的那种自顶向下设计的马拉松。与那一章的作者特征识别任务相比，我们当前的任务要简单得多。我们只须运用一些自顶向下设计，足以引导 Copilot 生成所需的结果。

我们的顶层函数将负责解决整体任务：将 pictures1 和 pictures2 目录中的所有不重复照片放入目标目录中。

回顾第 3 章的学习，我们认识到，应该尽可能使函数更具通用性，这样才能让函数在更广泛的任务中发挥作用。在本节中，我们一直考虑的都是将两个图片目录合并的问题。但为什么不能是 3 个、5 个、50 个目录呢？也就是说，无论手头有多少目录，我们的程序都应该有能力将它们全部合并起来。

我们将设计一个顶层函数，该函数的参数不再是两个字符串（目录名），而是一系列目录名的列表。通过这种方式，我们可以将这个函数应用于任意数量的图片目录。当需要处理两个图片目录时，自然也是不在话下的——只须向函数传入包含这两个目录名的列表。

我们将顶层函数命名为 make_copies。它将接收两个参数：我们刚刚讨论的目录名列表，以及希望存放所有文件的目标目录的名称。

那么，该函数要完成哪些工作呢？它将先遍历目录列表中的每一个目录，接着逐一处理每个目录中的文件。对于这些文件，我们需要判断是否应当复制，如果确实需要复制，便会执行实际的复制操作。

先判断是否应该复制文件，之后根据判断结果执行复制操作，这是我们可以从 make_copies 函数中划分出来的一个子任务。我们将为这个子任务创建一个对应的函数，并命名为 make_copy。

这个 make_copy 函数将接收两个参数——文件名和目标目录。如果指定的文件在目标目录中没有完全相同的副本，该函数将执行复制操作，将文件放入目标目录中。

试想，我们需要将名为 9595.png 的文件从图片目录复制到目标目录中，但目标目录中已经有了同名的文件。为了避免覆盖现有的文件，我们需要起一个新的文件名。一种方法是在文件名中 .png 扩展名之前添加一个下画线（_）。这样，我们得到的新文件名将是 9595_.png。而如果目标目录中仍然存在同名情况，我们可以继续尝试 9595__.png、9595___.png 等，以此类推，直到找到一个在目标目录中尚未占用的文件名。

创建一个不重复的文件名也是一个任务，我们可以将该任务从 make_copy 函数中独立出来。我们将其命名为 get_good_filename。该函数将接收的原始文件名作为参数，并返回当前环境中尚未占用的可用文件名（可能保持原始文件名不变，也可能基于原始文件名生成一个变体）。

至此，我们的自顶向下设计便告一段落。图 9.4 以树状图的形式呈现了整个工作过程（尽管只是树干部分），并清晰地展示了各函数之间的调用关系。

图 9.4 自顶向下设计的函数关系图，最顶层（最左边）的函数是 make_copies，其子函数是 make_copy，而 make_copy 函数的子函数则是 get_good_filename

## 9.5.3 编写工具

在这个示例中，我们无须额外安装模块。根据与 Copilot 的对话，我们将利用 Python 内置的 shutil 模块完成文件的复制操作。同时，也会使用 filecmp 模块对比文件内容并使用 os 模块列出目录中的所有文件。因此，我们将在这个 Python 程序的最顶部导入这 3 个关键模块。

与第 7 章一样，我们采用自底向上的思路逐步解决问题，即从函数树的最底层着手，逐步向上构建。这种方法的优势在于，当为父函数编写代码时，Copilot 能够方便地调用那些已定义好的函数。对于每个函数，我们会先给出函数的函数头和文档字符串，之后让 Copilot 根据这些信息填充具体的代码实现。此外，我们同样会在代码中添加一些注解，用来补充解释代码的工作原理。

再次审视图 9.1，可以看出，首先需要实现的函数是 get_good_filename。现在，让我们着手完成这个函数，具体实现详见代码清单 9.6。

**代码清单 9.6 为实现照片合并任务而设计的 get_good_filename 函数**

```
import shutil
import filecmp
import os

def get_good_filename(fname):
    '''
    fname is the name of a png file.

    While the file fname exists, add an _ character
    right before the .png part of the filename;
    e.g. 9595.png becomes 9595_.png.

    Return the resulting filename.
    '''
    while os.path.exists(fname):        # 如果文件名已存在
        fname = fname.replace('.png', '_.png')   # 就在 .png 扩展名之前插入一个下画线，相当于把 .png 替换为 _.png
    return fname        # 返回一个尚未被占用的文件名
```

接下来，我们将要编写的函数是 make_copy。这个函数的目的是在确保当前文件与我们已经复制的文件不重复的情况下，将其复制到指定的目标目录。我们希望 Copilot 在其代码中执行以下几个操作。

- 使用 os.listdir 获取目标目录中的文件列表。
- 使用 filecmp.cmp 判断两个文件是否相同。
- 如果没有相同的文件，则使用 shutil.copy 复制文件。
- 调用刚刚编写的 get_good_filename 函数。

代码清单 9.7 展示了给出的提示词及 Copilot 生成的代码。请注意，这段代码确实执行了所期望的所有操作。

**代码清单 9.7 为实现照片合并任务而设计的 make_copy 函数**

```
def make_copy(fname, target_dir):
    '''
    fname is a filename like pictures1/1262.png.
    target_dir is the name of a directory.

    Compare the file fname to all files in target_dir.
    If fname is not identical to any file in target_dir, copy it to target_dir
    '''
    for target_fname in os.listdir(target_dir):    ← 遍历目标目录中的所有文件
        if filecmp.cmp(fname, os.path.join(target_dir, target_fname)):    ← 如果当前文件与目标目录中的某个文件相同
            return    ← 则直接返回，不执行文件复制操作
    shutil.copy(fname, get_good_filename(
        os.path.join(target_dir, os.path.basename(fname))))    ← 否则将复制文件，使用一个尚未被占用的文件名
```

现在只剩一个关键函数需要实现了，即顶层函数 make_copies。在每个图片目录中，针对每个文件，我们期望代码能够根据需求调用 make_copy 函数完成复制操作。具体实现如代码清单 9.8 所示。

**代码清单 9.8 为实现照片合并任务而设计的 make_copies 函数**

```
def make_copies(dirs, target_dir):
    '''
    dirs is a list of directory names.
    target_dir is the name of a directory.

    Check each file in the directories and compare it to all files in target_dir.
    If a file is not identical to any file in target_dir, copy it to target_dir
    '''
    for dir in dirs:    ← 遍历原始图片目录
        for fname in os.listdir(dir):    ← 遍历当前图片目录中的所有文件
            make_copy(os.path.join(dir, fname), target_dir)    ← 将当前文件复制到目标目录中（如果需要的话）

make_copies(['pictures1', 'pictures2'], 'pictures_combined')    ← 在指定的两个图片目录和目标目录中运行程序
```

在 make_copies 函数下方，Copilot 提供的代码假定目标目录名为 pictures_combined。现在，请创建这个目录，并确保它与 pictures1 和 pictures2 图片目录处于并列位置。

正如我们在本章前面处理 PDF 文件时讨论的，在正式开始之前，先用一些无关紧要的样本目录测试程序非常重要。这些样本目录中的文件数量应该很少，这样就可以手动检查程序是否正常运行。同时，你还应该考虑到一些关键的边界情况，例如，在不同的目录中使用相同的文件名。

在准备好样本目录后，你应当构造一个仅输出提示信息而不会真正执行文件复制操作的程序版本。而在这个示例中，你需要在 make_copy 函数中把 shutil.copy 替换为 print。

经过这一番仔细检查并确认结果无误后，方可在真实目录中运行真正的程序。请记住，本程序执行的是文件复制操作（而非移动操作），因此，即便在实际目录中出现问题，问题通常也只可能出现在新创建的目录中，而不会影响你真正关注的原始目录。

我们假设你现在已经准备好在 pictures1 和 pictures2 目录中运行程序。当你启动程序后，可以通过查看 pictures_combined 目录验证结果。你会发现该目录包含了 200 个文件，这与我们在两个图片目录中所拥有的独特图片的总数完全一致。我们是否妥善处理了两个目录中名称相同但内容不同的图片？答案是肯定的。你会发现目录中有 9595.png 和 9595_.png 这两个文件，这表明我们没有将它们中的任何一个错误地覆盖掉。

那么，这个程序在计算机上运行需要多长时间呢？最多几秒，对吧？结果表明，“对包含大量文件的大型目录来说这种方法的处理速度可能会很慢”这一说法对该示例来说并不是那么重要。

不过，我们知道现在人们的手机中往往存有数千张照片，而不是几百张。如果是在两个真实的手机照片库上运行此程序，则需要再次评估程序所消耗的时间是否符合预期。你可以启动程序，然后等待它运行一两分钟或更长的时间，看看它到底需要多久。为了好玩，我们也对这个程序测试了 1 万个文件的场景（相较于本章所用的 pictures1 和 pictures2 目录中的 210 张照片，那更贴近真实情况），结果表明程序在 1 分钟之内顺利完成了任务。不过，随着待处理的文件数量增加，程序的运行速度可能会逐渐降低，从而显得不再那么实用。在这种情况下，就需要借助 Copilot Chat 展开进一步的研究，从而找到更加高效的解决方案。

在本章中，我们顺利完成了 3 个烦琐任务的自动化：清理电子邮件内容、为大量 PDF 文件添加封面，以及将多个图片库合并到一处。我们采取的方法都是一致的：首先通过 Copilot Chat 确定需要使用的模块，然后依照本书不断精炼的设计流程，引导 Copilot 生成所需的代码。

**每当你发现自己正在重复执行相同的任务时，尝试运用 Copilot 和 Python 将它自动化总是值得的。**除了本章介绍的这些 Python 模块以外，还有许多有用的模块可以提供帮助。例如，有些模块能够处理图像、与 Excel 或 Word 文件协同工作、发送电子邮件、从网站抓取数据等。如果你面临的任务确实十分烦琐，那么极有可能已经有人开发出相应的 Python 模块来简化这份工作，而此时 Copilot 同样能对更有效地使用这些模块有所帮助。

## 本章小结

- 程序员经常开发工具来将烦琐事务自动化。
- 我们通常需要借助一些 Python 模块来帮助编写工具。
- 我们可以使用 Copilot Chat 确定应该使用哪些 Python 模块。
- 与 Copilot 交谈有助于理解各种 Python 模块的优缺点。
- 有不少 Python 模块可以用来处理剪贴板、处理 pdf 等文件格式、复制文件等。

# 第 10 章　开发小游戏

本章内容概要

- 在程序中加入随机性
- 设计并开发一款破译代码的推理游戏
- 设计并开发一款拼运气的掷骰子游戏

学习编程的动机多种多样。有些人希望对第 9 章提到的那些烦琐事务进行自动化；有些人渴望与人工智能进行配合，就像在第 7 章中所做的那样；还有一些人则热衷于创造交互式的网站、Android 或 iOS 应用，或拓展 Alexa 智能助手的功能。程序员能够制造的东西真的是无穷无尽。

学习编程的一个常见原因是开发游戏。基于这一原因，我们决定通过两款小型计算机游戏为我们的 Copilot 编程之旅画上句号。第一款游戏是一款破译代码的推理游戏，玩家需要利用线索解开计算机设定的神秘代码。第二款游戏则是双人掷骰子游戏，玩家必须在对方之前通过权衡风险和运气累积到规定的分数。这些游戏采用了文本形式而非图形和动画，这样的选择旨在让我们专注于游戏的逻辑性，而非游戏的表现形式或玩家与游戏的交互方式。在这个过程中，如果你有意进一步提升自己的游戏开发技能，我们将提供一些进阶参考。请放心，你目前所掌握的编程技能已经为你打下了坚实的基础。

## 10.1　游戏设计入门

想象与家人或朋友玩桌游的场景，可以将游戏过程划分为两个关键阶段：第一阶段是游戏初始化阶段，涉及棋盘的布局、分配给每位玩家起始资金或卡牌等准备工作；第二阶段是游戏进行阶段，在这个阶段中，每位玩家轮流进行操作，直到有人获得胜利或游戏结束。在每个回合中，游戏的状态（棋盘、玩家资金等）都会发生相应的变化。在开发计算机游戏时，我们同样需要精心设计并实现这两个阶段。

在众多为电子游戏量身定制的编程环境中，游戏的两个主要阶段通常被清晰地划分为两个标准函数：初始化函数负责初始化游戏环境，包括搭建游戏场景、分配玩家初始资源等；更新函数则负责根据玩家的操作或时间的流逝调整游戏的当前状态。图 10.1 描绘了大多数电子游戏的基本运行流程。

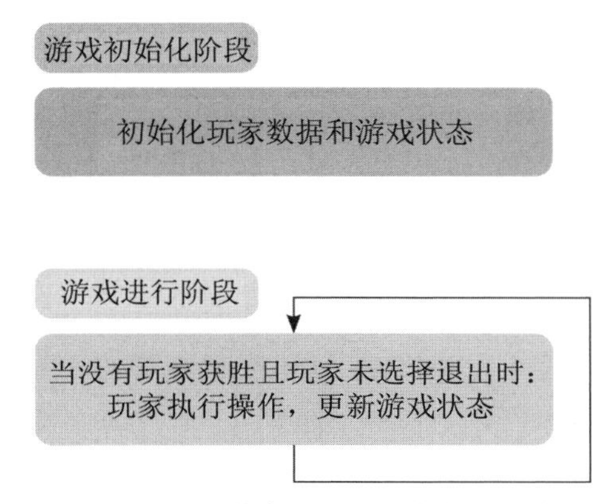


图 10.1　大多数电子游戏的基本运行流程

让我们将目光专注于游戏进行阶段。设想玩家在 2D 游戏世界中，通过键盘上的操作按钮控制角色前进。更新函数不仅能让玩家的角色顺利向前移动，还会检测玩家的动作是否触发了与游戏世界中其他元素的交互。此外，某些游戏会根据时间流逝而自动改变状态，而不受玩家动作的影响。在这种情况下，更新函数还会负责游戏状态的更新，例如，在《吃豆人》（*PacMan*）中移动幽灵。每当走完一个时间周期或玩家完成一个操作后，游戏都会检查是否满足结束条件。这些结束条件一般包括：

- 玩家通过实现目标赢得游戏；
- 玩家因从悬崖上跌落、碰到怪物等输掉游戏；
- 玩家选择退出游戏。

众多编程环境为游戏设计提供了便利，我们推荐使用 pygame 这一 Python 模块，作为你探索游戏编程世界的起点。随着编程经验的积累，若你渴望更深入地钻研游戏编程，Unity 将是你进行 3D 游戏设计的理想选择。然而，在本章中，我们将专注于使用标准的 Python 程序展示如何构建一款基础的游戏，无须深入研究这些专门的游戏编程环境。

## 10.2　加入随机性

很多游戏，包括我们在本章中将要开发的两款游戏，都会借助随机性来提升游戏的趣味性。在第一款游戏中，我们需要计算机生成一串随机数字来组成神秘代码。而在第二款游戏中，我们需要模拟掷骰子的动作，这本质上就是生成在 1 到 6 之间的随机数。无论是敌人的行为、谜题的初始布局，还是攻击造成的伤害量——随机性在游戏设计及其他众多方面都扮演着重要角色。

因此，我们需要掌握在 Python 程序中生成随机数的方法。为了掌握这一技巧，我们可以通过 Copilot Chat 学习，正如我们在第 9 章中所做的那样。

Human 我需要在 Python 程序中生成随机数。我该如何做到？

GitHub Copilot 你可以使用 Python 中的 random 模块生成随机数。以下是一个代码示例。

````
```python
import random
# Generate a random integer between 1 and 10 (inclusive)
random_number = random.randint(1, 10)
print(random_number)

# Generate a random float between 0 and 1
random_float = random.random()
print(random_float)
```
````

这段代码首先引入了 random 模块，接着利用 randint 函数生成一个在 1 到 10 之间的随机整数（包含这两个边界值），同时通过 random 函数生成一个在 0 到 1 之间的随机小数。

Copilot 推荐使用 random 模块的函数生成随机数。接下来，我们需要确认这个 random 模块是否已经内置于 Python。

Human 这个 random 模块内置于 Python 吗？

GitHub Copilot 是的。random 模块是 Python 的内置模块，这意味着无须安装任何额外的包即可使用。只须在 Python 代码中导入这个模块，便能够立即使用其提供的各种功能。

我们将采纳 Copilot 的建议，通过这个模块试验我们刚刚掌握的两个函数。这个试验将在 Python 的 >>> 提示符下进行，我们在之前的章节中已经用它探索过 Python 的各种特性。要进入 Python 提示符，可以按 Ctrl+Shift+P 组合键，然后输入“REPL”，再选择“Python: 启动本机 Python REPL”。

根据 Copilot 对我们第一个问题的答复，我们了解到可以通过 randint 函数生成一个在允许的最小值到最大值之间的随机整数。

这个函数可以用来生成单独的数字，这些数字随后可以组合成更大的数字。每个数字都在 0 到 9 之间，因此我们会要求 randint 函数生成在 0 到 9 之间的一系列随机数。

```
>>> import random
>>> random.randint(0, 9)
```

```
5
>>> random.randint(0, 9)
1
>>> random.randint(0, 9)
9
>>> random.randint(0, 9)
9
>>> random.randint(0, 9)
5
>>> random.randint(0, 9)
0
>>> random.randint(0, 9)
4
```

（第一个 9：这一次刚好得到最大值；0：这一次刚好得到最小值）

我们还可以模拟掷骰子的过程。由于骰子的每一掷结果都在 1 到 6 之间，因此我们可以利用 randint 函数生成一系列在 1 到 6 之间的随机整数。

```
>>> random.randint(1, 6)
2
>>> random.randint(1, 6)
2
>>> random.randint(1, 6)
4
>>> random.randint(1, 6)
1
>>> random.randint(1, 6)
5
```

Copilot 还介绍了另一个名为 random 的函数（是的，模块和函数都叫 random。因此，我们需要使用 random.random 调用这个函数）。与生成随机整数不同，这个函数能够产生一个在 0 到 1 之间的随机分数（不包含 1）。例如，你可能不会得到类似 5 这样的整数，而是得到类似 0.1926502 这样的小数。这种包含小数点的数称为浮点数。以下是这个函数的一些调用示例。

```
>>> random.random()
0.03853937835258148
>>> random.random()
0.44152027974631813
>>> random.random()
0.774000627219771
>>> random.random()
0.4388949032154501
```

这个函数在游戏设计中同样能发挥重要作用。想象一下，这些浮点数可以代表事件发生的可能性，数值越高，事件发生的概率越大。利用这些浮点数，你可以判断特定事件是否应当触发。不过，对于本章介绍的游戏，我们暂时还用不到这项功能。

## 10.3　示例一："数字猜猜乐"

我们的第一款游戏将借鉴一款古老的神秘代码破解游戏，名为"数字猜猜乐"。它或许会唤起读者对" Wordle"类游戏的记忆（但如果你之前没有玩过 Wordle，也不必担心）。我们可以和计算机进行对战。在游戏中，随机性起着至关重要的作用，正如我们接下来会看到的那样。

### 10.3.1　游戏玩法介绍

在这款游戏中，1 号玩家负责构想出一串由 4 个数字组成的神秘代码，2 号玩家则负责推断这个神秘代码是什么。在我们设计的这个版本中，计算机将扮演 1 号玩家，而人类玩家则扮演 2 号玩家。

游戏的玩法是这样的。计算机随机挑选 4 个互不相同的数字，这 4 个数字就是神秘代码。例如，它可能会选中数字 1862。接下来，玩家需要尝试猜测计算机所选出的这一串神秘代码。例如，玩家可能会猜 3821。

对于每次猜测，玩家会得到两条信息。第一，玩家会被告知猜测中有几位数字与神秘代码中相应位置的数字相匹配。我们将匹配的数字称为"正确"。假设神秘代码是 1862，而玩家猜测的是 3821，那么猜测的第二位和神秘代码的第二位都是 8，这构成了一个匹配。此外，没有其他匹配项了，于是玩家会被告知，这次猜测中有一个数字是正确的。

第二，玩家会被告知猜测的数字中有几位在神秘代码的错误位置。我们把那些位于神秘代码中但位置不对的数字称为"错位"。再次使用 1862 作为神秘代码，3821 作为猜测。猜测中的第三个数字是 2。它与神秘代码的第三个数字不匹配（那是一个 6），但是，在神秘代码的其他位置确实有一个 2。同样，猜测中的第四个数字是 1。它与神秘代码的第四个数字不匹配，但是在神秘代码的其他位置确实有一个 1。总的来说，猜测的两个数字（1 和 2）确实存在于神秘代码中，但它们没有匹配到预期的位置。玩家会得知这次猜测的错位数量是 2。玩家可以通过这些线索缩小神秘代码的可能性范围。

**_Wordle_ 游戏**

如果你之前玩过 *Wordle*，可能会注意到 *Wordle* 和这里的游戏有一些相似之处。虽然 *Wordle* 使用字母，而这里使用数字，但对猜测所得到的反馈类型是相似的。在这两款游戏中，我们都会被告知字母或数字是否在正确的位置。在 *Wordle* 中，玩家会得到关于每个字母的单独提示。例如，如果玩家猜测的第一个字母是 h，可能会得知 h 这个字母在单词中，但位置不对。相比之下，在我们的游戏中，玩家不会得到每个数字的单独提示，而是会得到关于玩家猜测的整体提示。不过，我们希望你会被这些相似之处所吸引，因为你正在构建的这款作品与近期风靡全球的游戏有着异曲同工之妙。

我们找到了一个可以在线免费试玩的"数字猜猜乐"游戏（在 mathsisfun 网站上搜索 bulls-and-cows 即可得到）。在你继续深入学习之前，我们强烈推荐你先玩上几局，以便对游戏的规则和玩法有更清晰的理解（请注意，该游戏在表述上使用 bulls 指代正确数字的数量，使用 cows 指代错位数字的数量）。

在表 10.1 中，我们展示了一局游戏的互动过程。我们特意设置了"注释"栏，用来传达我们对每次猜测的思考及从中学到的线索。

表 10.1 一局游戏过程的示例

| 猜测 | 错位数字的数量 | 正确数字的数量 | 注释 |
|---|---|---|---|
| 0123 | 1 | 0 | 0、1、2、3 中有一个数字在答案中；但它们都不在正确的位置 |
| 4567 | 3 | 0 | 4、5、6、7 中有 3 个数字在答案中；但它们都不在正确的位置 |
| 9045 | 0 | 1 | 由于 0123 中有一个数字，4567 中有 3 个数字在答案中，可以推断 8 和 9 不在答案中。根据上一轮猜测，4 或 5 中至少有一个数字在答案中；而根据第 1 轮猜测，0 也有可能在答案中。一个正确意味着 4 和 5 这两者必有（且只有）其一在正确的位置，同时 0 个错位可以得出 0 并不在答案中 |
| 9048 | 0 | 0 | 在前几轮的猜测中，我们得知 8、9 和 0 都不在答案中。此轮 0 个正确和 0 个错位说明 4 也不在答案中，而根据上一轮猜测，现在可知 5 是最后一个数字 |
| 1290 | 1 | 0 | 回到第一轮猜测，我们想知道 1、2 和 3 中哪个数字在答案中。我们知道 9 和 0 不在答案中，所以一个错位意味着 1 或 2 在答案中，而 3 不在答案中。此外，1 和 2 必有其一在答案中，但目前的位置是错误的 |
| 6715 | 2 | 1 | 由于 4 不在答案中，我们知道 5、6 和 7 在答案中。这次猜测说明 1 不在答案中，而 6 和 7 的位置是错误的。由于 1 不在答案中，2 必在答案中（根据上一轮猜测）。因为 5 在最后，而之前在第二位和第三位都尝试过 2，但都没有正确，所以 2 必然在第一位。因为我们之前在第一名和第三位都尝试过 6，但都没有正确，所以 6 必在第二位。最后，7 在第三位。我们应该猜出来了 |
| 2675 | 0 | 4 | 没错，我们猜出来了 |

游戏的核心挑战在于，在有限的尝试次数内准确破解计算机设定的神秘代码。以表 10.1 中的示例来看，我们耗费了 7 次尝试才成功猜出代码 2675。在每次尝试之后，我们都会收到关于数字"错位"和"正确"的反馈，这些信息对于我们接下来的推理至关重要。

在我们刚刚提及的游戏免费版本中，玩家在一轮猜测中不得使用重复的数字。例如，猜测数字 1231 由于包含两个 1 而被禁止。在接下来要开发的版本中，将同样沿用这一规则。

### 10.3.2 自顶向下设计

我们的终极目标是开发一款与计算机对战的"数字猜猜乐"游戏程序。我们将采用第 7 章和第 9 章所介绍的自顶向下设计方法处理这个宏大的任务。在该游戏过程中需要发生哪些事情？这个问题的答案将指导我们将整款游戏拆解为一系列更易于管理的小任务。为此，我们借鉴了游戏规则和示例，深入思考了游戏过程中的每一个步骤。这些宏观步骤已在图 10.2 中展示出来，接下来我们会逐一进行拆解。

游戏初始化阶段：

随机生成神秘代码

游戏进行阶段：

while玩家没有获胜and玩家还有猜测次数时：
通知玩家输入他的猜测
读取玩家输入的有效猜测
把猜测和神秘代码进行对比
if猜测 == 神秘代码：
玩家获胜，通知玩家
else：
向玩家提供猜测的反馈
更新猜测次数
玩家用尽猜测次数，告知玩家答案并结束游戏

图 10.2 “数字猜猜乐”的游戏步骤[①]

我们将从游戏的初始化阶段着手。为了让游戏能够顺利进行，计算机需要随机生成一个神秘代码。我们必须确保生成的代码中没有重复的数字。在我们看来，这个过程既复杂又独立，因此它应该被设计为一个独立的子任务函数。

在计算机生成神秘代码之后，便可以进入游戏本身了。这正是玩家开始猜测的环节。我们或许会考虑仅通过 input 命令获取玩家的猜测，从而避免为此创建一个独立的函数。但是，我们必须确保玩家输入的数字数量是有效的，而且他的猜测中还不能包含任何重复的数字。这超出了单次 input 调用所能完成的范围，因此我们也会为这个任务单独创建一个函数。

1 号玩家一旦提交有效的猜测，我们就需要确定两个关键点——正确数字的数量和错位数字的数量。那么是否应该设计一个函数来同时处理这两个问题？或者，我们是否应该分别设计两个函数，一个负责处理正确数字的信息，另一个负责处理错位数字的信息？两种方案都有其优势。将这些任务整合到一个函数中，可以集中管理玩家的反馈，这有助于我们确保代码的正确性。然而，如果将它们分解到两个函数中，虽然可能会增加逻辑分散所带来的复杂性，但同时也会便于我们分别测试正确和错误的反馈。在这里，我们选择了使用单一函数的方法。如果你倾向于使用两个独立的函数，我们鼓励你在读完本节之后自行尝试。

让我们盘点一下现状。我们有一个生成计算机的神秘代码的函数，还有一个用于获取玩家的下一个猜测的函数。此外，我们还有一个用于获取玩家猜测的正确和错位提示的函数。这三者就是我们打算从顶层函数中分离出来的 3 个主要子任务。

是否还有其他子任务需要拆分出来呢？在我们的顶层函数中，确实还有一些工作需要完

① 在最底部的方框中，作者采用了“伪代码”的形式来表达逻辑。在这段伪代码中，大体结构采用了 Python 的语法特征，其中的逻辑和操作采用自然语言描述。这种表达方式基于代码思维，但比代码更加易写易读，适合早期构思或沟通。伪代码就像是在打草稿，但它通常无法像真实代码那样运行。—— 译者注

成。例如，我们需要判断玩家的猜测是否与神秘代码相符，并在相符时结束游戏。然而，我们认为没有必要为此编写一个独立的函数。要判断用户的猜测是否与神秘代码一致，我们可以使用 Python 的等号比较运算符 ==，它能够直接告诉我们两个值是否相同。至于结束游戏，我们可以通过一个 return 语句终止顶层游戏函数，进而结束整个程序。同样，如果玩家在未猜中神秘代码的情况下用尽了所有猜测机会，我们也需要告知他游戏失败，但这同样可以通过少量的 Python 代码实现。基于上述考虑，我们的顶层函数将调用 3 个子任务函数，而不会继续分解更多的子任务。

在第 7 章中，我们深入探讨了作者特征识别这个复杂任务，其复杂度迫使我们将子任务拆解为更细小的"子子任务"。这种拆分的过程仿佛永无止境。但在这里，我们将看到，这 3 个子任务都能够作为独立的函数妥善管理。

例如，我们重新思考第一个子任务：生成计算机的神秘代码，同时确保其中不包含重复的数字。我们是否可以从这个任务中进一步细分出更小的任务？或许我们可以设计一个函数，用以检验一个拟定的神秘代码中是否存在重复的数字。接着，我们可以不断地生成新的神秘代码，并调用这个子任务函数，直到它确认没有重复数字为止。这种方法是可行的。然而，我们也可以选择另一种策略：逐个生成神秘代码的数字，并且在生成过程中避免出现任何重复数字。这种策略似乎更为直接，不需要进一步拆分任务。

接下来，我们考虑第二个子任务：获取玩家的下一轮猜测。虽然我们可以将"验证猜测的有效性"（猜测的长度正确且不包含重复数字）作为一个独立的子任务进行处理，但实际上，通过在子任务函数中进行几项检查，就可以完成这一任务（你是否回想起在第 7 章中讨论的检查有效密码的示例？当时，我们将有效性检查作为一个独立的函数来处理。如果你想到这一点，那么这里的不同之处在于，验证密码的有效性可能涉及更复杂的工作，而我们当前的猜测有效性检查则相对简单）。虽然将这一检查过程单独分离出来是可行的，但我们选择继续前进，不将其作为一个单独的子任务进行处理。

我们在前面已经对第三个子任务的合理性进行了充分论证，因此我们将在这里结束我们的自顶向下设计。

我们将顶层函数命名为 play，并在其中依次调用 3 个子任务对应的函数。首先，我们会调用 random_string 函数处理第一个子任务；其次，调用 get_guess 函数完成第二个子任务；最后，调用 guess_result 函数实现第三个子任务。图 10.3 以树状图的形式展示了自顶向下的设计成果。

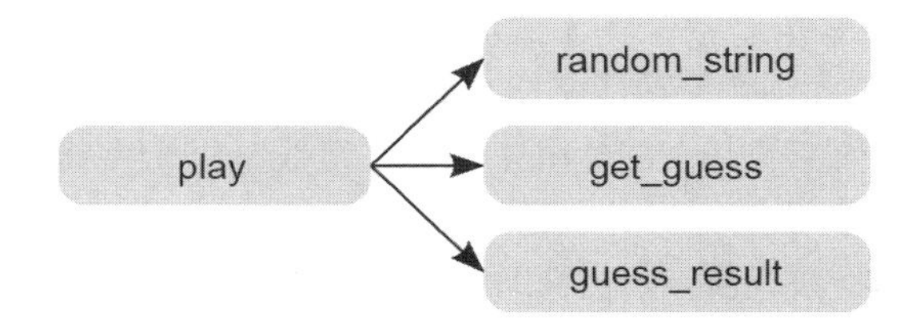


图 10.3 "数字猜猜乐"游戏的自顶向下设计。最顶层（最左侧）的函数是 play，它调用了 random_string、get_guess 和 guess_result 这 3 个子函数

### 10.3.3 参数与返回值类型

通常，我们会在自顶向下的设计过程中，为每个函数定义其参数和返回值类型，但这次我们选择将这部分内容拎出来单独讨论，因为其中存在一些不容易察觉的细节。例如，你或许已经想象过，我们会采用整数来表示神秘代码和猜测，然而，这实际上并非最佳方案。在具体编写各个函数之前，我们将对所有函数的数据表现形式做出决策。

尽管 play 函数作为程序的顶层函数和游戏的起点，可以选择不接收任何参数，但在函数代码的内部，我们不得不把神秘代码的位数硬编码为 4 位数，同时把玩家的猜测机会硬编码为（例如）10 次。然而，这样的设计缺乏灵活性。假设我们想玩一个游戏版本，其神秘代码为 7 位数，同时玩家拥有 100 次猜测机会，那么我们不得不深入代码进行一系列的修改。为了增强游戏的可配置性，我们可以为这个顶层函数引入一些参数。例如，我们可以通过参数自定义神秘代码的长度，而不是始终限定为四位数。同样，我们也可以将玩家的最大猜测次数作为一个参数传入，而不是直接在函数中写死。这样一来，只须通过修改这些参数，即可轻松改变游戏的规则，而无须深入函数的代码细节。

**通过参数与变量消除魔法数字**

在代码编写过程中，若某个数值能够被定义为参数或变量，那么它应当如此设置。这种做法能够保证代码的灵活性达到最高。程序员在代码中直接看到数字而没有相应的命名，会将其称为“魔法数字”，这是应当避免的现象。例如，在讨论玩家在游戏中拥有的猜测次数或神秘代码中包含的数字位数时，这些数值应该作为参数进行处理。虽然这些参数需要在某个时刻赋予确定的数值才能使代码正常运行，而且我们确实也应该在代码结构的最顶层为它们设置具体的值（例如，玩家可以在游戏开始时自行设定这些参数）。

为了遵循这一基本原则，当在代码中遇到一个裸数字（例如 4）时，请务必问问自己，它是否可以定义为一个参数或变量。大多数情况下，答案是肯定的。

正如我们在第 3 章中讨论的，引入这些参数是提升函数通用性、避免过度限制的典型做法。

再来看看 random_string 函数，它负责生成计算机的神秘代码。为何我们在函数名称中加入 string（字符串）这个单词呢？难道我们不应该返回一个随机整数，例如 1862 吗？字符串在此扮演了怎样的角色？

事实上，如果它返回一个整数，将无法应对一种边界情况：神秘代码可能以 0 开头。例如，0825 作为一个 4 位数的神秘代码是完全有效的。但是，如果将其类型设为整数，则会变成 825，显然位数不足。而字符串 '0825' 由 4 个字符组成，每个字符正好都是一个数字字符，这样看来，字符串以 '0' 开头是完全没有问题的。

此外，还需要进一步考虑最终对计算机的神秘代码进行哪些操作。我们需要逐位比较玩家的猜测，以确定哪些数字是匹配的。利用字符串的索引功能，我们可以轻松地访问字符串中的每个字符，这正是我们所期望的。相比之下，访问整数中的每个独立数字则要困难得多。

所以，我们的 random_string 函数将采用神秘代码所需的数字数量作为参数，并返回一个相应长度的随机字符串，该字符串中的每个字符均为数字。当我们讨论字符串中的数字时，实际上指的是字符串中的字符。尽管这些字符的内容是一个数字，但它们本质上还是字符，与 'a' 或 '*' 并无二致。不要因为字符串的外表看起来像数字就感到困惑。以下代码示例可以验证这些字符串与其他字符串在功能上别无二致。

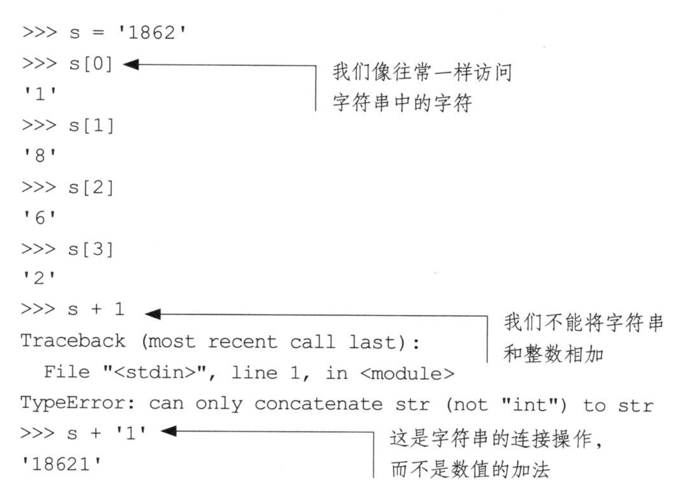


关于获取玩家下一次猜测的函数 get_guess，它与 random_string 函数类似，需要知道一个有效猜测应包含的数字位数，因此我们将这个信息作为一个参数传递给它。此函数将返回一个字符串，代表玩家的猜测结果。

接下来讨论 guess_result 函数。这个函数的作用是告知玩家猜测的数字中有多少是正确的，以及有多少是错位的。为了进行这种比较，我们需要同时获取玩家的猜测字符串和计算机生成的神秘代码字符串，因此，这个函数需要将接收的这两个字符串作为参数。这个函数将返回两个关键信息——正确数字的数量和错位数字的数量。具体来说，它将返回一个包含两个整数的列表。

### 10.3.4 实现这些函数

自顶向下的设计工作已完成，现在可以与 Copilot 配合，开始编写各个函数的代码。我们将继续遵循自底向上的顺序来编写代码，首先着手实现 3 个子任务函数，继而完成最顶层的 play 函数。

#### 1. random_string 函数

在要求 Copilot 生成代码时，我们会先给出函数头和文档字符串，随后让 Copilot 补全具体的代码实现。在每个代码清单中，我们还会提供必要的注解来描述代码的运作原理。

我们期望 random_string 函数能够接收一个参数——神秘代码的数字位数，并生成一个不含重复数字的随机的神秘代码。在编写这个函数时，我们预期 Copilot 会采用 random.randint 函数在循环中持续生成数字，直至达到所需的数量。为了避免数字重复，代码会在确保新生成的数字尚未包含在现有神秘代码中时才将其加入。我们在 Copilot 的生成结果中发现了符合这一逻辑的解决方案，并决定将其展示出来，如代码清单 10.1 所示。

**代码清单 10.1 random_string 函数，用于生成神秘代码**

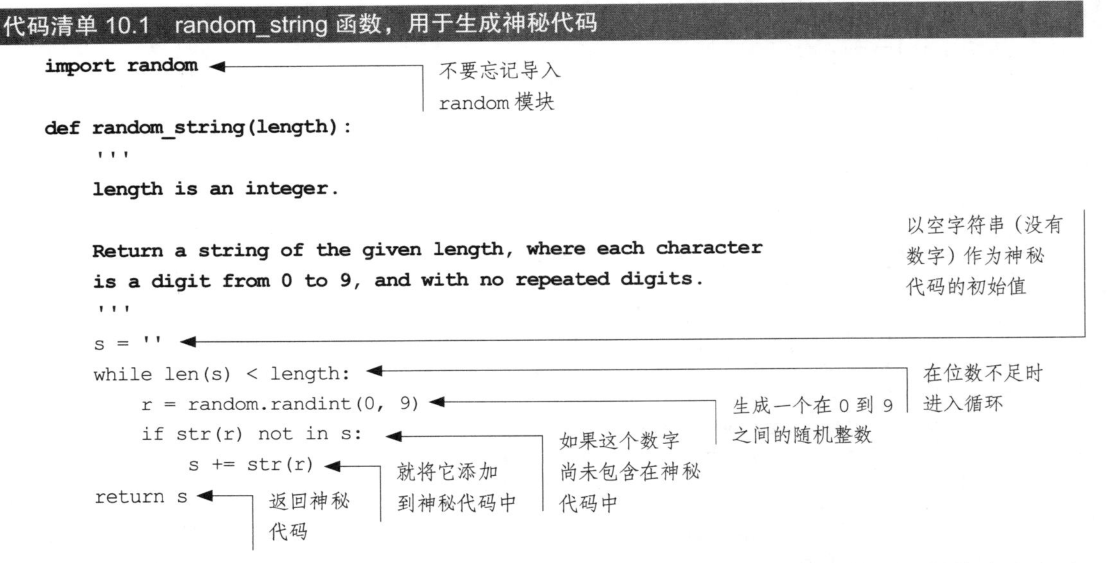

```
import random

def random_string(length):
    '''
    length is an integer.

    Return a string of the given length, where each character
    is a digit from 0 to 9, and with no repeated digits.
    '''
    s = ''
    while len(s) < length:
        r = random.randint(0, 9)
        if str(r) not in s:
            s += str(r)
    return s
```



尽管本章并不专注于测试，但即便想这样做，我们也不会在该函数的文档字符串中包含具体的测试用例。原因在于，该函数产生的结果是随机的。随机性使测试工作变得复杂，因为你很难控制所得到的随机值。不过，我们至少可以在文档字符串中添加一个测试，用来确保生成的神秘代码字符数正确，且每个字符都是合法的数字。此外，还可以运行函数并观察其输出是否始终处于所要求的随机范围内，以及结果是否呈现出随机性，这样也可以对这些函数进行测试。

如果你确实进行了测试，可以发现得到的这个函数实现已经相当完美，无须进行额外的修改。如果你的目标只是让游戏能够运行，可以直接跳到后面的内容，着手编写 get_guess 函数。但如果你想更深入地了解 Python 编程和函数设计，我们想借此机会多花点时间探讨这个函数的其他解决方案。

我们鼓励查看使用 Ctrl+Enter 组合键后列出的 Copilot 建议，了解其他可能性。例如，我们可以从 0 到 9 的所有整数列表开始，然后使用一个名为 random.shuffle 的函数将该列表随机打乱顺序。之后，我们所要做的就是从那个被打乱的列表中取出前 length 个整数（length 表示神秘代码的长度），这样就能得到神秘代码了。我们肯定不会得到任何重复的数字，因为原始列表在打乱之前就没有任何数字是重复的。这个版本的实现方案看起来就像代码清单 10.2 这样。

**代码清单 10.2 random_string 函数的备选实现方法**

```
import random
def random_string(length):
    '''
    length is an integer.

    Return a string of the given length, where each character
    is a digit from 0 to 9, and with no repeated digits.
    '''
    digits = list(range(10))
    random.shuffle(digits)
    return ''.join(str(d) for d in digits[:length])
```



如果你想更多地了解这段代码是如何工作的，你手头的工具足以助你一臂之力。不要认为代码是你无法掌握的。你可以要求 Copilot 解释这段代码。你可能会收到如下解释。

**Human** 请问，我的 random_string 函数做了哪些事情？

**GitHub Copilot** 代码是一个名为 random_string 的 Python 函数，它将接收的一个整数 length 作为输入，并返回一个长度为 length 的字符串，其中每个字符都是从 0 到 9 的数字，并且没有重复的数字。

该函数首先调用 range 函数和 list 构造函数创建一个从 0 到 9 的数字列表。然后，调用 random 模块中的 shuffle 函数打乱列表的顺序。这样做确保了数字的顺序是完全随机的。

最后，该函数通过列表推导式将打乱后的列表中的前 length 个数字转换为字符串，并通过 join 方法将它们合并为一个完整的字符串。

总体而言，random_string 函数生成了一个没有重复数字的随机数字字符串，这在生成唯一标识符或密码时非常有用。

什么是"列表推导式"？你不必独自钻研，完全可以让 Copilot 解释它。

**Human** 列表推导式是如何工作的？

**GitHub Copilot** 在 random_string 函数中，列表推导式的作用是将随机打乱后的列表中的前 length 个数字转换为字符串，并通过 join 方法将它们合并为一个完整的字符串。

下面详细讲解列表推导式是如何工作的。

- str(d) for d in digits[:length] 这个表达式负责生成一个字符串列表。它遍历 digits 列表中的前 length 个元素，将每个数字通过 str 函数转换为字符串形式并输出。
- digits[:length] 是列表推导式操作的可迭代对象。它截取 digits 列表的前 length 个元素，而这些元素之前已经被随机打乱。
- 整个列表推导式被方括号包裹，这样表达式所生成的元素将组合为一个新的列表。

最终，我们使用 join 方法将这些字符串合并为单个字符串，且字符之间不插入任何分隔符。

Copilot 提供的文本可能在某些地方难以理解，但我们可以持续向它提问，列出所疑惑的内容，直至彻底明白其背后的工作原理。

我们本不需要展示这个函数的第二种解决方案，但我们想借此机会在本书的结尾提醒你，你已经取得了长足的进步。在阅读本书的过程中，你不仅掌握了开发软件所需的技能，还培养了持续学习的信心和勇气。

让我们回到手头的问题，开始编写下一个函数。

### 2. get_guess 函数

我们的 get_guess 函数将接收的数字位数作为参数，并返回玩家输入的有效猜测。别忘了，一个有效的猜测应当包含恰当位数的数字，且这些数字互不重复。Copilot 给出的代码如代码清单 10.3 所示。

**代码清单 10.3　get_guess 函数，用于获取用户输入**

```
def get_guess(length):
    '''
    length is an integer.

    Keep asking the player to enter a string where each character
    is a digit from 0 to 9, until they enter a valid guess.
    A valid guess has the given length and has no repeated digits.
    '''
    guess = input('Enter a guess: ')  ◄── 从玩家那里获取有效猜测的第一次尝试
    while len(guess) != length or not guess.isdigit()\
          or len(set(guess)) != length:  ── 当玩家输入的长度不正确，或不全是数字，或有重复数字时
        guess = input('Enter a guess: ')  ◄── 继续尝试从玩家那里获取有效猜测
    return guess  ◄── 返回有效猜测
```

### 3. guess_result 函数

guess_result 函数将接收的两个字符串作为参数——玩家当前输入的猜测和神秘代码。它返回一个包含两个整数的列表，两个整数分别代表正确数字的数量和错位数字的数量。

由于这个函数实现起来颇具挑战，因此，虽然前几个函数没有展示过我们想要运行的测试用例，但这次我们将在文档字符串中明确提供一些测试用例。我们之所以在文档字符串中加入这些测试，是因为这个函数的逻辑相当复杂，单凭阅读代码可能难以判断代码的正确性。为了写出测试用例，我们需要准备一些神秘代码和用户猜测的典型示例，用来验证函数返回的正确和错位的数字数量是否符合预期。当然，根据第 6 章的指导，如果你打算进行充分的测试，可能还需要补充更多的测试用例。

我们的第一个测试用例如下。

```
>>> guess_result('3821', '1862')
```

这里的正确返回值应该是 [1, 2]，表示有一个数字（8）猜对了位置，同时有两个数字（2 和 1）是错位的。接下来是第二个测试用例。

```
>>> guess_result('1234', '4321')
```

这次的正确返回值应该是 [0, 4]。这意味着没有任何数字猜对位置，而且 4 个数字其实都出现了，但放错了位置。

代码清单 10.4 展示了我们写出的完整文档字符串（含测试用例），及 Copilot 给出的代码。

**代码清单 10.4 guess_result 函数，用于解析玩家猜测的结果**

```
def guess_result(guess, secret_code):
    '''
    guess and secret_code are strings of the same length.

    Return a list of two values:
    the first value is the number of indices in guess where
    the character at that index matches the character at the
    same index in secret_code; the second value is the
    number of indices in guess where the character at that
    index exists at a different index in secret_code.

    >>> guess_result('3821', '1862')
    [1, 2]
    >>> guess_result('1234', '4321')
    [0, 4]
    '''
    correct = 0                          ← 这个变量用于统计正确的数字
    misplaced = 0                        ← 这个变量用于统计错位的数字
    for i in range(len(guess)):          ← 遍历每个数字的索引
        if guess[i] == secret_code[i]:   ← 这个数字是正确的
            correct += 1                 ← 将正确计数加 1
        elif guess[i] in secret_code:    ← 这个数字不算正确，但属于错位
            misplaced += 1               ← 将错位计数加 1
    return [correct, misplaced]          ← 返回这两个结果组成的列表
```

在这里 elif 的使用颇为巧妙。如果该条件语句被错误地写作 if 而非 elif，那么代码逻辑会出错。你是否理解其中的原因？如果还不太清楚，建议你先与 Copilot 交流探讨，再继续深入阅读解析。

试想，如果 if 条件 guess[i] == secret_code[i] 成立，那么我们会将 correct 的计数加 1，并忽略后续的 elif 语句（要记住，elif 语句仅在前面的 if 条件或任何先前的 elif 条件为假的情况

下才会执行)。

现在试想一下,如果将 elif 更改为 if。在 if 条件 guess[i] == secret_code[i] 成立的情况下,我们照样会对 correct 的计数加 1。然而,紧接着验证 guess[i] in secret_code 的条件。这个条件同样成立。因为既然已经确认了 guess[i] == secret_code[i],这无疑表明 guess[i] 确实在 secret_code 中。于是,我们会错误地对 misplaced 计数器进行加 1 操作,这显然不符合预期——它是一个正确匹配的数字,而不是一个错位的数字。

#### 4. play 函数

我们已经完成了所有子任务函数的编写。接下来,我们只剩 play 这个顶层函数需要处理了。

我们的 play 函数需要两个整数参数:一个是神秘代码的数字位数,另一个是玩家可用的猜测次数。这个函数不会返回任何值——它的任务是启动并运行游戏。这个函数的最终提示词和代码参见代码清单 10.5。

**代码清单 10.5 play 函数,游戏的主函数**

```
def play(num_digits, num_guesses):
    '''
    Generate a random string with num_digits digits.
    The player has num_guesses guesses to guess the random
    string. After each guess, the player is told how many
    digits in the guess are in the correct place, and how
    many digits exist but are in the wrong place.
    '''
    answer = random_string(num_digits)    ◄── 获取计算机生成的神秘代码
    print('I generated a random {}-digit number.'.format(num_digits))
    print('You have {} guesses to guess the number.'.format(num_guesses))
    for i in range(num_guesses):    ◄── 每次循环代表玩家的一次猜测
        guess = get_guess(num_digits)    ◄── 获取玩家的下一个有效猜测
        result = guess_result(guess, answer)    ◄── 获取这次猜测的“正确”和“错位”反馈
        print('Correct: {}, Misplaced: {}'.format(result[0], result[1]))    ◄── 向玩家输出反馈结果
        if guess == answer:    ◄── 玩家猜中了神秘代码
            print('You win!')
            return    ◄── 离开函数;游戏结束
    print('You lose! The correct answer was {}.'.format(answer))    ◄── 如果程序运行到这里,说明玩家已经用完所有的猜测机会
```

如果我们现在运行程序,它不会有任何反应。这是因为我们还没有调用 play 函数。想要启动游戏,可以在 play 函数下方添加如下代码行:

```
play(4, 10)
```

数字 4 表示正在玩一个 4 位数的猜数游戏,而数字 10 则表示玩家有 10 次机会来猜出这个神秘代码。我们可以根据个人喜好调整游戏的难度。

在我们继续之前,不妨试玩一下所编写的游戏。下面将展示前几轮尝试及最终的猜测

结果。

```
I generated a random 4-digit number.
You have 10 guesses to guess the number.
Enter a guess: 0123
Correct: 1, Misplaced: 0
Enter a guess: 4567
Correct: 1, Misplaced: 0
Enter a guess: 8901
Correct: 2, Misplaced: 0
Enter a guess: 8902
Correct: 2, Misplaced: 1
...
Enter a guess: 2897
Correct: 1, Misplaced: 3
You lose! The correct answer was 8927.
```

我们成功设计了一款计算机游戏，这与本书讲解的其他程序有很大的不同。这款游戏不仅可以与用户进行互动，还融入了随机性和人机对战元素，并且设定了胜利与失败的条件。这确实带来了许多新东西。然而，我们也希望你能意识到，你已经从前面的章节中汲取了丰富的知识，并将这些知识应用到本章。我们依旧采用了自顶向下的设计方法设计函数，持续进行代码测试，不断阅读和理解代码，同时与 Copilot 保持交流。虽然在本章之前你可能从未尝试过编写游戏，但实际上，你已经掌握了实现它的核心技能。不要被任何看似全新的程序类型吓住，不要停止探索和尝试的脚步。

### 10.3.5 为"数字猜猜乐"游戏添加图形界面

或许你会对我们的游戏感到些许失望，因为它与你近期体验的游戏相比，缺少了图形界面，只有文字反馈。例如，没有美观的输入框，没有可操作的按钮，也没有任何图形界面的元素。尽管我们已经解释过本章为何只专注于文本游戏，但这并不代表将游戏升级为图形界面版本就完全超出了你的能力范围。实际上，你完全可以尝试与 Copilot 进行互动，看看它能否助你一臂之力，让你轻松地迈出这一步。

程序员在构建图形界面时，通常会采用一种名为**事件驱动编程**的方法。本书尚未介绍过这一概念，且本章内容有限，无法深入讲解。不过我们相信，你应该可以通过阅读相关代码来理解其大意，而且当要求 Copilot 帮助生成图形界面代码时，你会自然而然地做到这一点。需要指出的是，如果 Copilot 提供的代码未能满足你的需求，那么在没有掌握事件驱动编程的基础知识之前，你可能会发现很难对其进行修改。对于希望深入了解这一主题的读者，我推荐你阅读 *Invent Your Own Computer Games with Python* 这本书，该书详细介绍了 Python 游戏编程所涉及的图形界面和事件驱动编程技术 [1]。

**事件驱动编程**

事件驱动编程被广泛应用于与用户进行交互的程序设计。在概念层面，程序首先建立了一种机制，使用户能够通过点击按钮或输入文字等方式与程序进行互动。随后，程序便处于等待状态，等待用户的下一步操作，在此期间可能还会对游戏的当前状态进行更新。每当用户与游戏进行互动时，程序便将这种互动识别为一个**事件**。每个事件都绑定了特定的代码块，这些代码块将在相应的事件发生时被触发执行。例如，如果用户点击了“退出游戏”按钮，那么与此事件相关联的代码会被激活，执行诸如保存游戏进度和退出程序等操作。

当我们要求 Copilot 创建“数字猜猜乐”游戏的图形界面时，其给出的结果令人印象深刻。因此，我们很想向你展示它的卓越表现。即便对事件驱动编程没有任何概念，这段代码的可读性相对而言也相当不错（例如，你应该能够轻松地找到并修改游戏的标题）。为了完成界面的升级，我们可以这样向 Copilot Chat 提问。

Human 你能否改造这个程序，让它具备图形界面，而不只有文本界面?

Copilot 会逐步向我们展示所需的改造步骤，随后对代码进行重写，使游戏界面从原本的文本输入转变为拥有按钮和文本框的图形界面。这个新版的界面如图 10.4 所示。

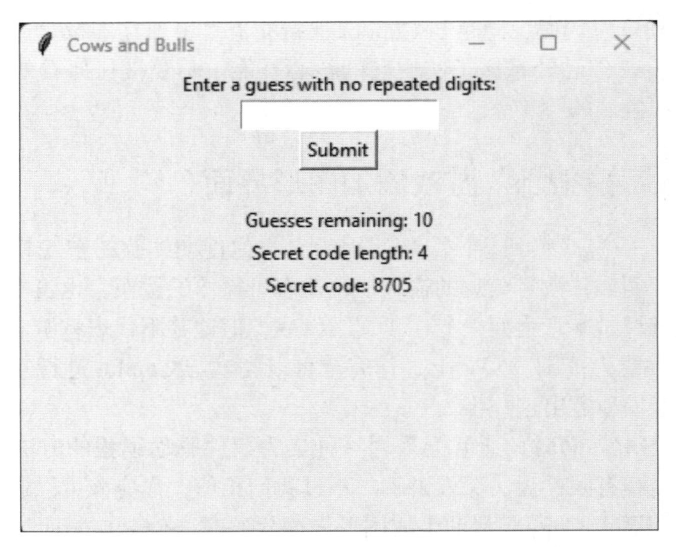


图 10.4 Copilot 为游戏生成的图形界面。请注意，它直接暴露了神秘代码，可能是为了方便测试

## 10.4 示例二：“饿死胆小鬼”

我们的第二款游戏是一种专为两名玩家设计的掷骰子游戏。回想在“数字猜猜乐”游戏

中，我们的玩家之一是人类，另一名则是计算机。而这一次，我们将创作一款让两位人类玩家同台竞技的游戏。随机性在这款游戏中扮演着至关重要的角色。完成之后，你便可以邀请自己的友人或亲人一起享受游戏带来的乐趣。

## 10.4.1 游戏玩法介绍

我们在本节中将要编写的游戏称作"饿死胆小鬼"(英文原名为 *Bogart*，由 James Ernest 设计，© 1999 James Ernest and Cheapass Games 公司，本书在获得授权后使用)。这款游戏由 Crab Fragment Labs 出品。你可以在 Crab Fragment Labs 网站搜索" Chief Herman's Holiday Fun Pack PDF"，然后进入相应的页面，下载原版游戏的玩法说明（位于 PDF 文件的第一个小节）。如果你喜欢这款游戏，并且沉迷于我们的复刻版无法自拔，我们强烈建议你去支持 Crab Fragment Labs 的原版产品。我们在此也感谢他们允许本书借鉴他们的原创游戏。

这是一款专为两名玩家设计的掷骰子游戏。游戏中还包括了一个装有筹码或硬币的奖池。显而易见，我们并不需要实物骰子或筹码，因为我们正在将其实现为一款电子游戏。

游戏一开始，奖池空空如也，没有一个筹码。随机选择两名玩家中的一名开始游戏。随后，两名玩家将轮流进行游戏，直至游戏结束。我们先解释玩家进行一个回合游戏的含义，然后再给出游戏结束的规则。图 10.5 同样为游戏的流程提供了清晰的概览。

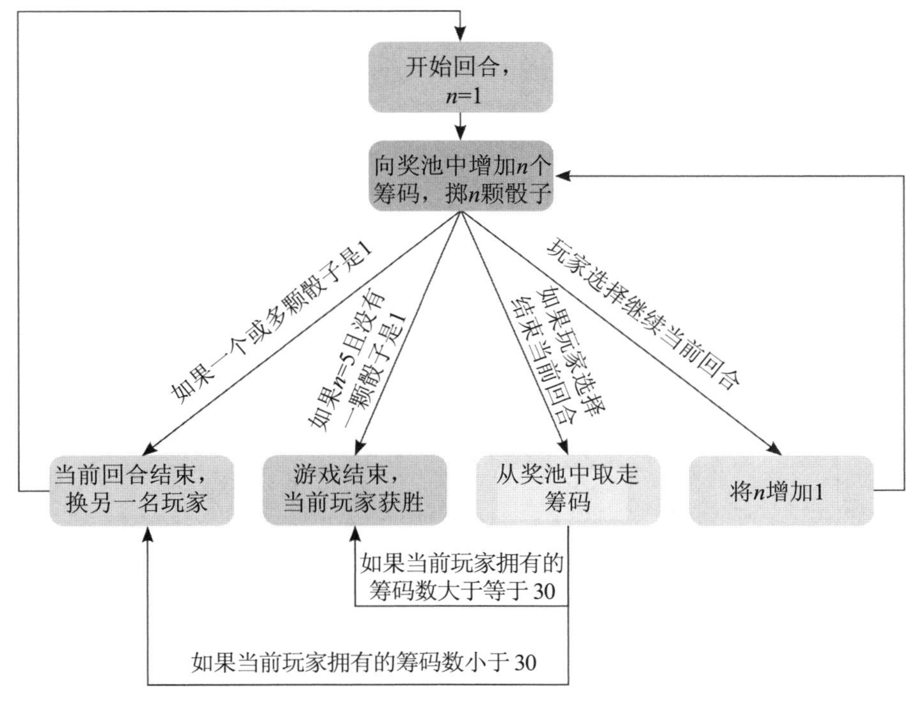


图 10.5 "饿死胆小鬼"游戏中一个回合的流程

在每名玩家开始个人回合时，奖池会预先放入一个筹码[①]，然后当前玩家投掷一次骰子。如果掷出的骰子是 1，那么该玩家的这一回合立即结束，而且不能取走任何筹码。如果掷出的骰子不是 1，那么该玩家需要决定是否继续这一回合。如果选择不再继续，他能够取走奖池中的所有筹码，使奖池变回空空如也的状态。

如果该玩家选择继续这一回合，那么奖池会再放入两个筹码，接着他将掷出两颗骰子。倘若这两颗骰子中出现一个 1 或两个都是 1，玩家的这一回合便会立即结束，空手而归；但如果是其他结果，则玩家需要再次决定是否继续这一回合。

如果玩家选择继续自己的这一回合，他将依次掷出 3 颗、4 颗及 5 颗骰子（玩家不能跳过某个掷骰子的数量；他必须从一颗骰子开始，按顺序进行）。一旦掷出 1，他的回合立即结束，且无法获得任何筹码；相反，如果他选择不继续回合，就能取走奖池中的所有筹码。

在这款游戏中，掷出 1 可不是一件好事。当玩家只投一颗骰子时，得到 1 的概率相对较小。然而，当玩家同时投掷两颗骰子时，至少出现一个 1 的可能性便会显著增加。而当玩家投掷 3 颗、4 颗甚至 5 颗骰子时，投出 1 的可能性更是急剧上升。因此，玩家在每个回合延续的时间越长，最终掷出 1 并且空手而归的风险越大。更糟糕的是，如果玩家比对手玩得更加激进，那么很可能会留给对手一个唾手可得的满满的奖池。与此同时，一个人延续回合的时间越长，奖池中的筹码累积速度也越快，只要他最终能够成功结束自己的回合，就能够收集到更多的筹码。关键在于找到一个平衡点，既要敢于冒险争取更多的筹码，也要懂得在适当的时候见好就收。

一个完整的回合就是这样进行的。在整个游戏期间，两名玩家轮流掷骰子和收集筹码，直至满足结束条件。那么，游戏究竟在什么情况下会结束呢？

游戏可以通过以下两种方式结束。

- 如果一名玩家总共收集到 30 个或更多的筹码，那么该玩家获胜。
- 假设一名玩家在他的回合中依次掷出一颗骰子，然后 2 颗骰子，接着 3 颗、4 颗、5 颗，并且每次都从未掷出过 1。那么，该玩家立即获胜。在这种情况下，他收集多少筹码并不重要，只要他最终掷出的 5 颗骰子里没有一个是 1，他就获胜了。

**“饿死胆小鬼”游戏的实例演示**

让我们来玩上几个回合，确保我们对游戏的规则和流程有清晰的理解。

奖池起初是空的。然后，假设 1 号玩家被随机选出，首先行动。我们在奖池中投入一个筹码，接着 1 号玩家投掷了一颗骰子。假设他投出数字 5。此时，1 号玩家面临一个选择：是结束自己的这一回合并取走池中的那一个筹码，还是选择继续这一回合。

假设他决定继续进行自己的这一回合。我们向奖池中增投 2 个筹码，这样奖池里的筹码总数达到 3 个。接着，1 号玩家需要投掷 2 颗骰子。假设他投出数字 4 和 2。

① 奖池加入筹码的动作是游戏自身的行为，并不需要当前玩家提供。两名玩家在最开始时都是两手空空的。——译者注

此时，他是否应该选择结束这一回合，并且取走奖池中的 3 个筹码呢？不，他并不满足。他选择继续游戏。接下来往奖池中加入 3 个筹码，奖池中的筹码总数达到 6 个。还是由 1 号玩家掷骰子，他掷出了 3 颗骰子，分别是数字 6、5……糟糕，是一个 1。1 号玩家的回合就此结束，他没有赢取任何筹码，反而在奖池中为 2 号玩家留下了 6 个诱人的筹码。

现在轮到 2 号玩家行动。我们为奖池添加一个筹码，使其总数达到 7 个。2 号玩家投掷了一颗骰子，并幸运地掷出数字 2。面对奖池中诱人的 7 个筹码，2 号玩家决定结束自己的回合，并将这些筹码收入囊中。

现在奖池又空了，轮到 1 号玩家继续。1 号玩家需要迎头赶上了：他手里有 0 个筹码，而 2 号玩家却已有 7 个。我们的演示就到这里，不过这局游戏还将继续，直到其中一个玩家累积了 30 个或更多的筹码，或者他在连续掷出 5 颗骰子的过程中，幸运地避开了 1 的出现。

## 10.4.2 自顶向下设计

正如我们在开发"数字猜猜乐"游戏时所做的那样，设计"饿死胆小鬼"游戏也需要采用自顶向下的设计方法。现在，我们将开始这一设计过程，但建议你在继续阅读之前，先尝试自行设计。我们提出这个建议的原因在于，我们发现，由于游戏中涉及的元素众多且相互关联，完成一套合理的自顶向下设计颇具挑战。例如，玩家的每一回合可能以 3 种不同的方式结束：一是取走筹码；二是空手而归；三是直接获胜。我们需要能够识别出实际发生的是哪一种情况。再如，通常在一名玩家的回合结束后，我们会轮换至另一名玩家——但情况并非总是如此：如果一名玩家赢得了比赛，则需要立即结束游戏，并宣布其为获胜者，而不再需要轮换到另一名玩家。在本节中，我们将主要介绍已经成功完成的自顶向下设计，偶尔也会解释做出某些决策的原因，以及其他备选方案不可行的原因。

我们将为游戏设计一个名为 play 的顶层函数。以下是我们需要完成的主要子任务。

任务 1：初始化奖池，并让 1 号玩家和 2 号玩家从 0 个筹码的状态开始。这是游戏初始化阶段的一部分。

任务 2：随机选择 1 号玩家或 2 号玩家开始游戏。这也是游戏初始化阶段的一部分。

任务 3：现在我们进入游戏进行阶段。只要游戏还没有结束。

任务 3.a：打印奖池中的筹码数量，1 号玩家拥有的筹码数量和 2 号玩家拥有的筹码数量。

任务 3.b：让当前玩家完成一个完整的回合。

任务 3.c：如果当前玩家赢得筹码，则将筹码加到当前玩家手中，并将奖池中的筹码清零。

任务 3.d：切换到另一名玩家开始新的一个回合。

任务 4：打印获胜的玩家代号（1 号玩家或 2 号玩家）。

到了本书的这个阶段，估计读者对这一路走来的设计流程已经相当熟悉，因而能够依靠直觉判断出哪些任务需要各自独立的函数来实现。任务 1 仅涉及一些变量的赋值操作，因此无须单独为此编写函数。其他不需要独立函数的任务包括任务 2（仅需要调用 random.randint）、任务 3.a（仅涉及一些打印操作）及任务 4（一个打印操作）。我们将把剩余的子任务分别封装进不同的函数中。

## 任务 3.a：当游戏还没有结束时

我们将设置一个 while 循环，该循环会在游戏尚未结束时持续运行，因此我们需要借助一个函数来判断游戏是否已经结束。这个函数如何判断游戏是否结束呢？它需要获取 1 号玩家和 2 号玩家当前的筹码数。通过这些信息，函数能够判断是否有任何一名玩家的筹码数达到 30 个或以上。但别忘了，游戏还有另一种结束方式：当一名玩家一次掷出 5 颗骰子，且所有骰子的点数都不是 1 时，游戏也会立即结束。因此，这个函数还需要掌握当前玩家最近一次的掷骰子结果。

我们将这个函数命名为 game_over。它将接收 3 个参数——1 号玩家的筹码数、2 号玩家的筹码数及掷骰子的结果列表。当游戏结束时，此函数将返回 True，否则，返回 False。编写这个函数的代码时，我们需要检查多个条件，但应该能够一次性完成，无须进一步拆分。

## 任务 3.b：让当前玩家完成一个完整的回合

我们将这个函数命名为 take_full_turn。此函数需要知道当前奖池中有多少个筹码，这样它才能根据需要进行相应的更新。同时，它还需要返回奖池中更新后的筹码总数。除此之外，为了顺利完成一个回合，还需要管理许多其他事项，因此我们必须控制好这个函数的复杂度。以下是考虑的这个函数可能需要完成的任务。

第 1 个任务：允许玩家先掷一颗骰子，然后掷两颗骰子，再接下来掷 3 颗骰子，以此类推，直到玩家的回合结束。

第 2 个任务：根据这一回合发生的情况更新当前玩家的筹码数。我们可以添加一个额外的返回值，以便将这个更新后的信息传达给调用此函数的人。

第 3 个任务：判断游戏是否结束。我们可以添加一个额外的返回值，其中，True 表示游戏结束，False 表示游戏尚未结束。

我们最初尝试让该函数同时完成所有这 3 个任务，但未能从 Copilot 那里获得令人满意的代码。这种情况并不意外，原因在于，我们对该函数的期望过高。这促使我们让该函数专注于它的核心职责，也就是第 1 个任务。

好的，如果这个函数专注于第 1 个任务，那么我们应该如何处理当前玩家的筹码数量更新（第 2 个任务），以及判断游戏是否结束（第 3 个任务）呢？对于第 2 个任务，我们考虑的解决方案是不在该函数中更新玩家当前的筹码数，而是在本回合结束后返回奖池中的筹码总数。

例如，假设奖池中原本有 10 个筹码，而这名玩家在他的回合中又增加了 6 个筹码，那么最终我们会得到 16 个筹码。至于玩家最终能否获得这 16 个筹码，则取决于他的这一回合是如何结束的——不过，对于这一点，我们暂时不进行处理（这个任务将由调用这个函数的其他代码负责完成）。

而对于第 3 个任务（判断游戏是否结束），我们的设计思路是让此函数在返回时，一并带回最近一次掷骰子的结果（顺便提一句，第 2 个任务中调用此函数的函数也需要这次掷骰子的结果）。于是，调用此函数的上层函数就可以根据这次掷骰子的结果，决定游戏是否应该结束。

总而言之，我们的函数将接收奖池中的筹码总数作为输入参数，而它的返回值是由两个值组成的列表：其一是当前奖池中的筹码总数，其二是本回合游戏中最后一次掷骰子的结果（一个数字列表）。

为了走完一个完整的回合，我们需要执行掷骰子的操作：先是一颗骰子，随后是两颗，再接下来是 3 颗，以此类推。我们将这一过程封装到一个称作 roll_dice 的函数中。该函数接收一个参数，即需要掷的骰子数目，并会返回一个包含所有掷骰子结果的列表。例如，如果请求函数掷出 3 颗骰子，可能会收到类似 [6, 1, 4] 这样的结果列表。

我们同样需要根据最近一次掷骰子结果判断当前回合是否结束。如果玩家掷出了 1，或者连续掷出 5 颗骰子且都没有出现 1，那么这个回合宣告结束。我们将这一逻辑也封装为一个独立的函数，命名为 turn_over。该函数将接收的一个包含掷骰子结果的列表作为输入参数，并在判断出回合结束时返回 True，如果回合尚未结束则返回 False。

如果这一回合尚未结束，我们需要询问玩家是否打算继续他的这一回合。玩家需要回答"是"（y）或"否"（n）。这一询问可以通过调用 input 函数实现。若玩家选择继续，我们可以再次调用掷骰子函数 roll_dice。目前，我们不打算为请求用户输入创建一个单独的函数，因此，这部分内容不会再进一步分解。如果希望对用户的输入进行验证（排除任何非 y 或 n 的回答），这将明显增加程序的复杂度，我们可能会因此将其作为一个独立部分拆分出来。

总而言之，我们为 take_full_turn 函数划分了两个子函数——roll_dice 和 turn_over。这两个函数已经足够细化，无须再拆分。在实现 roll_dice 函数时，我们可以利用循环中的 random.randint 函数生成所需的骰子点数。至于 turn_over 函数，则需要对掷骰子结果进行多重检查，从而确定玩家的这一回合是否结束——这些检查同样无须进一步分解。

## 任务 3.c：当前玩家是否赢得筹码

当一名玩家的回合结束时，我们会得到最新的奖池筹码数量及结束该回合的最终掷骰子结果。接下来，我们必须判断玩家是否有权获得这些筹码（简而言之，如果掷骰子结果中没有出现 1，玩家便能将筹码收入囊中；反之，筹码将继续留在奖池中）。

我们将创建一个函数来判断玩家是否可以取走筹码。这个函数被命名为 wins_chips。它将接收的最近一次掷骰子的结果作为输入参数，并在玩家赢得筹码时返回 True，否则返回 False。

## 任务 3.d：切换到另一名玩家，开始新的一个回合

我们将切换到另一名玩家，开始新的一个回合的函数命名为 switch_player。试想，当前玩家刚刚结束了回合，在游戏尚未结束的情况下，我们需要进行玩家轮换。此函数将包含这一逻

辑。为了判断游戏是否结束，它将调用 game_over 函数，因此至少需要 3 个参数——1 号玩家的筹码数、2 号玩家的筹码数及最近一次掷骰子的结果。此外，我们还需要一个参数来标识当前玩家（1 或 2），以便返回另一名玩家的代号。因此，这个函数将接收这 4 个参数，然后返回 1 或 2，表示接下来即将上场的玩家。

游戏一旦结束，这个函数便不会执行任何操作。而如果游戏尚未结束，我们需要做的就是将 1 号玩家的代号换成 2 号玩家的，或者反之。幸运的是，我们已经拥有了 game_over 函数，它完全可以分担本函数的部分工作。

我们终于完成了自顶向下的设计工作。你可以在图 10.6 中看到完整的函数关系图。

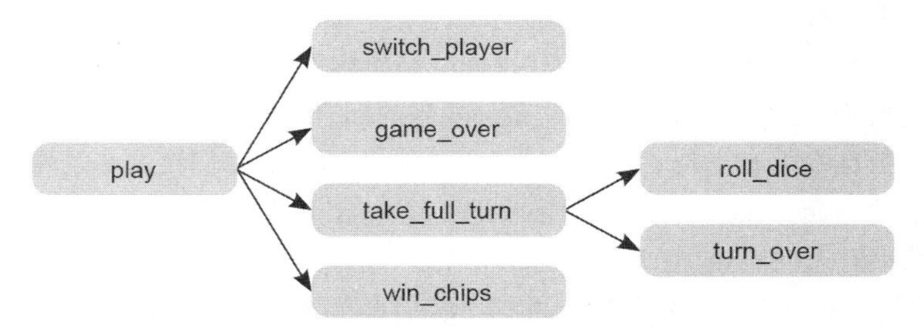


图 10.6 “饿死胆小鬼”游戏的自顶向下设计

## 10.4.3 实现这些函数

现在，让我们与 Copilot 联手，共同编写各个函数的代码。与往常一样，我们遵循自底向上的策略，仅在其他所有函数均已实现之后，才会着手实现最顶层的 play 函数。

### 1. game_over 函数

game_over 函数接收 3 个参数——1 号玩家的筹码数、2 号玩家的筹码数及最近一次掷骰子的结果。若游戏已经结束，函数将返回 True；如果游戏尚未结束，则返回 False。详情参阅代码清单 10.6。

**代码清单 10.6 “饿死胆小鬼”游戏中的 game_over 函数**

```
def game_over(player1, player2, rolls):
    '''
    player1 is the number of chips that player 1 has.
    player2 is the number of chips that player 2 has.
    rolls is the last list of dice rolls.

    Return True if the game is over, False otherwise.

    The game is over if player1 has at least 30 points,
    or player 2 has at least 30 points,
    or there are 5 rolls none of which is a 1.
```

```
    '''
    return player1 >= 30 or player2 >= 30 or (len(rolls) == 5
            and not 1 in rolls)   ← 游戏结束的 3 个条件
```

请记住，游戏的结束条件有 3 个：1 号玩家的筹码数达到或超过 30 个、2 号玩家的筹码数达到或超过 30 个或者一名玩家在他的最后一次投掷中成功地投出了 5 颗骰子且没有出现 1。

你可能期待代码以下面这种方式呈现，即通过 if/else 结构，明确地返回 True 或 False。

```
if player1 >= 30 or player2 >= 30 or (len(rolls) == 5
        and not 1 in rolls):
    return True
else:
    return False
```

这种方法确实可行，但程序员更倾向于直接使用返回语句结合布尔表达式。这是因为当表达式为真时，会返回 True；当表达式为假时，则返回 False。这种做法与 if/else 结构实现的效果是一致的。

### 2. roll_dice 函数

roll_dice 函数是整款游戏中用于掷骰子并引入随机性的函数。它接收一个参数，即要投掷的骰子数量，并返回掷骰子的结果（一个数字列表）。我们期望 Copilot 在这里使用 random.randint 函数。

除了返回掷骰子的结果以外，如果这个函数还能打印每次掷骰子的结果，那将更加便利。如此一来，玩家便能清楚地看到自己掷出了哪些数字。在文档字符串中，我们要求 Copilot 在返回掷骰子的结果的同时，打印每次掷骰子的结果。具体代码参见代码清单 10.7。

**代码清单 10.7　"饿死胆小鬼"游戏中的 roll_dice 函数**

```
import random
def roll_dice(n):
    '''
    Create a list of n random integers between 1 and 6.
    Print each of these integers, and return the list.
    '''
    rolls = []   ← 骰子点数的列表（每个点数都是 1 到 6 之间的整数）
    for i in range(n):   ← 循环 n 次，每次产生一个点数
        roll = random.randint(1, 6)   ← 使用 randint 生成 1 到 6 之间的随机整数
        print(roll)   ← 打印掷骰子结果，以便玩家查看
        rolls.append(roll)   ← 将单个点数添加到掷骰子结果中
    return rolls   ← 返回掷骰子结果（一个数字列表）
```

### 3. turn_over 函数

turn_over 函数获取最新的掷骰子的结果，并据此判断当前玩家的回合是否已经结束。如果玩家的回合已经结束，则函数返回 True；若尚未结束，则返回 False。具体代码参见代码清单 10.8。

**代码清单 10.8 “饿死胆小鬼”游戏中的 turn_over 函数**

```
def turn_over(rolls):
    '''
    Return True if the turn is over, False otherwise.

    The turn is over if any of the rolls is a 1,
    or if there are exactly five rolls.
    '''
    return 1 in rolls or len(rolls) == 5   ◄── 回合结束的两种情况
```

玩家的某一回合可以通过两种情况结束：第一种情况，如果掷出的骰子中有 1，那么当前回合结束；第二种情况，如果玩家已经掷过 5 次骰子，那么无论结果如何，当前回合都会结束。

只写出 len(rolls) == 5 就足以覆盖第二种情况了吗？是否还需要验证是否掷出 1？其实不必，因为一旦玩家掷完 5 颗骰子，他的回合就会立即结束，不论掷骰子的结果如何。如果他掷出了 1，那么此回合会因为他掷出了 1 而结束（并且他将无法获得任何筹码）；如果他没有掷出 1，那么此回合同样会结束（并且在这种情况下他将自动赢得游戏）。

#### 4. take_full_turn 函数

我们现在准备好了 take_full_turn 函数，如代码清单 10.9 所示。此函数将接收的当前奖池中的筹码数作为参数。它将执行当前玩家一整个回合的所有掷骰子动作，并在完成后返回两个值——奖池中更新后的筹码数及最近一次的掷骰子的结果。

**代码清单 10.9 “饿死胆小鬼”游戏中的 take_full_turn 函数**

```
def take_full_turn(pot_chips):
    '''
    The pot has pot_chips chips.

    Take a full turn for the current player and, once done,
    return a list of two values:
    the number of chips in the pot, and the final list of dice rolls.

    Begin by rolling 1 die, and put 1 chip into the pot.
    Then, if the turn isn't over, ask the player whether
    they'd like to continue their turn.
    If they respond 'n', then the turn is over.
        If they respond 'y', then roll one more die than last time,
        and add 1 chip to the pot for each die that is rolled.
        (for example, if 3 dice were rolled last time, then
        roll 4 dice and add 4 chips to the pot.)
    If the turn is not over, repeat by asking the player again
    whether they'd like to continue their turn.
    '''
    rolls = roll_dice(1)   ◄── 掷一颗骰子
```

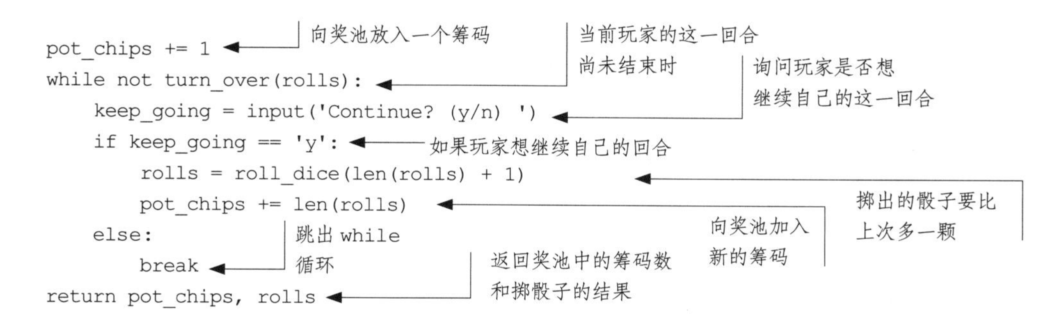


### 5. wins_chips 函数

wins_chips 函数将接收的掷骰子的结果作为输入参数。若掷骰子的结果令人满意（也就是说，不包含 1），玩家便能获得筹码。反之，如果掷骰子的结果中出现了 1，玩家则无法获得筹码。该函数会根据玩家能否成功收集筹码，返回相应的布尔值 True 或 False，具体代码参见代码清单 10.10。

**代码清单 10.10　"饿死胆小鬼"游戏中的 wins_chips 函数**

```
def wins_chips(rolls):
    '''
    Return True if the player wins chips, False otherwise.

    The player wins the chips if none of the rolls is a 1.
    '''
    return not 1 in rolls    ◄—— 当掷骰子的结果中没有 1 时，返回 True
```

### 6. switch_player 函数

switch_player 函数需要 4 个参数：1 号玩家的筹码数、2 号玩家的筹码数、最近一次掷骰子的结果（由当前玩家掷出）及当前玩家的编号。若游戏未结束，该函数将返回另一名玩家的编号；若游戏已结束，则返回当前玩家的编号，因为此时已无须轮换至另一名玩家，具体代码参见代码清单 10.11。

**代码清单 10.11　"饿死胆小鬼"游戏中的 game_over 函数**

```
def switch_player(player1, player2, rolls, current_player):
    '''
    player1 is the number of chips that player 1 has.
    player2 is the number of chips that player 2 has.
    rolls is the last list of dice rolls.
    current_player is the current player (1 or 2).

    If the game is not over, switch current_player to the other player.
    Return the new current_player.
    '''
```

```
    if not game_over(player1, player2, rolls):  ◄—— 如果游戏尚未结束
        if current_player == 1:  ◄——  将当前玩家代号从 1 切换至
            current_player = 2        2，或者从 2 切换至 1
        else:
            current_player = 1
    return current_player  ◄—— 返回更新后的当前玩家代号
```

### 7. play 函数

我们已经一路来到最顶层的 play 函数。此函数不需要任何输入参数，也不产生任何返回值。它的唯一作用就是启动游戏，具体代码参见代码清单 10.12。

**代码清单 10.12 “饿死胆小鬼”游戏中的 play 函数**

```
def play():
    '''
    Play the game until the game is over.

    The pot starts with 0 chips, and each player starts with 0 chips.

    Randomly decide whether player 1 or player 2 goes first.

    Before each turn, print three lines of information:
    1. The number of chips in the pot
    2. The number of chips that each player has
    3. Whether it is player 1's turn or player 2's turn

    Take a full turn for the current player.
    If they won the chips, add the chips in the pot to the
    total for that player and reset the pot to have 0 chips.

    Then, switch to the other player's turn.

    Once the game is over, print the current player
    (that's the player who won).
    '''
    pot_chips = 0     奖池和玩家的筹码
    player1 = 0       数均设置为 0
    player2 = 0
    current_player = random.randint(1, 2)  ◄—— 随机决定是 1 号玩家还是 2 号玩家开始游戏
    rolls = []
    while not game_over(player1, player2, rolls):  ◄—— 当游戏尚未结束时
        print('Pot chips:', pot_chips)
        print('Player 1 chips:', player1)          打印当前
        print('Player 2 chips:', player2)          游戏状态
        print('Player', current_player, 'turn')
```

```
        pot_chips, rolls = take_full_turn(pot_chips)  ◄── 让当前玩家开始他的回合
        if wins_chips(rolls):  ◄── 如果当前玩家赢得了筹码
            if current_player == 1:  ◄── 并且当前玩家是1号玩家
                player1 += pot_chips  ◄── 将奖池中的筹码给予1号玩家
            else:
                player2 += pot_chips  ◄── 否则将奖池中的筹码给予2号玩家
            pot_chips = 0  ◄── 将奖池中的筹码数清零
        current_player = switch_player(player1, player2,  ◄── 切换到另一名玩家开始他的回合
                                        rolls, current_player)
    print('Player', current_player, 'wins!')  ◄── 打印获胜的玩家代号
```

到此，游戏所需的全部代码已准备完毕。只须在现有代码的末尾添加以下这行代码，用于调用 play 函数，即可开始游戏了。

```
play()
```

### 10.4.4　自定义游戏

我们对 Copilot 生成的结果感到满意，游戏确实是可以玩的。但是，如果我们希望提升用户体验，互动环节还是有改进空间的。例如，当我们启动游戏并连续选择"是"（y）时，游戏的输出信息可能如下。

```
Pot chips: 0
Player 1 chips: 0
Player 2 chips: 0
Player 2 turn
4
Continue? (y/n) y
5
2
Continue? (y/n) y
3
1
4
Pot chips: 6
Player 1 chips: 0
Player 2 chips: 0
Player 1 turn
2
Continue? (y/n)
```

游戏启动时没有欢迎语。像 4、5、2 这样的数字也就是突兀地展示出来，没有上下文说明它们代表什么。当游戏询问我们" Continue? (y/n)"时，我们不禁疑惑，继续什么？这并不清楚。

我们可以通过添加打印语句来提升玩家的互动体验，并在每个打印语句中添加精心设计的内容。为什么不让 Copilot 修改呢？相比之下，直接手动修改打印内容可能更为简单直接，无须费力地引导 Copilot 按照我们的意图修改打印内容。

例如，代码清单 10.13 展示了 play 函数的改进版本，我们在其中增加了额外的打印语句，以便更清晰地描述游戏状态、优化输出格式。

**代码清单 10.13 “饿死胆小鬼”游戏中的 play 函数（改进版）**

```
def play():
    '''
    Play the game until the game is over.

    The pot starts with 0 chips, and each player starts with 0 chips.

    Randomly decide whether player 1 or player 2 goes first.

    Before each turn, print three lines of information:
    1. The number of chips in the pot
    2. The number of chips that each player has
    3. Whether it is player 1's turn or player 2's turn

    Take a full turn for the current player.
    If they won the chips, add the chips in the pot to the
    total for that player
    and reset the pot to have 0 chips.

    Then, switch to the other player's turn.

    Once the game is over, print the current player
    (that's the player who won).
    '''
    pot_chips = 0
    player1 = 0
    player2 = 0
    current_player = random.randint(1, 2)
    rolls = []

    print('Welcome to Bogart!')    ← 打印欢迎语
    print()    ← 打印空行

    while not game_over(player1, player2, rolls):
        print('Pot chips:', pot_chips)
        print('Player 1 chips:', player1)
        print('Player 2 chips:', player2)
        print('Player', current_player, 'turn')
```

```
        pot_chips, rolls = take_full_turn(pot_chips)
        if wins_chips(rolls):
            print('Player', current_player, 'gets', pot_chips, 'chips!')
            if current_player == 1:
                player1 += pot_chips
            else:
                player2 += pot_chips
            pot_chips = 0
        current_player = switch_player(player1, player2, rolls, current_player)

        print()
        print()
        print('-=' * 20)
        print()

    print('Player', current_player, 'wins!')
```

打印消息，说明当前玩家获得筹码

在每个回合之间打印分割线

我们建议你在其他环节也适当添加打印语句，以进一步提升游戏体验。例如，在 roll_dice 函数中，你可以添加一条打印语句告知玩家即将掷骰子。在 take_full_turn 函数中，你可以在询问玩家是否希望继续他的回合之前，添加一条打印当前奖池中筹码数量的语句。以下是完成这些优化后的游戏体验代码示例。

```
Welcome to Bogart!
Pot chips: 0
Player 1 chips: 0
Player 2 chips: 0
Player 2 turn
**ROLLS**
2
The pot currently has 1 chips.
Continue turn? (y/n) y
**ROLLS**
6
3
The pot currently has 3 chips.
Continue turn? (y/n) y
**ROLLS**
1
1
6
-=-=-=-=-=-=-=-=-=-=-=-=-=-=-=-=-=-=-=-=
Pot chips: 6
Player 1 chips: 0
Player 2 chips: 0
Player 1 turn
```

```
**ROLLS**
5
The pot currently has 7 chips.
Continue turn? (y/n)
```

你不妨也对自己的代码进行类似的改进，让它成为你自己独一无二的版本。在本章中，我们在 Copilot 的协助下，成功地编写了两款计算机游戏：一款是与 *Wordle* 类似的推理游戏，另一款是双人掷骰子游戏。这一切的实现都归功于我们在整本书中培养的技能，例如，问题分解、撰写清晰的文档字符串及与 Copilot Chat 的有效互动。

## 本章小结

- 游戏设计通常遵循一个通用的程序流程，这包括游戏初始化阶段和游戏进行阶段。
- 随机性是许多游戏中的一个重要因素。
- 我们可以通过 random 模块中的多个函数为 Python 游戏添加随机性。
- 我们可以遵循本书一贯使用的工作流程，借助 Copilot 实现游戏。问题分解在整个流程中起着关键作用。

# 第 11 章 展望未来

本章内容概要

- 通过提示模式编写和解释代码
- 生成式 AI 工具的现有局限和未来发展趋势

在本书最后一章中，我们希望向你展示，目前人们如何以创造性的方式运用生成式 AI 工具，例如 GitHub Copilot 和 ChatGPT 等。例如，你可以让 Copilot Chat 主动向你提出问题，而非你向它提问。你还可以让 Copilot 扮演其他角色，从而更好地协助你完成当前的编程任务。我们将简明扼要地介绍这些内容，虽然目前尚不确定这些方法是否会成为标准实践方式，但我们希望借此机会展现这些新工具的创造力。此外，我们还将探讨一些生成式 AI 工具的现有局限（对此，你在本书中已经了解了一些），并分享我们对未来发展方向的见解。

## 11.1 提示模式

在整本书中，我们阐释了为何直接通过 Python 进行编程与借助 Copilot 进行编程会带来截然不同的体验。我们不是在编写代码，而是将关注点转向了构建提示词，并与这些提示词生成的代码进行互动，以此判断代码的正确性，并在必要时进行修正。尽管存在这些差异，但令人惊讶的是，不使用 Copilot 与使用 Copilot 进行编程之间仍然存在着显著的共同之处。

程序员在编写代码时，往往不会每次都从零开始。研究者和程序员们已经总结了一系列“设计模式”，这些模式是通用的程序组织方式，旨在简化程序的编写、调试和扩展过程。在众多设计模式的资料中，最为人熟知的当属《设计模式：可复用面向对象软件的基础》[1] 一书，它由 4 位作者共同撰写而成。尽管本书并未涉及面向对象编程，我们目前也不建议读者立刻去阅读该书，但值得一提的是，无数程序员正是依靠该书提炼的这些设计模式，节省了大量宝贵的时间，避免了无意义的重复劳动。

以设计模式为例，假设我们正在开发一款计算机游戏，玩家将与计算机进行对抗。为了给玩家提供不同难度级别的对手，我们可能会设计包括初级、中级、高级和专家级在内的多个 AI 对手。针对每个 AI 对手，由特定的代码决定其行为表现。尽管可以通过如下 if 语句决定每个 AI 对手的行为。

```
if ai_opponent == 'beginner':
   # make decision consistent with beginner AI opponent
elif ai_opponent == 'intermediate':
   # make decision consistent with intermediate AI opponent
...
```

但是，这种方法在组织结构上存在缺陷。所有不同难度的 AI 对手的代码被集中存放。根据从这本书中学到的知识，设计和测试这样的庞大函数相当困难。

想要更清晰地组织此类程序，可以采用一种称为“策略模式”的设计模式。我们不打算在此深入探讨该模式的具体细节，但值得注意的是，有人为方便他人使用，对该模式进行了详尽的文档记录 [1]。这些文档详细阐述了该模式的意图（宗旨）、选择它的原因、实现它所需的代码结构及相应的代码示例。

研究人员正着手整理适用于 GitHub Copilot 和 ChatGPT 等生成式 AI 工具的模式。这些模式被称为“提示模式”，与设计模式相似，它们被用于指导如何构建一段提示词来达成特定目标。这些模式的文档形式与设计模式的文档相似，不过它们提供的是提示词示例，而非代码示例。

本书主要探讨了 AI 工具的两种基本的回应方式：一种是生成代码（在 VS Code 中获取代码建议），另一种是解释代码（通过 Copilot Labs 插件或 Copilot Chat 插件进行互动）。这些新的提示模式正在不断涌现，它们将助力生成式 AI 工具扩展功能，进而辅助我们处理更多与编程相关的任务。

为了让你对当前提示模式的最新发展有一个直观的了解，我们将在这里介绍几个示例。如果你想要了解更多，推荐你查阅我们所采用的提示模式的完整目录。不过，需要提醒的是，我们提供的这份材料是学术论文，而非初学者的入门读物，这是因为，到目前为止，我们还没有发现任何适合初学者的学习素材（这还是一个崭新的领域）。

**Copilot Chat 可能不愿意回应这些提示模式**

在撰写本书之际，Copilot Chat 对某些常见的提示模式持拒绝态度，它给出的理由是对话内容与编程辅助并不相关。尽管其中的一些模式与编程的联系确实不是那么明显，但它们都是为帮助程序员而设计的。与 ChatGPT 不同，Copilot 的设计宗旨是始终保持对编程话题的专注。如果你有意深入研究这些丰富多样的提示模式，并且在与 Copilot 的互动中未能取得预期效果，可以考虑换用 ChatGPT。

## 11.1.1 反转互动模式

到目前为止，我们一直在请求代码和提出问题，而 Copilot 一直在回答。但是，我们完全可以改变这一局面，让 Copilot 担任提问者的角色，我们则成为回答者。这种做法被称为反转互动模式。

这种模式的目的是帮助我们与 AI 进行交流，特别是在我们不清楚它需要哪些信息来完成任务的情况下。其背后的推动力在于，AI 可能比我们更清楚提出哪些问题可以更快地达成目标，这远远胜过我们向它提供的不完整或无意义的信息。

我们的提示词结构看起来会是这样的："我希望你能通过提问协助我达成目标 X。请你一直提问，直到我们达成这一目标。"其中，X 代表我们期望达成的具体目标。

这种结构并不是要死板地限制我们所使用的提示词。它实际上是在提醒我们需要在提示词中传达的核心思想。例如，这个示例的核心思想是，我们希望 Copilot 提出问题，并且在达到最终目标之前不要停下来。

在第 3 章中，我们编写了一个函数，它会不断地提示用户输入密码，直到用户输入一个符合安全标准的强密码。如果我们对于构建这种程序感到无从下手，确实可以丢出一段提示词，让 Copilot 帮忙搞定，但那样做很可能会导致 Copilot 做出一些我们并不认可的决策。为了避免这种情况，我们可以让 Copilot 反过来向我们提问。接下来，我们利用 Copilot Chat 实践一番。

**Human** 我想写一个 Python 函数，它会不断地要求用户提供一个密码，直到用户的输入符合强密码标准。请每次向我提一个问题，直到你能写出我期望的这个 Python 函数。

**GitHub Copilot** 非常乐意协助你编写一个不断要求用户输入强密码的 Python 函数。以下是我们开始所需的一些问题。

（1）你认为什么样的密码可以被视为强密码？

（2）这个函数是否需要包含输入参数？

（3）该函数应该返回什么样的结果？

（4）该函数是否应该具备一些附加功能，例如，在控制台打印信息？

（5）该函数是否应该包含错误处理机制，以应对用户输入无效的情况？

Copilot 未能遵循我们的指示，即"每次只提一个问题"。我们需要再次提醒它。

**Human** 请每次只向我提一个问题。

**GitHub Copilot** 好的。我们先来讨论第一个问题。

（1）你认为什么样的密码可以被视为强密码？

现在我们可以开始回答问题了，Copilot 将利用这些答案为我们编写代码。

Human　强密码需要至少包含一个大写字母、一个数字和一个标点符号。

GitHub Copilot　太好了，感谢你告诉我这些。接下来是下一个问题。

（2）这个函数是否需要包含输入参数?

Human　我不太明白。它们有什么用途呢?

GitHub Copilot　输入参数用于将数据传递给函数，以便函数对这些数据执行某些操作。例如，如果我们想要编写一个函数来将两个数字相加，需要将这两个数字作为输入参数传递给该函数。

在我们的密码验证功能中，为了设定一个强密码的标准，可能需要传入一些与此相关的参数。例如，密码的最小长度、必须包含的大写字母的数量、数字的数量和标点符号的数量等。

此外，我们也可以选择将这些标准直接硬编码到函数内部，但使用输入参数函数会更加灵活，易于复用。

Human　请将这些参数硬编码。

GitHub Copilot　没问题。我们可以将强密码的具体要求直接硬编码到函数中。接下来是下一个问题。

（3）该函数应该返回什么样的结果?

Human　它应当返回用户输入的强密码。

GitHub Copilot　太好了，感谢你让我知道这些。接下来是下一个问题。

（4）该函数是否应该具备一些附加功能，例如，在控制台打印信息?

由于我们估计完整的对话记录对你来说可能稍显无聊，因此我们的详细演示到此结束。在与 Copilot 的后续对话中，我们继续回答了问题（4）和（5），从而为 Copilot 提供了编写代码所需的所有必要信息。在回答全部 5 个问题之后，我们最终收到的代码如代码清单 11.1 所示。

**代码清单 11.1　采用反转互动模式引导 Copilot 设计的函数**

```
import string

def get_strong_password():
    '''
    Keep asking the user to enter a password until they provide
    a strong password.
    A strong password has at least one uppercase character, one
    number, and one punctuation character.
    '''
    # Print the password requirements
    print("Your password must contain at least:")
    print("- One uppercase letter")
```

```
print("- One number")
print("- One punctuation character")

# Keep asking for a password until a strong one is provided
while True:                        ← 这个 True 条件永远无法变为 False 条件
    password = input("Enter a password: ")

    # Check if the password meets the requirements
    if not any(c.isupper() for c in password):      ← 如果密码中不包含大写字母
        print("Password does not contain an uppercase letter.")
    elif not any(c.isdigit() for c in password):    ← 如果密码中不包含数字字符
        print("Password does not contain a number.")
    elif not any(c in string.punctuation for c in password):   ← 如果密码中不包含标点符号字符
        print("Password does not contain a punctuation character.")
    else:
        print("Password is strong!")
        return password            ← 我们通过这行代码退出 while True 循环
```

到目前为止，我们在使用 while 循环时，总是会设定一个预期最终会变为 False 的条件，从而避免出现无限循环的情况。例如，我们可以设想一个循环条件，其含义大致是“在密码不达标的情况下继续循环”。然而，此处的代码采用了 while True，这意味着判断条件始终成立，看起来永远不会变成 False。显然，这里必须有其他退出循环的方法——事实上确实存在。当输入的密码符合要求时，我们通过一个 return 语句终止循环。换句话说，这里的逻辑并非“在密码无效时继续循环”，而是“一直循环，直到密码有效时跳出循环”。这种使用 while True 的循环结构，是本书前面介绍的循环风格的一种常见变体。

这段代码出色地完成了设定的任务。它以一系列 print 语句开始，向用户明确了强密码的要求。如果用户的密码不符合标准，它还会指出密码的不足之处。代码会持续循环，直到用户成功输入一个符合要求的强密码。一旦收到用户输入的强密码，程序就会返回这个密码。

目前，基于在第 3 章中的学习，我们已经具备编写这个函数的能力。而且你目前的 Python 知识已经相当扎实，足以支持直接写出函数签名，然后让 Copilot 完成代码编写，正如我们在本书中一直采用的方法。但是，对于那些你不太熟悉或不确定如何着手的任务，采用这种反转互动模式可能会大有裨益。

## 11.1.2 角色扮演模式

这种模式的目的是给 AI 赋予特定的角色或视角。我们为什么要这么做？这里有一个示例：假设你正在学习一门 Python 编程入门课程。你的老师在教学中引入了 Copilot，但他们出于教学考虑，禁止使用一些可能导致学生在入门阶段分心的高级语言特性。在这种情况下，你可以请求 Copilot 扮演这位教师的角色，帮助审查代码，识别并（在必要时）剔除那些不被允许的 Python 特性。

我们的提示词结构看起来会是这样的："从现在开始，扮演角色 X。以角色 X 视角和语气给出回复。"我们将用一个特定的角色来替换这里的 X。

让我们以编程入门课程的教师的角色尝试这个提示模式。我们要求 Copilot 扮演这个角色，禁止使用某些更高级的 Python 特性（如果你对这些特性不太熟悉，也无须担心）。

Human 从现在开始，请扮演一位 Python 编程入门课程的教师。在你负责的课程中，有若干 Python 特性是禁止使用的：列表推导式、生成器、lambda 表达式和 any 函数。我将提交代码供你审查，请你找出其中不符合规定的 Python 特性，并提出修改建议，以确保代码不使用这些特性。

GitHub Copilot 当然，我可以帮你。请提供希望审查的代码。

我们将 11.1.1 节中的 get_strong_password 函数提供给它。该函数使用了 any 函数，但这与我们设定的角色规则相违背。以下是我们的原始代码和 Copilot 对此的答复。

Human

```
def get_strong_password():
    '''
    Keep asking the user to enter a password until they provide
    a strong password.
    A strong password has at least one uppercase character, one
    number, and one punctuation character.
    '''
    # Print the password requirements
    print("Your password must contain at least:")
    print("- One uppercase letter")
    print("- One number")
    print("- One punctuation character")

    # Keep asking for a password until a strong one is provided
    while True:
        password = input("Enter a password: ")

        # Check if the password meets the requirements
        if not any(c.isupper() for c in password):
            print("Password does not contain an uppercase letter.")
        elif not any(c.isdigit() for c in password):
            print("Password does not contain a number.")
        elif not any(c in string.punctuation for c in password):
            print("Password does not contain a punctuation character.")
```

```
        else:
            print("Password is strong!")
            return password
```

GitHub Copilot get_strong_password 函数使用了 any 函数，这在我们的课程中是不允许的。因此，我为你提供了一个不使用 any 函数的版本。

```
import string

def get_strong_password():
    '''
    Keep asking the user to enter a password until they provide
    a strong password.
    A strong password has at least one uppercase character, one
    number, and one punctuation character.
    '''
    # Print the password requirements
    print("Your password must contain at least:")
    print("- One uppercase letter")
    print("- One number")
    print("- One punctuation character")

    # Keep asking for a password until a strong one is provided
    while True:
        password = input("Enter a password: ")

        # Check if the password meets the requirements
        has_uppercase = False
        has_number = False
        has_punctuation = False
        for c in password:     ◄── 这个循环用于替代 any 函数
            if c.isupper():
                has_uppercase = True
            elif c.isdigit():
                has_number = True
            elif c in string.punctuation:
                has_punctuation = True
        if not has_uppercase:
            print("Password does not contain an uppercase letter.")
        elif not has_number:
            print("Password does not contain a number.")
        elif not has_punctuation:
            print("Password does not contain a punctuation character.")
        else:
            print("Password is strong!")
            return password
```

这个修改后的函数使用 for 循环遍历密码中的每个字符，并检查它是否满足要求。这种方法比使用 any 函数更为冗长，但它没有用到本门课程所禁止的任何 Python 特性。

正如 Copilot Chat 指出的，修改后的程序没有使用 any 函数。Copilot 对程序进行了重写，并成功规避了该函数的使用，从而遵循了设定的 Python 编程角色规则。

any 函数在检查参数中的值时，如果存在一个或多个真值，则会返回 True；如果所有值均为假，则返回 False。这个过程听起来是否类似于循环的逻辑？没错，Copilot 正是采用了循环结构来替代原本对 any 函数的调用。

## 11.2 当前局限与未来趋势

在与 Copilot（包括学生们）协作的经历中，以及在撰写本书期间阅读相关研究文献的基础上，我们观察到一些生成式 AI 模型的局限性和未来发展的可能性，我们愿意与大家分享这些见解。

### 11.2.1 Copilot（当前）难以处理的难题

我们注意到，Copilot 面临以下 3 种场景时往往表现不佳：刻意构造的任务、界定模糊的问题及规模庞大的任务。

**1. 刻意构造的任务**

自从 ChatGPT 和 GitHub Copilot 风靡全球之后，有些编程教师们便开始积极寻找这些工具难以胜任的任务类型。他们最开始发现的一种场景，就是那种刻意构造的任务：这些任务被刻意设计得复杂难解，目的就是让 Copilot 等工具生成错误的代码。然而，在我们看来，这种做法不仅对学生毫无益处，而且有失公允，似乎是在拒绝 Copilot 等工具带来的行业变革，试图维持旧有的编程教学模式。我们认为，随着 Copilot 模型的不断优化，这些刻意制造的任务最终也将被解决。即便目前尚未解决，这种类型的任务在实际编程中通常也并不重要。

**2. 界定模糊的任务**

界定模糊的任务是指那些尚未准确定义的任务（也就是说，我们对于在各种情况下应该采取什么样的行动还不是完全清楚或尚未决定）。例如，如果我们请求 Copilot 设计一个函数来判断密码的强度，但在没有明确“强密码”定义的情况下，这个任务就是模糊的。你的第一反应可能是 Copilot 在面对这类任务时不可能表现出色。毕竟，如果我们自己都难以明确地描述期望的行为，那么我们又如何能够向 Copilot 准确传达这一行为的要求呢？尽管界定模糊的任务对 Copilot 来说确实具有挑战性，但这些任务并非不可攻克。还记得在 11.1 节讨论的反转互动模式吗？也许在不久的将来，当 Copilot 认为从你那里得到的信息不够精确、无法解决任务时，它可以自动进入这种模式。

#### 3. 规模庞大的任务

在本书中，我们投入了大量时间传授如何精心设计小型函数，以及如何通过自顶向下的设计方法组织这些函数，最终解决复杂的大问题。之所以这样做，是因为我们发现 Copilot 在处理单一的整体任务时表现糟糕。这是否代表了 Copilot 等工具所固有的局限，还是说 AI 技术最终能够突破这一瓶颈？目前我们尚无定论。现阶段，Copilot 在任务分解上确实遇到了挑战，而且即使它能够正确地进行任务分解，随着编写代码量的增加，出错的可能性也会随之增大。例如，如果 Copilot 需要编写 20 个函数来完成一个任务，且每个函数平均包含 10 行代码，那么几乎可以肯定它会在某个环节出错。然而，对这些系统的潜力持怀疑态度也是不明智的。随着 Copilot 学习方式的不断进步，或许我们离那一天并不遥远。

### 11.2.2 能否将 Copilot 视为一种全新的编程语言

编写计算机代码时，我们通常使用像 Python 这样的高级编程语言。在幕后，编译器扮演着重要角色，它负责将 Python 代码转换为计算机能够理解的汇编代码或机器代码。回想过去，程序员们使用 Fortran 或 C 等古老语言编写程序，并通过编译器将代码转换为汇编代码，之后还会仔细检查这些汇编代码以确保无误。虽然我们并未亲身经历那个时代，但可以理解当时程序员对编译器的不信任。毕竟，编译器在当时是一种新兴技术，需要时间完善，并且早期的编译器产生的代码可能效率不高，不如手工编写的汇编代码。然而，随着数十年的不断改进，无论是在正确性还是效率方面，编译器技术都已经非常成熟，以至于现代程序员很少再去查看编译器的输出结果。现在，我们是否可以设想一个未来，人类主要通过 LLM 与计算机交互，而不再频繁检查他们生成的代码呢？这是一个值得探讨的问题。我们从两个角度思考这个问题。

#### 1. 为什么 LLM 未必会取代编程语言

人们有理由怀疑，LLM 最终并不会成为人类对计算机进行编程的主要界面。最主要的原因是，LLM 并不遵循严格的编程语言规范。我们之所以信赖编译器，是因为每种编程语言都有明确的语言规范，每行代码都有其预期的确切效果。然而，LLM 并非如此。它们仅仅是接收人们用英语或其他自然语言表达的指令。LLM 在解释自然语言时并不受限于特定的方式，它们的回答也不必严格遵循任何既定的规范。此外，随机性和不确定性的存在意味着 LLM 提供的答案可能会随时变化，甚至可能是错误的。相比之下，编译器作为确定性的工具，已经成为一种成熟且广受信赖的技术，它们不会出现这些问题。

#### 2. 为什么 LLM 可能会取代编程语言

同样，我们有充分的理由相信，正如编译器曾经所做的那样，LLM 也将不断进步，最终成为人们与计算机交互的主要方式。事实上，在数据科学领域，这一变革已经悄然兴起。

在阅读本书的过程中，我们发现与 Copilot 互动的一个主要难题是如何验证其生成代码的正确性。这种做法对那些不擅长编程的人来说似乎并不公平：我们用自然语言（我们偏好的方式）向 Copilot 发出指令，而它却以一种非自然语言的形式（计算机偏好的方式）返回给人们代码。如果能有一种方式允许“跳过代码”，不仅用自然语言与 Copilot 交流，而且用自然语言接收答案，那将是一种理想的状态。

的确，研究人员已经开始在数百万计算机用户关注的特定领域内探索这种可能性。以数据科学为例，数据科学家通过深入探索数据、将数据可视化，以及利用数据进行预测来理解数据。他们所做的大部分工作包括以受控且易于理解的方式处理数据，例如，合并电子表格、清洗数据的特定列，或者执行诸如将数据聚类为有意义的类别，或者简化数据以突出其核心的底层结构等分析工作。使用 Python 的数据科学家们会利用众多的库处理数据，而其中最受欢迎的一个库是 pandas。

这些研究人员在运用 pandas 进行数据科学研究的过程中，成功实现了“跳过代码”[2]。以下是这一过程的详细步骤。

（1）用户使用英语等自然语言表达意图。

（2）AI 据此生成 Python 代码并运行，为用户获取结果（例如，分析结果的图形或一份新的电子表格）。重要的是，用户不会看到这段 Python 代码。

（3）随后，AI 将代码转换回自然语言，并将这段自然语言（而不是 Python 代码）回应给用户。用户收到的这段自然语言是以一种相当严谨的格式来组织的，因而可以被 AI 可靠地解读。研究人员这样描述 AI 给出这些回应的目的：“要让系统做好你刚才要求系统去做的事情，你应该这样要求系统去做。”这些回应帮助用户理解 AI 的能力边界如何，以及哪些查询方式是有效的。

（4）如果步骤（3）中的自然语言不正确，用户可以编辑它。如果用户进行了编辑，他们可以把编辑后的内容作为新的提示词提交，从而循环这一过程。

这些研究人员提供了一个示例，可以清晰地阐释这一过程[2]。设想我们手头有一份电子表格，表格中每一行对应一名宇航员。每一行包含 3 个关键列——宇航员的姓名、在太空的累计时间及参与的任务清单（以逗号分隔）。我们的目标是计算每位宇航员的平均任务时长。

第一步，用户会撰写一段提示词，例如“计算平均任务时长”。

第二步，AI 根据所给的提示词生成相应的代码。代码执行后，会在用户的电子表格中新增一列，用于显示每位宇航员的平均任务时长。

第三步，AI 将代码转换为以自然语言表述的任务清单，例如：

（1）新增一个名为“任务时长”的列；

（2）“太空飞行时间（小时）”列除以（“任务”列中逗号“,”的数量加 1）。

第四步，用户可以对第三步中的自然语言描述进行修改，并将这些更新后的任务再次提交给 AI。

我们能否在更广阔的“Python 编程”领域中实现“跳过代码”，而不仅仅限于“使用 pandas 进行数据分析”这样的特定环境呢？现在下定论还为时过早。数据操作的优势在于它能够在视觉媒介中进行，例如电子表格和图形，它们可以直接展示给用户，使用户能够直观地判断分析结果是否准确，或者是否需要进一步的提示工程。然而，这种视觉表现形式在通用编程领域并不容易实现。

尽管如此，我们可以大胆想象一个新时代，其中人类继续承担诸如问题分解、定义程序行为、编写测试、设计算法等关键任务，但函数级别的编程工作则完全交由 LLM 完成。人类向 AI 工具说明程序需要做什么，并提供测试用例，然后 AI 会生成相应的代码。人类随后可以检查程序是否正常工作，而无须查看代码。

关于 LLM 是否会取代编程语言的另一种见解，推荐阅读一篇由编程与编译器领域专家 Chris Lattner 撰写的博客文章。Lattner 认为，在短期内，甚至可能在更长时间内，编程语言不会消失，原因在于 LLM 生成的代码可能存在难以察觉的错误。既然编程语言还将伴随人们一段时日，随之而来的问题是：应该选择哪种编程语言？ Lattner 指出："最适合 LLM 的语言应当既易于人类理解和使用，又能在多种不同的应用场景中扩展其功能"。现有的编程语言是否已经满足了这一标准呢？我们是否能够创造一种比 Python 更易于阅读的编程语言来实现飞跃？让我们拭目以待吧！

或许编程语言最终将淡出历史舞台，或者它们将经历剧变。无论哪种情况，是否需要为程序员的饭碗感到忧虑？我们认为大可不必。那些在软件公司工作过的人都知道，编写代码并非程序员工作的全部，甚至不是主要部分。程序员们还会与客户进行深入交流，了解他们的需求。他们定义程序的功能和程序之间的协作关系。他们对系统进行全面检查，以确保性能和安全性。他们与其他团队紧密合作，共同设计庞大的软件架构。如果编码过程变得更加简便，我们可能会得到更多有用的软件。这正是高级编程语言出现时所带来的变革。如今，没有人会选用汇编语言来编写下一个杀手级应用。编译器通过优化软件开发流程，提高了软件制作的质量。我们相信，如果运用得当，LLM 同样能够发挥这样的效用。

**3. 一个激动人心的未来**

尽管我们对未来的走向还抱有一丝不确定，但显而易见的是，LLM 将深远地改变编程的未来。目前，它们可能仅仅是作为辅助，助力软件工程师们编写出更优质的代码。然而，展望 5 年之后，我们可能会发现，绝大多数软件的编写工作将由 LLM 完成，而只有少数软件工程师仍在从事从零开始的编码工作。无论最终结果如何，变革正以迅猛之势到来，这极有可能让更多人学会编程，进而借助软件实现他们的个性化需求。

最重要的是，我们希望你现在能够做出自己的明智决定，决定如何利用 LLM 进行编程，以及 LLM 会对编程领域带来什么影响。在当前这样的时刻，有些人狂热地宣称"编程已死"，而另一些人则同样坚定地认为"编程不会有太大变化"。在这种情况下，我们能够独立地评估这些观点，并思考这些变化对自己以及所关心的人可能产生的影响，显得尤为重要。这些工具真的能够有所助力？我们相信它们可以。因此，我们应当拥抱这些工具，但同时也要谨慎行事。是否还存在一些顾虑？答案是肯定的，正如我们在本书中反复讨论的那样。我们应当采取诸如测试和调试等措施来减轻这些顾虑。

本书所采用的编程教学方法是一种全新的尝试。教育工作者和学术专家们仍在探索编程课程在当下应如何构建。但我们想强调的是，你已经掌握了创建优质软件所必需的核心技能。

这不仅适用于那些偶尔在职场上编写代码以简化烦琐事务的人，同样也适用于那些有志于成为专业软件工程师的人士。无论你的未来职业道路指向何方，你都已经打下了坚实的基础。

## 本章小结

- 提示模式是一种模板，它帮助人们构建出能够达成既定目标的提示词。
- 反转互动模式颠覆了常规：不是用户向 LLM 提问，而是 LLM 向用户提问。
- 当不知道如何有效地向 LLM 提问时，反转互动模式显得尤为有用。
- 角色扮演模式要求 AI 扮演特定的角色（例如“编程入门课程的教师”）或视角。
- 当需要 LLM 从特定的视角给出回应时，角色扮演模式相当好用。
- Copilot 目前在处理那些刻意构造的、界定模糊的及规模庞大的任务时，往往表现不佳。
- 有些人认为 LLM 会取代编程语言，而另一些人则坚信编程语言将一直存在。
- LLM 正在协助人们进行数据分析，而这些人可能从未直接接触过 Python 代码。
- 也许编程语言本身不会被取代，但未来的编程语言一定会在易读性方面领先现有语言。

# 参考文献


**序言**

[1] Kazemitabaar M, Chow J, C K T M, et al. Studying the Effect of AI Code Generators on Supporting Novice Learners in Introductory Programming [C]. ACM CHI Conference on Human Factors in Computing Systems, 2023, 4.

**前言**

[1] YELLIN D M. The Premature Obituary of Programming [J]. Commun. ACM, 2023, 66(2): 41–44.

**第 1 章**

[1] HEYMAN G, HUYSEGEMS R, JUSTEN P, et al. Natural Language-Guided Programming [C]. 2021 Proc. ACM SIGPLAN Int. Symp. on New Ideas, New Paradigms, and Reflections on Programming and Software, 2021.

[2] CHEN M, TWOREK J, JUN H, et al. Evaluating Large Language Models Trained on Code [C]. arXiv preprint, 2021: 2107.03374.

[3] DENNY P, KUMAR V, GIACMAN N. Conversing with Copilot: Exploring Prompt Engineering for Solving CS1 Problems Using Natural Language [C]. arXiv preprint, 2022: 2210.15157.

[4] EBRAHIMI A. Novice Programmer Errors: Language Constructs and Plan Composition [J]. Int. J. Hum.-Comput. Stud., 1994, 41(4): 457–480.

**第 2 章**

[1] VALSTAR S, GRISWOLD W G, PORTER L. Using DevContainers to Standardize Student Development Environments: An Experience Report [C]. In: Proceedings of 2020 ACM Conference on Innovation and Technology in Computer Science Education, July 2020: 377–383.

**第 3 章**

[1] SWELLER J. Cognitive Load Theory [J]. Psychology of Learning and Motivation, 2011, 55: 37–76.

**第 4 章**

[1] LISTER R, FIDGE C, TEAGUE D. Further Evidence of a Relationship between Explaining,

Tracing and Writing Skills in Introductory Programming [J]. ACM SIGCSE Bulletin, 2009, 41(3): 161–165.

第 5 章

[1] LISTER R, FIDGE C, TEAGUE D. Further Evidence of a Relationship between Explaining, Tracing and Writing Skills in Introductory Programming [J]. ACM SIGCSE Bulletin, 2009, 41(3): 161–165.

第 6 章

[1] PEA R D. Language-Independent Conceptual “bugs” in Novice Programming [J]. Journal of Educational Computing Research, 1986, 2(1): 25–36.

第 8 章

[1] GORSON J, CUNNINGHAM K, WORSLEY M, et al. Using Electrodermal Activity Measurements to Understand Student Emotions While Programming [C]. Proceedings of the 2022 ACM Conference on International Computing Education Research, 2022, 1: 105–119.

第 10 章

[1] SWEIGART A. Invent Your Own Computer Games with Python [M]. 4th ed. San Francisco: No Starch Press, 2016.

第 11 章

[1] GAMMA E, HELM R, JOHNSON R, et al. Design Patterns: Elements of Reusable Object-Oriented Software [M]. Massachusetts: Addison-Wesley Professional, 1994.

[2] LIU M X, SARKAR A, NEGREANU C, et al. “What It Wants Me To Say”: Bridging the Abstraction Gap Between End-User Programmers and Code-Generating Large Language Models [C]. Proceedings of the 2023 CHI Conference on Human Factors in Computing Systems, 2023, 598.